草原蝗虫气象监测预测与防御对策研究

白月明　刘　玲　高素华　主编

U0293434

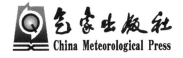

气象出版社
China Meteorological Press

内 容 简 介

本书概述了我国北方草原蝗虫的主要危害品种,分析了气象条件对北方草原蝗虫的影响及暴发的主要环境因素;初步探讨了北方草原蝗虫气象监测预测指标、模型和服务系统构建技术方法;介绍了草原蝗虫的主要防御对策。本书可为从事草原蝗虫监测预报工作的科研、业务人员和大专院校学生进行相关研究提供参考,也可为开展草原病虫害预报业务服务提供依据。

图书在版编目(CIP)数据

草原蝗虫气象监测预报与防御对策研究/白月明,刘玲,高素华主编.
—北京:气象出版社,2013.5
ISBN 978-7-5029-5716-2

Ⅰ.①草… Ⅱ.①白… ②刘… ③高… Ⅲ.①气象条
件-影响-草原-飞蝗-植物虫害-预测-中国②气象条件-影
响-草原-飞蝗-防治-中国 Ⅳ.①S812.6②S433.2

中国版本图书馆 CIP 数据核字(2013)第 104852 号

出版发行:气象出版社

地　　址:北京市海淀区中关村南大街 46 号　　　邮政编码:100081
总 编 室:010-68407112　　　　　　　　　　　发 行 部:010-68409198
网　　址:http://www.cmp.cma.gov.cn　　　　　E-mail:qxcbs@cma.gov.cn
责任编辑:陈 红　　　　　　　　　　　　　　终　审:汪勤模
封面设计:博雅思企划　　　　　　　　　　　　责任技编:吴庭芳
责任校对:石 仁
印　　刷:北京中新伟业印刷有限公司
开　　本:787 mm×1092 mm　1/16　　　　　　印　张:10.5
字　　数:260 千字
版　　次:2013 年 5 月第 1 版　　　　　　　　印　次:2013 年 5 月第 1 次印刷
定　　价:35.00 元

本书如存在文字不清、漏印以及缺页、倒页、脱页等,请与本社发行部联系调换

前　言

　　我国草原面积约占国土面积的 42%，草原畜牧业是牧区经济的主体，也是我国畜产品的重要来源，牧区的农业总产值主要来源于畜牧业，部分县、旗达到 80% 以上。近几十年来，气候变化、过度放牧和不合理的土地利用等多种因素越来越适于草原蝗虫的生存，草原蝗灾再次进入频发、重发期。2000 年，内蒙古草原和农、牧混交区蝗虫成灾面积达 80×10^4 hm²，2001 年成灾面积为 430×10^4 hm²，最大虫口密度达 300 头/m²；2003 年达到 471×10^4 hm²，2004 年高达 529×10^4 hm²。2003 年亚洲飞蝗危害新疆阿勒泰地区，受灾面积 3.3×10^4 hm²，虫口密度最高达 1321 头/m²。青海省草地蝗虫总面积约为 100×10^4 hm²，成灾面积在 50.0×10^4 hm²，主要发生区环湖地区草地蝗虫危害面积约 5.0×10^4 hm²，占全省蝗虫总面积的 89% 左右，最大虫口密度 170 头/m²。1998 年，青海草原蝗虫危害面积为 28.0×10^4 hm²，最大密度高达 1200 头/m²。2003 年，青海草原蝗虫危害面积为 54.0×10^4 hm²，平均密度为 103 头/m²，最大密度高达 544 头/m²。严重的蝗灾导致牧草减产，草原载畜量下降，生态恶化，畜牧产品缺乏市场竞争力，畜牧业经济收入降低，严重阻碍了草原畜牧业经济的可持续发展和社会主义新农村建设的进程。据估计，新疆蝗灾至少使牧草减产 35 亿 kg·a⁻¹，直接经济损失 7 亿元人民币。如果草原蝗虫预测预报能够提供及时准确的预报可减少大量的经济损失，若以减少损失 1% 计算，可减少直接经济损失 700 万元人民币；内蒙古自治区 2003 年蝗灾使牧草减产 21195×10^5 kg（按 450 kg·hm⁻² 计），直接经济损失约 4.2 亿元（按 0.2 元·kg⁻¹ 计），仍以减少损失 1% 计算，可减少牧草损失 21195×10^5 kg，相对增加经济收入 430 万元。因此，建立草原蝗虫监测预警机制，进一步加强防蝗减灾、抗灾、救灾工作成为一项急需解决的重要任务。

　　本书在编写过程中，对近年来的有关研究成果进行了比较全面、系统的总结，尤其是对科技部农业科技成果转化资金"北方草原蝗虫监测预测服务系统推广应用"（编号：2007GB24160443）的主要研究成果、公益性行业（气象）科研专项"森林草原病虫害气象预报与灾损评估技术"（编号：GYHY200906028）相关专题及中国气象局有关项目成果的汇总。

　　全书共分为 7 章。第 1 章由白月明等编写；第 2 章由陈素华、黄健、白月明、李新建、李凤霞、颜亮东等编写；第 3 章由陈素华、白月明等编写；第 4 章由陈素华、白月明等编写；第 5 章由李新建、黄健、李凤霞、颜亮东、陈素华等编写；第 6 章由白月明、王志春、刘玲、庄立伟、陈素华、李新建、李凤霞、颜亮东等编写；第 7 章由刘玲、高素华、白月明等编写。

　　在此，对给予本书支持的有关领导和同志及为本书编写提供资料的各位专家学者一并表示感谢。

　　由于我们的工作还不够深入，资料还很缺乏，不足之处恳请读者提出宝贵意见和建议。

编者

2012.12

目　　录

第 1 章 概 论

蝗科 Acrididae (Locustidae) 属昆虫纲,直翅目,蝗总科 Acridoidea,俗称蝗虫或蚂蚱。我国古字典《说文解字》中解释"蝗,螽也。从虫,皇声"。蝗虫为不完全变态,多数种类 1 年 1 代,也有 2～3 代的。蝗虫生活范围很广,除两极以外的所有地区都有蝗虫生存,但主要集中在低、中纬度地区的农田、草地\草原、沼泽、滨湖、荒漠、沙漠、森林等地。蝗虫为植食性昆虫,主要以麦、稻、玉蜀黍等禾本植物为食物来源,有时也食豆科、莎草科或某些蔬菜植物,危害农作物、牧草、林木、蔬菜等,因此,蝗虫是农、林、牧业的主要害虫之一,如东亚飞蝗、小车蝗、竹蝗、棉蝗、稻蝗等。蝗虫有散居、群居和过渡型等生态型,群居密度达到一定数量时,由于其大量啃食植物,对农业和生态环境会造成极大的危害,甚至形成灾害。世界上蝗虫种类达 1 万多种,造成农、林、牧业灾害的可达 300 种左右。草原/草地蝗虫几乎分布于世界各地草原地区,主要在西伯利亚草原、北美洲草原和我国西北部草原地区,蝗灾是具有历史性和世界性的主要生物灾害之一。

近年来,由于气候变化、过牧和人为破坏等各种原因,我国草原蝗虫发生面积增大、危害加重,造成巨大经济损失,党和国家一直给予防蝗减灾高度重视,投入大量资金,全面开展抗灾、减灾工作,各有关部门也建立了相应研究、管理机构,新技术手段不断应用于草原蝗虫的研究和实际工作。本章简要介绍我国草原蝗虫灾害概况及对农、牧业的影响、国内外有关研究动态、草原蝗虫监测预测和防御对策发展趋势等。

1.1 我国草原蝗虫灾害发生概况

我国草原/草地资源丰富,占陆地总面积的约 42%,主要集中在内蒙古、新疆、青海、西藏、陕西、甘肃、宁夏等省、自治区;河北、吉林、辽宁、黑龙江、四川等省份也有部分草原。丰富的草原/草地资源为人们提供了大量的肉、禽、奶、皮毛等生活用品,这些区域也成为草原/草地蝗虫的主要生存和聚集地。我国草原蝗虫多发生在荒漠草原、山地草原、高山草原、草甸草原、盆地和滨湖洼地、沼泽草甸等地。由于各地区环境条件的差异,蝗虫的种类也不同,草原蝗灾一般为多品种混合发生。危害我国草原的主要蝗虫有亚洲飞蝗、宽须蚁蝗、意大利蝗、小垫尖翅蝗、小翅雏蝗、朱腿痂蝗、西伯利亚蝗、戟纹蝗、伪星翅蝗、宽须蚁蝗等 20 多个品种。草原蝗虫一般为一年 1 个世代,卵在土壤中越冬,春季孵化出土,取食植物。

1.1.1 我国草原蝗虫灾害主要发生区和受灾情况

内蒙古草原面积为 13.2 亿亩 *,占全国草原面积的 22%,蝗虫主要品种是亚洲小车蝗、宽须蚁蝗、狭翅雏蝗、毛足棒角蝗等,其中亚洲小车蝗是内蒙古草原的最大威胁者,危害比较大的还有宽须蚁蝗、狭翅雏蝗、毛足棒角蝗等。1999 年以来,蝗虫连续多年在内蒙古草原大规模成灾,最大虫口密度曾高达每平方米数千头;2000 年,内蒙古草原和农、牧混交区蝗虫成灾面积达 80×

---

* 1 亩＝1/15 hm²,下同。

$10^4\ hm^2$，2001 年成灾面积为 $430×10^4\ hm^2$，虫口密度 50～300 头/m^2；2002 年成灾面积为 430 头/m^2，最大虫口密度 50～420 头/m^2；2003 年达到 $471×10^4\ hm^2$，2004 年高达 $529×10^4\ hm^2$。

青海省草地蝗虫总面积为 $107.3×10^4\ hm^2$，一般成灾面积 $50.0×10^4\ hm^2$，而环湖地区的草地蝗虫危害面积约 $5.0×10^4\ hm^2$，占全省蝗虫总面积的 89% 左右，虫口密度 25～170 头/m^2。1998 年，青海草原蝗虫危害面积为 $28.0×10^4\ hm^2$，最大密度高达 1200 头/m^2。2003 年，青海草原蝗虫危害面积为 $54.0×10^4\ hm^2$，平均密度为 103 头/m^2，最大密度高达 544 头/m^2。

1990—1991 年、1997—1999 年新疆哈密严重蝗灾造成巨大经济损失；1996 年和 1997 年，托克逊连续发生蝗灾，发生面积达 $2×10^4\ hm^2$ 以上，最大密度达 5000 头/m^2；1991 年、1997 年和 1998 年哈密也遭受了严重蝗灾。2003 年 8 月亚洲飞蝗危害阿勒泰地区，受灾面积 $3.3×10^4\ hm^2$，平均密度 125 头/m^2。最高 1321 头/m^2。尤其是 1999 年和 2000 年新疆连续两年大面积暴发蝗灾，是近 20 年来最为严重的两年，两年蝗灾发生面积高达 $267×10^4\ hm^2$，严重发生面积在 $133×10^4\ hm^2$ 以上，个别地区蝗卵最高孵化密度达每平方米上万头。

我国其他不少省区也有草原蝗虫发生，如，西藏、宁夏、甘肃、陕西、河北、吉林、黑龙江等。近年来西藏飞蝗在四川、青海、西藏等省、自治区严重发生，发生面积逐年增大，发生程度呈不断加重的态势。2008 年，四川和西藏两省、自治区飞蝗发生 200 万亩，偏重发生面积 30 万亩，高密度蝗蝻主要在四川省石渠、甘孜及西藏自治区的江达、林芝、扎囊、日喀则等县、市点片发生，最高密度达 600 头/m^2 以上，发生时间不规律，发生地分散复杂，危害持续时间长，对当地农、牧业生产威胁较大。宁夏自南向北分为六盘山森林草原、黄土丘陵干草原、中北部荒漠草原和西北边缘荒漠，无明显的草原蝗虫主发、多发区域。荒漠草原以土蝗类为主，主要品种为贺兰山疙蝗、痂蝗、束颈蝗和飞蝗等 20 多种。2007 年冬、春，甘肃省山丹境内雨雪较多，加之夏季气温偏高，荒漠半荒漠的草原蝗虫危害面积达 36 万亩以上。当地草原蝗虫优势种为小车蝗，严害区最高虫口密度 85 头/m^2、平均 42 头/m^2。蝗虫对草原牧草（针茅等禾本科植物）生长影响较大，高度降低、产量下降。据统计，甘肃省山丹县草原鲜草平均减少 600 kg/hm^2，累计损失牧草 $1200×10^4\ kg$，折合 1.2 万多只羊单位的牧草，直接经济损失 120 万元。陕西省蝗虫种类 100 余种，约为我国蝗虫种类总数的 11%，其中，陕西特有种为秦岭小蹦蝗、秦岭束颈蝗、秦岭金色蝗和华阴腹露蝗。广布种和多布种主要有小翅雏蝗、小垫尖翅蝗、鼓翅皱膝蝗、邱氏异爪蝗、红翅皱膝蝗、大胫刺蝗、突鼻蝗、裴氏短鼻蝗、蒙古蚍蝗、八纹束颈蝗、宽翅曲背蝗、狭翅雏蝗、黑翅雏蝗、日本鸣蝗、突眼小蹦蝗、小稻蝗、花胫绿纹蝗、大垫尖翅蝗、楼观雏蝗、红翅踵蝗、长翅稻蝗、长翅长背蚱、东亚飞蝗、中华蚱蜢、疣蝗等。陕西省蝗虫分布以秦岭为界，秦岭以北属北温带半湿润、半干旱气候，植被覆盖率低，地貌复杂，秦岭以北主要是适应干燥环境的古北型种蝗虫；秦岭以南属暖温带湿润气候，植被覆盖率较高，有明显的山地小气候，有山地、丘陵、盆地，水热条件较好，以适应暖湿环境的东洋型种为主。陕西省一般年份草原蝗虫不会严重成灾。河北省现有草地约 $474×10^4\ hm^2$，占全省总面积的 25.25%，其中可利用草地约 $411×10^4\ hm^2$，占草地总面积的 86.78%，草原蝗虫主要发生区为张北、尚义、康保、沽源、丰宁等地。蝗虫优势种为东亚飞蝗、黄胫小车蝗、亚洲小车蝗、中华稻蝗、短星翅蝗、大垫尖翅蝗、中华剑角蝗、长翅素木蝗、花胫绿纹蝗、短额负蝗、笨蝗等。吉林省大安、洮南、通榆、前郭尔罗斯蒙古族自治县、长岭、九台市、农安、梨树县、公主岭、永吉、通化等十几个县、市有草原蝗虫发生，主要品种为长翅燕蝗、凹须翘尾蝗、长白山雏蝗、西伯利亚蝗、大垫尖翅蝗、黄胫小车蝗、中华稻蝗、小垫尖翅蝗、亚洲飞蝗等。黑龙江省草地面积 $433×10^4\ hm^2$，蝗虫发生面积平均在

100×10^4 hm^2 以上,成灾面积为 $66 \times 10^4 \sim 87 \times 10^4$ hm^2。草原蝗虫多发生在西部较为中生的草甸草原,以危害羊草草甸草原和羊草杂类草草原为主。常见的草原草地蝗虫约有 17 种,优势种有 8 种。这些优势种在不同的植被条件下发生的数量有所不同,发生的时间早晚有所不同。早发生型主要种类有中华稻蝗、毛足棒角蝗、宽翅曲背蝗、宽须蚁蝗等。晚发生型主要种类有亚洲小车蝗、轮纹痂蝗、大垫尖翅蝗、白边雏蝗等。中华稻蝗、毛足棒角蝗、宽翅曲背蝗多发生在草甸草原,喜食禾本科牧草及少数豆科牧草。大垫尖翅蝗,喜欢土壤潮湿,地面多返碱,植被稀疏的环境,是滨海和洼地类型中最主要的类型。在低湿草滩、田埂或地势稍高的地带主要是亚洲小车蝗,主要危害禾本科、莎草科等牧草,其中尤以碱草最烈。丘陵干草原的土蝗主要种类有:宽翅曲背蝗、亚洲小车蝗、轮纹痂蝗、宽须蚁蝗等,而以宽翅曲背蝗最为严重。黑龙江省草原蝗虫主要发生在大庆市郊及肇源、肇州、林甸、杜尔伯特蒙古族自治县;齐齐哈尔市郊及龙江县;绥化市、肇东、安达和青冈等地。辽宁全省蝗虫有 40 多种,辽东中山丘陵区 32 种,辽东半岛低山丘陵区 23 种,辽西走廊—下辽河平原区 13 种,辽西山地丘陵区 14 种,辽北低丘平原区 8 种。

根据估算,蝗虫暴发年份鲜牧草平均减产可达 1000 kg/hm^2,约折合人民币 200 元/hm^{2}左右,而由其造成的间接损失和生态环境损失难以准确估算。

1.1.2 我国草原蝗虫灾害对农、牧业的影响

我国草原蝗虫灾害对农、牧业的影响主要体现在:

由于草原蝗虫大量啃食牧草,导致牧草产量下降,造成牧草损失;牧草产量下降则使载畜量降低,导致畜产品数量下降,造成畜产品经济损失;牧草不足,牲畜饥饿,使畜产品品质下降,畜产品国内、国际竞争力下降,也造成畜产品经济损失。蝗灾密度大、数量多,使牧草相对不足,农牧交错带地区的草原蝗虫向农田迁移,造成作物减产。草场被破坏导致生态环境恶化,造成生态环境损失等。

(1)牧草和粮食作物直接损失

草原蝗虫主要以禾本科和豆科牧草为食物。蝗虫对牧草危害期主要在高龄和成虫期。牧草直接损失指产量损失和经济损失。

以白边痂蝗、邱氏异爪蝗和红翅皱膝蝗为例,分析不同虫龄与取食量的关系,如表 1.1 所示。

表 1.1 虫龄与取食量(牧草损失)的关系

虫态/龄期	白边痂蝗[1]		邱氏异爪蝗[2]		红翅皱膝蝗[3]	
	牧草日食量 (g/头)	累计食量 (g/头)	牧草日食量 (g/头)	累计食量 (g/头)	牧草日食量 (g/头)	累计食量 (g/头)
1 龄	0.004	0.04548	0.00113	0.013	0.00229	0.03847
2 龄	0.007	0.0742	0.00266	0.02527	0.00666	0.10390
3 龄	0.025	0.2459	0.00635	0.10033	0.02005	0.32281
4 龄	0.017	0.22412	0.00729	0.10352	0.05754	1.15080
5 龄	0.029	0.41104	0.01177	0.21657		
1～4/5 龄		1.00074		0.45869		1.61598
成虫		1.75512		1.5658		5.19884

注:(1)资料来源于王世贵和苏晓红(1997);(2)和(3)的资料来源于杨延彪等(2006)。

白边痂蝗蝻期取食量 1.00074 g/头,主要在 3 龄以后,成虫期取食量 1.75512 g/头,一头白边痂蝗一生约吃掉 3 g 左右的牧草。邱氏异爪蝗蝻期取食量 0.45869g/头,成虫期取食量 1.5658 g/头,一生约取食 2.0 g/头。红翅皱膝蝗蝻期取食量 1.62 g/头,成虫期取食量约 5.20 g/头,一生约取食 6.81482 g/头。

以小型虫为例粗略估计,当密度为 25 头/m² 计,牧草单价以 0.2 元/kg 计,在不防治的情况下,1 hm² 牧草直接损失折合成人民币 150 元。如果防治面积为 50%,牧草损失可降为 75 元/hm²,如果加上防治资金、物资、人员投入费用,净损失要远远超过这一数值。

牧草损失导致承载力下降,生态环境破坏,最终是经济损失,使已经脱贫的牧民再次返贫。在农牧混交地区,当草原蝗虫密度超过一定数量,牧草量又不足时,它就会向农田迁移,危害禾本科作物和其他作物,作物生长发育受到威胁,造成粮食减产。

草原蝗灾可导致草场承载力下降。草场承载力指单位面积的牧场能够养活的可以达到最大持续性生产量的牲畜头数。牧场承载力主要受食物因子(可食性植物生产量)的制约。与牧场承载力相似的是载畜量概念,载畜量是指在维持与改进植被资源并行不悖的条件下,一定面积牧场上可能饲养的家畜头数。由于饲料产量的波动,在同一草地面积上,年际间的载畜量可存在差异。由于蝗灾使牧草大量减产,导致单位面积草场上牲畜数量降低,对畜牧业生产的影响十分严重。

蝗灾使牧草和粮食减产,生态环境受损,承载量下降,甚至导致牧场建设和居所建设投资增加等;生态环境破坏还使草原旅游业经济收入下降。由于蝗虫造成的直接和间接危害,最终使畜牧业总产值、农业总产值和社会经济产值下降。

(2) 生态环境的破坏

如果食物不足,蝗虫就会吃到牧草生长点以下,使多年生牧草被连根吃掉,草场不能继续良性发展;同时,植被破坏也更有利于蝗虫和其他害虫产卵和成灾,造成虫害继续破坏草场。生态环境的破坏还可以引起沙尘暴等气象灾害的发生。生态环境的破坏给人们居住带来不利影响,宜居场所缩小,导致牧民举家迁移。蝗灾除了使牧草、粮食、生态损失和承载量下降外,还可能导致建设性投资增加造成的经济损失,如牧场建设和居所建设投资等。

我国有规模庞大的各种不同类型和功能的绿色生态保护屏障,对于阻挡沙尘暴、调节小气候等起着重要作用。由于蝗灾在防护带大发生,大量取食屏障植物,使防护带受到损害,降低了防风、防沙的作用。

此外,蝗灾还可与其他气象灾害、病虫害同时发生、连续、交替发生,其综合作用对农牧业生产和生态环境的影响更是雪上加霜,放大和加剧了蝗虫的危害性。

农业部每年定期不定期地发布蝗虫预测预警信息,制定相应的防治计划和目标,指导相关的防灾工作,取得巨大的经济效益和社会效益;一些省、自治区和所属地(市)、县(旗)根据当地实际情况成立了专门的防蝗指挥领导机构,气象部门也根据蝗虫发生与气象条件的关系,建立了草原蝗虫监测预测服务体系。各有关部门通力合作,把防灾减灾作为重中之重的行政、业务工作的一部分,最大限度地提高了防灾减灾能力。

1.2 国内、外有关研究动态

1.2.1 国内

我国古代对蝗灾发生就时有记载。1949 年以后,我国政府和相关部门对蝗虫预测和防治一直予以高度重视,科学界对草原蝗灾监测预测做了大量研究工作。

20 世纪初以来,我国对蝗虫的研究逐步深入。中国科学院、中国农业科学院、上海昆虫研究所、中国气象科学研究院等研究单位以及中国农业大学、陕西师范大学、西北农业大学、山西大学、新疆师大、甘肃农业大学、内蒙古农业大学、杭州师范大学、河北大学、华南农大、南京师范大学、湖南教育学院、陕西教育学院、广西科学研究院、西北农业大学、南京大学、山东大学、西南大学、西南林学院、重庆师大、宁夏农学院等很多大学开展了有关蝗虫分类学、生态学、生理学、监测预测、防治等方面的研究工作。主要分为以下几个主要阶段:

(1)治理为主,研究性工作开始起步阶段

20 世纪初至 1949 年以前,主要侧重对蝗虫治理对策的探讨,如利用化学药物灭蝗等。

1916 年,我国著名真菌学家和植物病理学家戴芳澜在《科学》(1915 年 1 月创刊)杂志上发表了"说蝗",论述了蝗虫形态、结构和行为特点。此后,尤其伟、张景欧等对我国飞蝗进行了生活史和形态与龄期特征的研究;1926 年,蔡邦华发表了"中国蝗科三新种及中国蝗虫名录",是20 世纪中国人最早发表的关于蝗虫研究的具有重要影响的成果之一。1934 年,中央农业试验所召开了江苏、浙江、安徽、山东、河北、河南、湖南等 7 省治蝗会议,讨论治蝗对策。20 世纪 40年代,我国科学界对华北地区的飞蝗研究较多,邱式邦和郭守桂发表了利用化学药物灭蝗的研究成果,马世骏提出利用气候资料与东亚飞蝗一个世代所需积温可以预测发生代数和发生期。

(2)20 世纪 50 年代

20 世纪 50 年代,我国建立了蝗虫防治机构,一大批科学家投入蝗虫和蝗灾研究,研究成果对后来的工作起到重要作用。1949 年中央人民政府农业部设立了病虫害防治局治蝗处。1953 年,农业部在河北、山东、江苏、河南、安徽、新疆等省(区)设立了 23 个蝗虫预报防治站点。20 世纪 50 年代,马世骏、曹骥、李光博、陈永林、邱式邦、尤其儆、钦俊德、刘友樵、郭郛、夏凯龄等从蝗虫化学和生物防治技术、蝗虫发生规律、气候对蝗虫发生的影响、繁殖特性、生活史、各种虫态、器官(系统)及作用、预测预报技术、地理分布格局等不同侧面对蝗虫进行了生理、生态、形态、灾害学等方面的研究。马世骏发展了昆虫生态学,通过对东亚飞蝗生理生态学、种群动态及综合防治理论研究,并以降水量、温度、晴雨日数、湖水水位及虫口基数为依据,提出发生程度的经验公式。夏凯龄、蔡邦华分别发表《中国蝗科分类概要》和《昆虫分类学》(上册)。

(3)20 世纪 60—70 年代

20 世纪 60 年代初,有关蝗虫的研究比起 50 年代更加深入细致,不仅研究领域不断扩大,研究区域、范围也越来越广。马世骏、邱式邦、陈永林等分别对东亚飞蝗、华北土蝗和内蒙古黄旗海地区农田和草滩蝗虫以及西藏飞蝗迁移危害程度及防治方法进行研究。此外,还开展了针对蝗虫飞行活动、蝗虫种群消长、活动与植被的关系、飞蝗生殖、飞翔与体温变化的关系、蝗情监察、生态型与发育速度、成活率、产卵量和食物利用、东亚飞蝗的生殖系统变化、不同龄期嗅觉和触角的反应、环境条件(温度、湿度、土壤盐分等)对生长发育的影响、中长期数量预测技术方法、蝗虫采样和调查方法等大量的研究。

经过研究和多年的实践,我国积累了丰富的有关防蝗、治蝗技术方法,20世纪70年代,我国关于蝗虫的研究已经从点到面迅速展开,加上政府部门、农业主管部门重视和媒体的参与,蝗虫研究和防蝗工作在全国主要蝗虫发生地区有组织、有重点、有计划地开展起来。很多省级、地市级农林部门、生产建设兵团、治蝗灭鼠指挥部等以会议、文件、报告、报纸、广播等多种形式促进防蝗治蝗工作的开展,将技术领域研究成果向社会推广。郑哲民(1974)对秦岭地区的蝗虫分布情况进行了调查研究,提出秦岭北麓处于古北和东洋界的过渡地段的观点;蔡邦华(1975)撰写了《昆虫分类学》(中);陈永林在防治蝗虫方面做了大量的宣传工作;1975年印象初发表有关白边痂蝗在青藏高原的地理变异,揭示了一个物种由于海拔升高变化,其形态特征出现梯度变异为种内(亚种内)变异的理论。

(4)20世纪80年代

1949年以后,经过近30年治理,我国大部分地区基本没有蝗虫成灾。20世纪80年代开始,由于全球气候变化加剧,草原蝗灾又一次进入多发期,有关蝗虫的研究成果与日俱增,发表学术文章近300篇。农业部门已经逐级建立了蝗虫预测预报和防治机构,对蝗灾监测预测和及时防控起到重要的作用。这一阶段主要在蝗虫生理和生物、生态环境影响、化学防治技术方法的研究、分布规律、监测预测等方面取得大量的成果,针对生态环境和人类活动对蝗虫生长发育等生命活动过程及其分布的影响的研究更成为主要研究的热点之一,尤其还涉及了发生密度监测方法、最佳防治期、卫星监测荒漠蝗虫的繁殖范围等方面的研究。

在蝗虫监测预报方面的研究也已经取得一定进展,王忠、周香菊、李光白等分别对东亚飞蝗密度调查方法和新疆乌鲁木齐和巴音布鲁克高山盆地主要蝗虫品种最佳防治期进行了确定。

在蝗虫的生态地理分布研究,陈永林、黄人鑫、尤其儆、童雪松等分别研究了新疆、洪泽湖、广西和浙西的蝗虫生态地理分布进行了描述,康乐等(1989,1990)对内蒙古锡林河流域蝗虫生态分布规律与植被关系及蝗虫发生进行了深入研究,张洪亮和刘增忠等(1987)提出了黄河滩蝗区东亚飞蝗发生规律。

我国科学界在蝗虫生理、生物化学和生物学特性研究中,对发生规律、卵形态和产卵选择、蝗虫酯酶同功酶等进行了探讨和研究。钦俊德(1980)、刘举鹏等(1984,1986)分别对飞蝗食性、蝗虫产卵选择和卵形态进行了详细的报道,李鸿昌等(1987)对内蒙古典型草原主要蝗虫品种成虫食物消耗量和利用率进行了试验观察,郑哲民等(1986)研究了8种蝗虫酯酶同功酶的机理和作用。

有关蝗虫化学防治和鸟禽防治方面进行了较多的研究,在防治指标、遥感等新技术的应用研究方面也已经起步。沈世英等(1980,1986)、冯光翰(1981)、李允东等(1982)、王蕴实(1982)、高小春(1987)、徐映明(1987)、贾春元(1988)等研究了蝗虫的化学防治技术;张鹏春等(1981)利用激素对蝗虫进行了防治;冯祥和和张爱萍(1989)调查了噬霉菌寄生对蝗虫的影响;张瑞新(1989)通过捞卵防治稻蝗;孙立邦、俞家荷等对家禽和鸟类灭蝗进行了报道。

(5)20世纪90年代

这10年间,侧重不同地区生态环境对蝗虫影响和种群变化方面的研究增多,在其他诸多方面的研究也取得了更大进展。

在蝗虫地理分布研究方面,任春光等(1990)分析了河北省蝗虫的垂直分布,孙汝川等(1992)对唐山地区蝗虫种类和生态环境的关系进行了研究,李宏实和张喜军(1991)研究了吉林西部草原蝗虫群落结构,郑一平等(1992)和任炳忠等(1993)分别对五大连池及辽宁省和吉林省蝗虫的地理分布特征进行了研究,王玮明(1999)阐述了高山草原蝗虫种群空间格局,蒋国芳(1999)和巩爱歧等(1999)分别对广西蝗虫地理区划及环青海湖区蝗虫与地貌类型的关系进行了研究。

在蝗虫行为生态和生活习性研究方面,刘金良等(1992)讨论了东亚飞蝗蝗蝻密度与型变的关系,李新华(1992,1993)对天山北坡 2 种主要蝗虫取食量和蝗虫的数量分类与排序问题进行了探讨,陆温和蒋正晖等(1993,1994)探讨了广西东亚飞蝗蝗区的种群与识别技术,邱星辉和李鸿昌等(1993)研究了草原生态系统中狭翅雏蝗种群的能量动态和羊草草原蝗虫群落的能流,姜衍春(1994)和黄春梅(1995)分别给出了青海蝗虫与环境温度及巴里坤草原优势种蝗虫食性与蝗科中亚科分类系统的关系,康乐(1995)研究了放牧干扰下蝗虫与植物的相互关系,颜忠诚和陈永林(1997)对锡林河流域 3 种草原蝗虫对植物高度选择的观察,王世贵和王翔(1998)探讨了红褐斑腿蝗耐温性问题。席瑞华等研究了长白山蝗虫鸣声结构特点,王薇娟等(1994)研究了祁连蝗虫雌雄性比、生殖力和发育进度,严林(1996)对 3 种土蝗的食性进行讨论,贺达汉等(1998)研究了种群密度对牧草生长与损失量的影响,王世贵、苏晓红测定并推算了不同发育历期蝗虫对食物的消耗量及利用能力,认为从 3 龄开始食量大增,对牧草造成的损失也是从 3 龄开始严重;冯光翰等(1995)对室外罩笼条件下几种草原蝗虫的食量进行了测定;韩凤英(1999)给出了短额负蝗卵发育起点温度和有效积温。刘长仲等研究了宽须蚁蝗、邱氏异爪蝗等多个品种的生态、生物学特性和空间分布特点,并对狭翅雏蝗发育起点温度和有效积温进行了研究。

在环境对种群的影响研究中,贺达汉和郑哲民(1996)进行了环境对蝗虫群落生态效应影响的数值关系分析,邱星辉和李鸿昌(1997)研究了大针茅草原蝗虫的群落结构和能流,贺达汉等(1997)研究了荒漠草原 3 种蝗虫成虫种内和种间的竞争,康乐和刘奎(1997)探讨了放牧对草原蝗虫种类的影响,贺达汉和郑哲民(1997)研究了荒漠草原蝗虫营养生态位和种间食物竞争模型,何争流(1999)论述了青藏高原特殊物种的调查与统计方法,并提出利用迁移统计法统计草原蝗虫的迁移数,欧晓红等(1999)给出云南高原牧区草场主要危害蝗虫种类。

20 世纪 90 年代,针对基因、器官和蝗虫个体微结构、功能特征等研究逐渐增多。杨晓燕和郑哲民(1992)研究了蝗虫心电图的类型和 ARMA 谱,適晓南和刘芳政(1994)及姜涛分别对新疆蝗虫染色体和 5 种主要蝗虫生化遗传特性进行了研究,蒋国芳和郑哲民(1993)对 5 种蝗卵的形态进行报道,马恩波等(1993)研究了 9 种蝗虫核仁组成区定位,奚耕思和郑哲民(1993)研究了蝗虫的生殖生理,郑哲民和席碧侠(1996)研究了蝗虫的前肠形态。

20 世纪 90 年代初,蝗虫预测、预报方法更加具体,不仅通过蝗虫生长发育环境对其进行预报,而且建立了各种数学统计模型和方法,青海、新疆等省、自治区开展了草地鼠害和虫害的预测预报工作(王薇娟,1994;龚建宁,1994),王薇娟(1993)预报了 1993 年青海草地虫害的发生趋势,杜卫华(1993)预测了黑条小车蝗的发生情况,冯光翰等(1994)研究了草地蝗虫种群消长的数学模型,侯秀敏等(1995)对天峻山草地土蝗种群结构与灾情预测进行了研究,拉玛才让(1997)对都兰草地蝗虫测报进行定位研究,刘长仲等(1998;1999)研究了皱膝蝗发生规律及预测预报,以及甘加高山草原蝗虫预测模型的研制,李新华等(1998)对草原蝗虫种群密度、受害程度和经济阈值进行了探讨,陈本建(1999)应用马尔可夫链预测草原蝗虫的发生趋势。

范伟民等(1995)研究了中国典型草原放牧草场蝗虫为害经济损失及经济阈值估算,廉振民和苏晓红研究了蝗虫复合防治指标,冯光翰等(1995)对草原蝗虫防治指标进行了研究,乔璋等(1996)针对西伯利亚蝗对草原的危害及其防治指标进行了研究。

在新技术应用方面,李润环(1991)将昆虫雷达应用于农业生产,金瑞华(1993和1994)对应用遥感技术监测蝗虫灾害进行了报道,Frithjof Voss等研究了应用卫星遥感技术对蝗虫聚集的控制,崔越(1999)利用GIS辅助分析草原放牧活动对蝗虫群落的影响;在防治技术方面,张泉(1990)利用多种农药混合来防治蝗虫,王丽英等(1990)利用微孢子虫进行蝗虫感染研究。

(6)进入21世纪以来

康乐、陈永林、李鸿昌等利用在内蒙古锡林郭勒盟建立的定点试验站,以典型草原生态系统为研究背景,进行了连续多年草原蝗虫生态学、蝗虫食性和蝗虫防治的定位试验和系统的研究;许升全等秦岭及邻近地区蝗虫的分布格局及其形成。康乐、陈永林、李鸿昌等在分析蝗虫亚系统结构、功能的基础上,研究了草原蝗虫种群群落能量和行为生态,阐明了草原蝗虫在草原生态系统中的功能、作用和地位,并研究了在人为活动影响下的扰动生态问题,在此基础上,提出草原蝗虫生态系统控制、草原保持与资源持续利用的理论和途径。

在新技术应用方面,倪绍祥等将遥感和GIS技术应用于草地蝗虫的预测,并研究了遥感与GIS支持的东亚飞蝗发生机理与预测模型,李典谟等研究了蝗虫灾变的遥感监测及预警,包玉海等对内蒙古草原蝗虫遥感监测机理与方法和蒙古高原草原蝗灾信息提取及生境遥感反演技术进行研究;张洪亮等(2002)对GIS支持下青海湖地区草地蝗虫发生与月均温的相关性进行了分析。柳小妮、季荣等对新疆草原蝗虫种群时空动态及暴发成灾的生态学机制和中哈边境地区亚洲飞蝗侵入性迁飞机制及灾害预警技术进行研究。

中国气象局根据草原蝗虫与气象条件的关系,建立了草原蝗虫监测预测技术方法,以及北方草原地区蝗虫发生趋势预测数据库、指标、模型及预测软件系统,在蝗虫主要发生区的省、自治区进行业务服务,取得较好的社会、经济和生态效益;探讨了新疆草原蝗虫灾情监测和预测系统。

郝树广等研究了气候变化对草原蝗虫物候学规律和生活史的对策的影响。吴伟坚研究了越北腹露蝗虫的聚集信息素及其生物转化;孟瑞霞也研究了亚洲小车蝗聚集爆发成灾的化学信息素。张小尼等认为蝗虫消化道的超微结构与生态环境和进化有关。高梅影等揭示了抗蝗虫苏云金紫孢杆菌晶体蛋白质基因的克隆\序列分析和表达。雷仲仁等分析了东亚飞蝗热调节行为与绿僵菌致病性的关系。张龙等对飞蝗感受行为信息化合物的分子机制及其利用进行了探讨。王宪辉等利用OLIGODNA微阵列技术研究飞蝗低温适应性的分子机理。

蝗虫的分类生态地理研究是近些年来研究较多的内容之一,在种群生态、地理分布研究方面,任炳忠等(2000)对松嫩草原蝗虫群落结构和动态变化进行了研究;李宏(2000)分析伊犁河谷意大利蝗群集危害的特点,陈永林(2000)提出生态学治理理论;陈永林(2000)研究了蝗灾成因;张玉珍(2001)分析了气象条件与蝗灾的关系,陈永林(2001)探讨了蝗虫生态种及其指标意义,廉振民和于广志(2001)对农田-荒地边缘地带蝗虫边缘反应进行了分析。颜忠诚(2001)分析了蝗虫的生态型和生活型。刘长仲(2004)提出狭翅雏蝗的种群数量消长模型;刘奎和鲁挺(2000)研究了高山草原不同生境蝗虫生态分布规律研究;刘长仲和王刚(2003)分析了高山草原狭翅雏蝗的生物学特性及种群空间分布;刘长仲等(2002)提出模糊聚类法在小翅雏蝗种群动态分析中的应用;刘长仲等(2000)宽须蚁蝗蝗螨空间分布型的研究及其应用进行了分析;乔永民等(2001)对新疆巴里坤南山蝗虫垂直分布进行了分析。张龙和李洪海(2002)研究了东亚飞蝗虫口密度和龄期对生态型转变的影响,邱子彦等(2006)研制了蝗虫生境评价信息系统。倪绍祥(2000)等对青海湖地区草地蝗虫发生的生态环境条件进行了研究,王杰臣和倪绍祥(2001)研究了环青海湖地区草地蝗虫数量的空间分异特征及成灾状况与气候条件的关系,邓自旺等(2005)建立了环青海湖地区草原蝗虫发生的气候指标。许升全等对中国斑腿蝗科支序生物地理系和性状地理演化研究和秦岭及邻近地区蝗虫的分布格局及其形成。汪桂玲等(2000)和郑哲民等(2001)分别对5科蝗虫间RAPD带型变异和11种斑腿蝗科的蝗虫RAPD带型变异进行了比较;印象初等(2000)关于蝗虫类、种、属比率进行了研究。李鸿昌等对亚洲蒙古高原蝗总科区系结构\起源与系统化的研究。张道川对青藏高原蝗虫适应性的分子系统发育进行了研究。郝树广等研究了气候变化对草原蝗虫物候学规律和生活史对策的影响。柳小妮等(2007)对夏河甘加草原草地蝗虫优势种的确定及混合种群密度高峰值模型进行了研究。刘长仲和冯光翰(2000)总结了高山草原主要蝗虫的生物学特性,卢辉等(2005)研究不同龄期及密度亚洲小车蝗取食对牧草产量的影响。马恩波等研究了中国稻蝗属分子水平遗传多样性、系统进化、稻蝗属物种分化及其生态适应性和东亚飞蝗乙酰胆碱酯酶基因克隆及其靶标子敏感性机理,探讨了斑腿蝗科精小管形态及其在分类学上的意义,研究了东亚飞蝗羧酸酯酶的分子特性及其代谢抗性机制,研究了东亚飞蝗杀虫剂解毒酶系的分子特性及其在抗药性中的作用。李庆等分析了西藏飞蝗各发育阶段机理指标与耐寒能力的关系。潘庆民研究了蝗虫取食诱导的草原植物防御与碳氮资源再分配。欧晓红等分析了滇西北多样性生境蝗总科短翅种特化趋向与分异格局。康乐等对飞蝗起源、扩散种群分化的研究,基于线粒体基因组的分析,飞蝗两型转变的基因组研究。何正波等对东亚飞蝗hunchback基因在身体模式形成中的功能进行了研究。张光明研究了内蒙古草原植物-蝗虫相互作用的C∶N∶P化学计量生态机理。王学海等(2000)提出,温室中蝗虫早出土值得关注。

在防治方面,更加重视生态治理和生物防治研究,建立防治指标,2000年,张泽华等和李保平等分别报道了绿僵菌在内蒙古草原和新疆山地草原蝗虫;杨红珍等(2000)研究蝗虫痘病毒对黄胫小车蝗生长发育和产卵力的影响,王丽英等(2000)西伯利亚蝗痘病毒超微结构和发育及DNA特性,吴衍庆等(2000)研究了微孢子虫病在草原蝗虫中扩散与传播;臧君彩等(2000)研究了北京地区稻蝗持续治理新技术;高梅影研究了抗蝗虫苏云金紫孢杆菌晶体蛋白质基因的克隆\序列分析和表达。在蝗虫防治指标方面,乌麻尔别克等(2000)从事红胫戟纹蝗对牧草的危害和防治指标进行评估,石旺鹏(2001)提出生物防治的安全性与规范措施。杜文亮研究了草地蝗虫吸捕机械的吸入特征和收集特性研究。

随着科学技术的迅猛发展,3S(RS、GIS、GPS)和微生物防治等高新技术为研究蝗虫种群结构的时空分布和变化、监测预测提供了可行的技术手段。卢辉等(2008d,2009,2008b)进行了典型草原三种蝗虫种群死亡率和竞争的研究、高光谱遥感模型对亚洲小车蝗危害程度研究和典型草原亚洲小车蝗危害对植物补偿生长作用研究。姚明印等(2008)进行了大功率近红外半导体激光辐照蝗螨致死作用研究、激光辐照对亚洲小车蝗螨虫杀灭效应初步研究(2008)和激光照射对蝗虫诱变杀灭效应的初步研究(2007);欧亚明和刘青(2004)进行了新疆地区主要灭蝗措施的分析及新机具的研制;杨新华等(2008)分析了亚洲小车蝗痘病毒与化学杀虫剂混用的杀虫效果及对寄主主要解毒酶活性的影响;任程等(2004)分析了蝗虫微孢子虫防治青藏高原蝗虫对主要天敌种群数量的影响；赵朝阳等(2003)进行了亚洲小车蝗痘病毒球状体蛋白基因的克隆与序列分析；毛文华等(2008)提出基于色度和形态特征的蝗虫信息提取技术；李永丹等(2004)进行了意大利蝗痘病毒与西伯利亚蝗痘病毒包涵体蛋白基因序列分析。王宪辉等利用 OLIGODNA 微阵列技术研究飞蝗低温适应性的分子机理。吴伟坚等研究了越北腹露蝗虫的聚集信息素极其生物转化。孟瑞霞对亚洲小车蝗聚集暴发成灾的化学信息素进行了研究。张龙对飞蝗感受行为信息化合物的分子机制及其利用进行了探讨。雷仲仁研究了东亚飞蝗热调节行为与绿僵菌致病性的关系。任程等分析了蝗虫微孢子虫防治青藏高原蝗虫对主要天敌种群数量的影响。

1.2.2 国外

国外最早有关蝗虫的记录出现在古埃及和第六王朝墓室的石刻(公元前 2270—2400 年)上，及古埃及《圣经》中的"出埃及记"(公元前 1300 年)，并把沙漠蝗虫危害称为"第八大瘟疫"。从原始农业时期开始至 19 世纪科技革命漫长的社会发展过程中，人们一直将探索灭蝗的技术和方法与策略作为主要研究工作。蝗虫灾害的发生是一个全球性的问题，在世界上有 100 多个国家都发生过蝗虫的灾害。1957 年，索马里一次蝗灾约有蝗虫 1.6×10^{10} 头，总质量达 5×10^7 kg。非洲蝗灾至今仍有出现。1985 年到 2003 年，蝗虫处于在世界范围内暴发的一个重要时期，美国、非洲、澳大利亚、哈萨克斯坦等十几个国家都相继暴发了大规模的蝗灾。

国际上，草原蝗虫的研究主要集中在欧亚大陆和北美洲的有关国家。前苏联地区草原蝗虫的研究主要以描述地理分类区系和生态分布研究为主，在现代生态学和室内、外实验方面的研究相对较少(Baker-RHA、Cannon-RJC、Walters-KFA，1996)。欧洲国家主要在蝗虫能流、濒危种的保护等(Hughes-JM、Evans-KA，1996)方面开展研究。美国和加拿大的研究工作主要集中在中西部草原区。

非洲的红蝗、飞蝗和沙漠蝗是主要的蝗虫类型，对这三种蝗虫种群动态研究较多。主要影响因素为水分条件，干旱缺水限制了蝗虫种群在干旱地区的分布，在热带地区更显突出；相反的，对温带和栖息在沼泽湿地的蝗虫来说，干旱则有利于它们的大量繁殖。1985 年，Krebs 研究了坦桑尼亚鲁夸湖地区降水量与红蝗种群数量的关系，并制定红蝗的防治计划。高湿的条件对西伯利亚飞蝗繁殖有利，也更利于虫卵寄生物——真菌的生长，这导致蝗卵大量死亡，因此，潮湿的年份蝗虫数量呈下降趋势；干燥年份地表水量减少，适于蝗卵发育的面积增加，蝗虫种群数量增大并聚集迁飞，如果气温较高，可促使蝗虫发育加快，将导致飞蝗大面积发生。

国外有关蝗虫的研究大致分为三个主要阶段。

(1)19 世纪之前

以蝗虫防治技术及防治效果为主要内容进行研究。

采取以破坏蝗卵场所为目的的防治技术，如，翻耕、引水灌溉、牲畜践踏等；利用炸药爆破土壤表层，捣毁卵块；研制捕捉工具进行捕杀，并对蝗虫资源进行综合利用，制作饲料等。

(2)20 世纪初至 70 年代

20 世纪初，对蝗虫的研究进一步深入，研究内容主要为蝗虫生物学、生理学和生态学方面的综合研究，对蝗虫形态、分类、行为和生物学防治技术等诸多方面进行研究，为研究蝗虫发生、成灾规律、预测预报及防治奠定了基础。

伴随工业化进程的发展，利用煤油、焦油、巴黎绿等进行化学防治成为一种新的技术。杀虫剂(如敌敌畏、六六六等)等在这个时期出现了。20 世纪中期,环境问题引起各国的高度重视,而化学防治带来污染日趋严重,生物学防治技术发展。计算机技术和生物化学技术为蝗虫研究提供了新的思路,实验方法被广泛采用用于研究蝗虫生理、行为特征、蝗虫种群结构及其数量变化、蝗虫发生与生态环境因子之间的相互关系等。20 世纪 70 年代以来,对蝗虫的监测预测和预报技术的研究,以及蝗虫发生及其与生态环境之间关系的研究成为新的研究热点。为了控制蝗虫的危害,70 年代,澳大利亚政府设立了治蝗机构(APLC,隶属澳大利亚农业部),专门负责蝗虫的监测预警、防治和有关研究工作。1973 年 Pedgley,1977 年和 1980 年 Hielkema 利用 Landsat/MSS 图像监测了澳大利亚中部和西南部地区蝗虫生存植被环境动态变化。

(3)20 世纪 80 年代以来

20 世纪 80 年代开始,蝗虫监测预报技术和蝗虫与生态环境关系的研究成为研究热点,相继成立了蝗虫监测、预测和防治的研究机构,昆虫监测雷达、数码相机等技术得到应用,尤其是利用 3S 技术的应用和多国、多部门联合对蝗虫进行监测预测、防治成为新的发展趋势,3S 技术在蝗虫监测中具有重要的作用、很高的应用价值和巨大的潜力。遥感(RS)为监测预测提供蝗虫及其环境信息,地理信息系统(GIS)以其强大的数据分析和处理能力为蝗虫监测预测的数据库建立及快速分析、处理和集成提供了强有力的实用工具,全球卫星定位(GPS)为蝗虫发生和路径信息进行准确的空间定位。

美国、澳大利亚、非洲等国家和地区比较早地应用遥感技术监测包括蝗虫在内的害虫动态,实践证明,这些新技术在蝗虫动态监测方面发挥了极大的作用。联合国粮农组织(FAO)应用荷兰政府资助开发的非洲实时环境监测信息系统(ARTEMIS),对粮食安全和沙漠蝗虫进行预警。沙漠蝗虫防治委员会还利用地球资源卫星对沙漠蝗虫进行监测预报。针对蝗虫跨地区、跨国界迁移,有些国家还协作成立了国际性防治协调机构,如非洲南部防治红蝗的国际组织。多国政府防治沙漠蝗和飞蝗的组织由联合国粮农组织的跨国界有害生物应急与预防系统计划所替代(EMPRES)。3S(RS、GIS、GPS)技术的应用使其在蝗虫监测预测中发挥了不可替代的作用,并做了比较多的研究,如 PedgleyHielkema,C. T. Tucker,Rottey,L. Mceulloch,D. M. Hunter,KIMD,Bryceson,P. P. Sinha,Satish,Shandra,Alexandre,V. Latchininskii 等人。此外,在昆虫监测方面使用了不少新技术和仪器设备,如,昆虫监测雷达(Entomological Radar)、数码相机(Digital Camera)等。F. Voss 研制了高灵敏度监听器(High Sensitivity Monitor/microphone),根据频率范围和不同频带上的强度,鉴别蝗虫的种类和统计蝗虫的密度。1991 年,Voss 等利用 Landsat/MSS 图像对苏丹的红海沿岸沙漠蝗进行了研究,编制了潜在繁殖区图。SCHELL 等收集了美国怀俄明州的草地蝗发生资料,并利用 GIS 和 GPS 技术研究了分布情况,编制了成灾频率图。2001 年 8 月,哈萨克斯坦、克尔克兹斯坦、俄罗斯、塔吉克斯坦和乌兹别克斯坦等中亚五国专家讨论了在中亚地区建立蝗灾委员会的可能性,以增强防治的协调性。澳大利亚蝗灾委员会(APLC)、加拿大农业与食品研究署(AAFCRB)、南非植物保护研究所(PPRI)、美国农业研究服务局(AARS)和西班牙农业部(MAS)的地方性植保部门都在防治蝗灾工作中取得不少成绩。

在 RS 应用方面,国外从 20 世纪 70 年代就已开始,最初用的是 Landsat MSS 图像,用于对蝗虫的栖境条件和产卵地等进行监测,从 90 年代初起则开始使用空间分辨率更高的 TM 图像。此外,从实现动态监测角度出发,又尝试采用空间分辨率虽低(1.1 km×1.1 km)、但时间分辨率较高的 NOAA/AVHRR 图像。近年来随 MODIS 气象卫星的发展,其空间分辨率提高至 250 m×250 m,为提高蝗虫灾情监测的准确率提供了技术保障。GIS 在蝗虫监测中的应用始于 80 年代末到 90 年代初,主要用于蝗虫发生及其影响因子数据的分析、处理以及蝗虫预测模型的集成。GPS 在有关蝗虫数据采样点定位及遥感图像几何纠正等方面得到了日益广泛的应用。

国外有关草原蝗灾的研究主要集中在生态环境、行为生态、监测仪器设备和防治技术领域,而气象监测预报方面的研究还不多,Legg 等(1993)对蝗虫聚集密度进行估算,Fielding 和 Brusven(1995)报道了美国草原蝗虫和植物群落之间的生态相关性,Hunter 等(1999)对澳大利亚迁移蝗虫的控制进行了研究。

1.3　我国草原蝗虫监测预测的必要性和重要意义

我国草原占国土面积的 42%,主要分布在内蒙古、新疆、青海、西藏、陕西、甘肃、宁夏等省、自治区以及河北、吉林、四川等省份的部分地区。草原是畜牧业经济的重要组成部分,也是肉、奶、毛、皮等畜产品的重要生产基地。近年来,由于气候变化、高温干旱和不合理的人为活动造成蝗灾连年大发生,蝗灾已成为北方草原经济发展和生态安全最具威胁力的生物灾害之一,蝗灾使草场大面积遭到破坏、产草量下降、承载力降低,并引发草场退化等一系列生态环境问题,严重阻碍了畜牧业可持续发展、生态保护和社会主义新农村建设。因此,要做好防灾、减灾工作,首先要做好草原蝗灾监测预测工作,因此,建立北方草原蝗虫监测预警系统,实现草原蝗虫和蝗灾多目标、多空间尺度、多时效的监测预测,为国家防灾、减灾提供及时、准确的监测预警信息具有十分重要的理论和现实意义。

如果在蝗灾发生前进行可能发生时间、地点、范围、发生密度和发生趋势等预报,可以指导有关部门制订防灾、减灾预案,提早做出防灾计划和安排;在蝗灾发生过程进行发展趋势和迁移趋向等预报,可以指导进一步的抗灾安排。由此可见,草原蝗虫监测预测可以使决策制定者胸中有数,减少制定防灾计划的盲目性,做到有的放矢,确保防灾资金和物资使用合理,降低防灾、减灾、抗灾投入,提高防灾经济效益;同时,利用蝗虫发生、发展和成灾预报并采取必要的防灾措施,必将减少蝗虫造成的牧草损失,降低直接经济损失;此外,利用准确的预测预报信息,还可减轻草场破坏,遏制草原承载力的下降,减少养殖业经济损失和生态损失。

1.4　草原蝗虫预报的主要内容

草原蝗虫的监测预报是一项十分复杂的系统工程,长期以来,农业、草原、植保等部门进行了较多的研究,取得许多好的经验。我们对草原蝗虫的监测预警内容和目标进行了归纳,主要有以下几方面:区域发生面积(或成灾面积)预报,发生区域预报,发生量和有限区域最大发生密度预报,不同发育期始期和盛期预报,灾害发生和猖獗期预报,最佳防治期预报,迁移趋向预报,不同灾害发生程度的气象适宜度等级预报等。迁移趋向预报主要根据蝗虫食物的多寡以及高空环流、地面气象条件对蝗虫的影响,或利用遥感资料进行迁移和扩散趋向预报,目前针对迁移趋向的预报不多。气象适宜度等级预报是根据气象条件对蝗虫不同生育阶段有利或不利的影响程度,确定预报指标,建立判别模型来进行气象适宜度预报。气象适宜度预报是近两年由中国气象局提出并新拓展的科研和业务项目,并已经开展业务服务。

1.5 草原蝗虫监测预测和防御的未来发展趋势

1.5.1 加强科普和培训工作

由于蝗灾的历史久、范围广、损失大,所以,我国对蝗灾监测预警和防御工作一直给予高度重视,制定了许多行之有效的防治方针和条例,投入了大量人力和财力,人民群众的防范意识也在不断提高。但是,由于各种条件的制约,还不能使全民受到蝗虫知识、蝗灾监测、防御技术的培训,因此,随着科学技术的发展,蝗灾监测预测知识的普及、培训范围会逐渐增大,不只限于少数科技人员,应建立一支具备监测、预报、防治技术水平的专业化队伍,这是一个长期的工作。

1.5.2 加大监测、预警和防治的时空密度和范围

随着畜牧业的不断发展,牲畜养殖规模增加,使草原蝗虫灾害承灾体暴露性增加,因此,针对草原蝗灾具有发生范围广、局部灾情重等特点,应该加大监测预测的时、空密度,以便及时跟踪蝗灾发生势态,提供预警信息,及时发现、及时防治,最大程度地减轻灾害损失。

草原蝗灾防治一直是一个难题,人们苦于年年防治、年年发生,这里防治、那里发生,总体达不到预期成效。由于草原面积大,蝗虫繁殖力强,并具有迁移性、扩散性,容易出现发生面积大,而防治面积相对小的实际问题。目前,在不少地方,防治面积只是发生成灾面积的五分之一左右,一些地方没有经济条件进行防治,而已经进行灭蝗的地方又会有蝗虫迁移补充进来。所以,经常是防治效果不尽如人意。随着经济实力的增强,应加大、加密防治范围,减少蝗虫在主要畜牧业生产场所的生存空间。

1.5.3 高新技术的综合应用

要做好草原蝗灾监测预测工作,提高监测预测服务效果和质量,先进的科学技术和多种技术手段综合应用是关键,如计算机技术、网络技术、3S 技术、雷达等,这些先进技术的综合应用为制作多时效结合、站点密集的预报服务产品提供技术支持,为国家防灾、减灾提供科学依据。

1.5.4 加强部门间及国际协作,加强防控体系建设

加强协作,建立联防联治制度。党和国家一直对草原防蝗、减灾工作给予高度重视,国家有关农业部门把蝗灾防治工作作为重点工作,科技人员在蝗灾监测预测研究中探索出了很多行之有效的技术和方法,广大农牧民在实践中积累了丰富的经验,只要联合全社会各界力量,从上到下、从政府机构到广大用户,共同协作,建立健全防控体系,就一定能够做好草原蝗灾联防、联控工作,确保蝗虫不成灾。此外,在蝗灾重点发生区建立灾情应急防控机构,改善基础设施条件,深入开展蝗灾发生规律、蝗虫生物学特性、监测与防治技术研究,不断改进防治设备和防治技术手段。

我国北部和西北部约 5000 km 的边境上,不断有外来蝗虫的入侵,所以,不仅要开展国内多部门联合监测预警和防治的大协作,还应积极开展跨国的国际合作。

第 2 章　我国北方草原主要蝗区的蝗虫种类及地理分布

2.1　北方草原主要蝗区的蝗虫种类概述

据统计,全世界已报道的蝗虫有 9 科,2261 属,10136 种。我国有蝗虫 252 属,800 多种。主要分布在西北、华北、西南、东北等地。

2.1.1　内蒙古草原蝗虫主要种类

内蒙古草原蝗虫有 168 种。下面列出的是内蒙古草原上比较常见的蝗虫种名录。

(1)癞蝗科:

　　　　笨蝗 *Haplotocpis brunneriana* Saussure

　　　　内蒙古笨蝗 *Haplotropis neimongdensis* Yin

　　　　丽突鼻蝗 *Rhinotmethis pulchris* XietZheng

　　　　赫迈突鼻蝗 *Rhinotmethis hummeli Sjostedt*

(2)丝角蝗科:

　　　　鼓翅皱膝蝗 *Angaracris batabensis*(Pall.)

　　　　红翅皱膝蝗 *Angaracris rhodopa*(F. W.)

　　　　白膝网翅蝗 *Arcyptera fusca albogen ilulata* Ikonn

　　　　隆额网翅蝗 *Arcyptera coreana* Shiraki

　　　　棕黑网翅蝗 *Atcypcera fusca lhhsca*(Pall)

　　　　白边痂蝗 *Bryodema luctuosum luctuosum*（Stoll）

　　　　黄胫异痂蝗 *Bryodemella holdereri holdereri*（Krauss. ）

　　　　轮纹异痂蝗 *Bryodemella tuberculatum dilutum*(Stoll)

　　　　短星翅蝗 *Calliptamus abbreviatus* Ikonnikov

　　　　赤翅蝗 *Geles skalozubovi* Adelung

　　　　白边雏蝗 *Chorthippus albomarginatus*（De Geer）

　　　　褐色雏蝗 *Chorthippus brunneus*(Thunberg)

　　　　华北雏蝗 *Chorthippus brunneus huabeiensis* Xia et Jin

　　　　狭翅雏蝗 *Qiorthippus*（G）*dubiua*(Iub)

　　　　小翅雏蝗 *Chorthippus fallax*(Zub.)

　　　　北方雏蝗 *Chorthippus hammarstroemi*(Miram)

　　　　夏氏雏蝗 *Chorthippus hsiai*（Cheng et Tu）

　　　　东方雏蝗 *Chorthippus intermedius*（B. -Bienko）

　　　　小胫刺蝗 *Compsorhipis bryodemoides* B.-Bienko

　　　　大垫尖翅蝗 *Epacromius coerulipes lvano* Iran

　　　　斑丛蜕蝗 *Eremippus simplexmaculatus* Mislsh

　　　　丛蜕蝗 *Eremippus simplex simplex*（Er）

　　　　亚洲飞蝗 *Locusta migratoria migratoria* L.

　　　　绿沼泽蝗 *Meoostethus grossus*（Linnaeus）

　　　　亚洲小车蝗 *Oedaleus decorus asiaticus* B. Bienko

　　　　红腹牧草蝗 *Omocestus haemorrhoidalis*（Charppentier）

　　　　宽翅曲背蝗 *Pararcyptera microptera meridionalis*（Ikonnikov）

　　　　葱色草绿蝗 *Parapleurus alliaceus alliaceus*（Germ）

　　　　盐池束颈蝗 *sphingonotus yenchihensis* Sheng et Chiu

　（3）褪角蝗科：

　　　　小蛛蝗 *Aeropedellus variegates minutus* Mist

　　　　锡林蛛蝗 *Aeropedellus Xilinensls* Liu et Xi

　　　　毛足棒角蝗 *Dasyhippus barbipes*（Fischer-Waldheim）

　　　　北京棒角蝗 *Dasyhippus peipingensis* Chang

　　　　李氏大足蝗 *Aeropus licenti*（Chang）

　　　　宽须蚁蝗 *Myrmeleotettix palpalis*（Zubowsky）

　（4）剑角蝗科：

　　　　白纹金色蝗 *Chrysaevis SP*

　　　　条纹鸣蝗 *Mongolotettix vittatus*（Uvarov）

　　内蒙古草原危害牧草的蝗虫有 20 余种，其中主要有亚洲小车蝗、白边痂蝗、宽须蚁蝗、毛足棒角蝗、鼓翅皱膝蝗、狭翅雏蝗、小翅雏蝗、大垫尖翅蝗、红翅皱膝蝗、短星翅蝗等种类。

2.1.2　青海草原蝗虫主要种类

　　据《青海省经济昆虫志》记述，青海已查明的昆虫有 17 目，214 科、1646 种，青海草地蝗虫与草原毛虫是能形成大面积草原重灾的两种昆虫。青海草地蝗虫主要分布在青海温性草原、高寒草原、温性荒漠草原上；能造成较大为害的蝗虫种类主要有雏蝗属、蚁蝗属、皱膝蝗属、痂蝗属、星翅蝗属、大足蝗属、小车蝗属、棒角蝗属、异痂蝗属。

　　表 2.1 列出青海草地蝗的种群组成。青海草地蝗亚目害虫区系由 9 科，40 属，90 种（亚种）组成。

表 2.1　青海草地蝗亚目害虫区系

中文名	拉丁名	环湖蝗区	柴达木蝗区	东部蝗区	青南蝗区
一、蜢总科	*Eumastacoidea*				
（一）棒角蜢科	*gomphomastacidae*				
1.褶蜢属	*ptygomastax* B.-Bienko				

续表

中文名		拉丁名	环湖蝗区	柴达木蝗区	东部蝗区	青南蝗区
	(1)黑马河褶蜢	*P. heimahoensis* Cheng et Hang	+			
	(2)长足褶蜢	*P. longifemara* Yin	+			
	2.华蜢属	*Sinomastax* Yin				
	(3)长角华蜢	*S. longicornea* Yin				+
	3.草蜢属	*Phytomastax* B-Bienko				
	(4)青海草蜢	*P. qinghaiensis* Yin				+
二、蚱总科		*Tetrigoidea*				
(二)蚱科		*Tetrigidae*				
	4.蚱属	*Tetrix* Latr				
	(5)钻形蚱	*T. subulata*(L)			+	
	(6)日本蚱	*T. japonica*(Bol)			+	
	(7)祁连山蚱	*T. qilianshanensis* Zheng et Chen	+			
三、蝗总科		*Acridoidea*				
(三)癞蝗科		*Pamphagidae*				
	5.短鼻蝗属	*Filchnerella* Karny				
	(8)青海短鼻蝗	*F. kukunoris* B.-Bienko	+			
	(9)红胫短鼻蝗	*F. rufitibia* Yin			+	
(四)锥头蝗科		*Pyrgomorphidae*				
	6.负蝗属	*Atractomorpha* Sauss				
	(10)短额负蝗	*A. sinensis* Bol	+			
(五)斑翅蝗科		*Oedipodidae*				
	7.沼泽蝗属	*Mecostethus* Fieb				
	(11)大沼泽蝗	*M. groissus*(L)	+			
	8.尖翅蝗属	*Epacromius* Uv				
	(12)大垫尖翅蝗	*E. coerulipes*(*lvan*)	+		+	
	(13)甘蒙尖翅蝗	*E. tergestinus extimus* B-Bienko	+	+	+	
	9.小车蝗属	*Oedaleus* Fieb				
	(14)黄胫小车蝗	*O. infernalis* Sauss	+		+	
	(15)亚洲小车蝗	*O. asiaticusticas* B-Bienko	+		+	
	10.赤翅蝗属	*Celes* Saussure				

中文名		拉丁名	环湖蝗区	柴达木蝗区	东部蝗区	青南蝗区
	(16)赤翅蝗	*C. skalozubovi* Adelung	+		+	
11. 束颈蝗属		*Sphingonotus* Fieb				
	(17)铁卜加束颈蝗	*S. tipicus* Cheng et Hang	+			
	(18)柴达木束颈蝗	*S. tzaidamicus* Mistsh	+			
	(19)青海束颈蝗	*S. qinghaiensis* Yin	+		+	
	(20)贵德束颈蝗	*S. kueideensis* Yin	+		+	
12. 痂蝗属		*Bryodema* Fieb				
	(21)尤痂蝗	*B. uvarovi* B-Bienko	+			
	(22)青海痂蝗	*B. miramaemiramae* B.-Bienko	+			
	(23)小痂蝗	*B. miramaeelegantulum* B.-Bienko	+			+
	(24)白边痂蝗	*B. luctuosum'* (Stoll)	+	+		+
	(25)印度痂蝗	*B. luctuosumindum* Sauss	+			
	(26)透翅痂蝗	*B. hyal inala* Zheng et Zhang	+	+		
	(27)黑纹痂蝗	*B. nigristria* Zheng				+
13. 皱膝蝗属		*Angaracris* B-Bienko				
	(28)鼓翅皱膝蝗	*A. barabensis* (Pall)	+	+		
	(29)红翅皱膝蝗	*A. rhodopa* (F.-W)	+	+	+	
14. 蕾蝗属		*Uvaroviola* B-Bienko				
	(30)多刺蕾蝗	*U. multispinosa* B-Bienko	+			+
15. 飞蝗属		*Locusta* L				
	(31)亚洲飞蝗	*L. migratoriamigratoria* L	+			
	(32)西藏飞蝗	*L. migratoriatibetensis* Chen				
16. 异痂蝗属		*Bryodemella* Yin				
	(33)黄胫异痂蝗	*B. holdereri* (Krauss)	+			
	(34)轮纹异痂蝗	*B. tuberculatum dihltum* (Stoll)	+			
	(35)红胫异痂蝗	*B. diamesum* (B-Bienko)				
(六)网翅蝗科		*Arcypteridae*				
	17. 曲背蝗属	*Pararcyptera* Tarb				
	(36)宽翅曲背蝗	*P. microptera meridionalis* (Ikonn)	+		+	
	18. 蚍蝗属	*Eremippus* Uv				

中文名	拉丁名	环湖蝗区	柴达木蝗区	东部蝗区	青南蝗区
(37)黑马河蚍蝗	E. heimahoensis Cheng et Hang	+			
(38)简蚍蝗	E. simplex(Ev)			+	
19.异爪蝗属	Euchorthippus Tarb				
(39)素色异爪蝗	E. unicolor(Ikonn)	+		+	
20.雏蝗属	Chortippus Yin				
(40)青藏雏蝗	C. qingzanggensis Yin	+			+
(41)东方雏蝗	C. intermedius(B. -Bienko)	+			+
(42)青海雏蝗	C. qinghaiensis Wang et Zheng	+		+	
(43)褐色雏蝗	C. brunneus(Thunb)	+			
(44)夏雏蝗	C. hsiai Cheng et Tu	+		+	
(45)白纹雏蝗	C. albonemus Cheng et Tu	+		+	
(46)狭翅雏蝗	C. dubius(Zub)	+	+		
(47)海北雏蝗	C. haibeiensis Zheng	+			
(48)积石山雏蝗	C. jishishanensis Zheng et Xie			+	
(49)西宁雏蝗	C. xiningensis Zheng			+	
(50)循化雏蝗	C. xunhuaensis Zheng et Xie			+	
(51)乐都雏蝗	C. leduensis Zheng et Xie			+	
(52)祁连山雏蝗	C. qilianshanensis Zheng et Xie	+			
(53)短翅雏蝗	C. breuipterus Yin				+
(54)小翅雏蝗	C. fallax(Zub)	+		+	+
(55)长声雏蝗	C. longisonus Li et Yin			+	
21. 牧草蝗属	Omocestus I. Bol.				
(56)红腹牧草蝗	O. haemorrhoidalis(Charp.)	+			+
(57)平安牧草蝗	O. pinanensis Zheng et Xie			+	
22. 缺背蝗属	Anaptygus Mistshenko				
(58)青海缺背蝗	A. qinghaiensis Yin	+			
23.屹蝗属	Oreoptygonotus Tarb.				
(59)藏屹蝗	O. tibetanus Tarb				+
(60)青海屹蝗	O. qinghaiensis(Cheng et Hang)	+	+		+
(61)短翅屹蝗	O. brachypterus Yin	+			

中文名		拉丁名	环湖蝗区	柴达木蝗区	东部蝗区	青南蝗区
	(62)壮屹蝗	O. robustus Yin	+			
	24. 凹背蝗属	Ptygonotus Tarb				
	(63)青海凹背蝗	P. qinghaiensis Yin	+			
	(64)河卡山凹背蝗	P. hocashanensis Cheng et Hang	+			
	25. 缺沟蝗属	Asulconotus Yin				
	(65)青海缺沟蝗	A. qinghaiensis Yin				+
	(66)科缺沟蝗	A. kozloui Mistsh				+
	26. 无声蝗属	Asonus Yin				
	(67)青海无声蝗	A. qinghaiensis Liu				+
	(68)筱翅无声蝗	A. brachypterus Yin				+
	27. 拟无声蝗属	Pseudoasonus Yin				
	(69)玉树拟无声蝗	P. yushuensis Yin				+
(七)槌角蝗科		Gomphoceridae				
	28. 槌角蝗属(大足蝗属)	Gomphocerus Thunb				
	(70)李槌角蝗	G. licenti(Cheng)	+			
	(71)西藏大足蝗	G. tibetanus(Uv)	+			
	29. 拟槌角蝗属	Gomphoceroides Zheng et al				
	(72)黄胫李槌角蝗	Go. flavutibia Zheng	+			
	30. 棒角蝗属	Dasyhippus Uv				
	(73)毛足棒角蝗	D. barbipes (F.-W)	+			
	31. 蚁蝗属	Myrmeleotettix I. Bol				
	(74)宽须蚁蝗	M. palpalis(Zub)	+	+		+
	32. 拟蛛蝗属	Aeropedelloides Liu				
	(75)高原拟蛛蝗	A. altissimus Liu				+
	(76)杂多拟蛛蝗	A. zadoensis Yin				+
	33. 蛛蝗属	Aeropedeiius Heb				+
	(77)突缘蛛蝗	A. prominemarginis Zheng				
	(78)杂多蛛蝗	A. zadoensis Yin				+
(八)剑角蝗科		Acrididae				
	34. 鸣蝗属	Mopgolitett Rehn				

续表

中文名		拉丁名	环湖蝗区	柴达木蝗区	东部蝗区	青南蝗区
	(79)青海鸣蝗	*M. qinghaiensis* Yin	+			
	35. 剑角蝗属	*Acrididae*				
	(80)科剑角蝗	*A. kozlovi* Mistshenko	+		+	
	(81)荒地剑角蝗	*A. oxycephala*(Pall)			+	
	36. 窝蝗属	*Foveolatacris* Yin				
	(82)青海窝蝗	*F. qinghaiensis* Yin	+			
(九)斑腿蝗科		*Catantopidae*				
	37. 稻蝗属	*Oxya* Sserville				
	(83)无齿稻蝗	*O. adentata* Will			+	
	(84)短翅稻蝗	*O. brachyptera* Zheng et Hu			+	
	38. 星翅蝗属	*Calliptamus* Serville				
	(85)短星翅蝗	*C. abbreviatus* Ikonn	+			
	(86)黑腿星翅蝗	*C. barbarus*(Costa)	+			
	39. 金蝗属	*Kingdonella* Uv				
	(87)黑股金蝗	*K. nigrofemora* Yin				+
	(88)科金蝗	*K. kozlovi* Mistshenko				+
	(89)大金蝗	*K. magna* Yin				+
	40. 印秃蝗属	*Indopodisma* Dov-Zap				
	(90)金印秃蝗	*I. Hingdoni*(Uvarov)				+

青海草地蝗虫共 90 种(含亚种),特有种(含亚种)为 47 种(表 2.2),占蝗虫总数的 52.22%。尤其同德县分布的青海窝蝗,是青海省唯一的珍贵种类。其余多数为古北界的广布种类,少数如印秃蝗属、金蝗属、蚱属为东洋界西南区的热带、亚热带种类。印象初先生指出,青藏高原存在诸多特有种与其漫长的进化和为了适应高原的自然条件导致的变异有关。

表 2.2　青海草地蝗虫特有种类及其特征

中文名		拉丁名	前翅	缺发音器	缺肢膜器	体小型	中文名	拉丁名
1. 褶蜢属		*Ptygomastax* B.-Bienko						
	(1)黑马河褶蜢	*P. heimahoensis* Cheng et Hang	+			+	+	+
	(2)长足褶蜢	*P. longifemara* Yin	+			+	+	+
2. 华蜢属		*Ssinomastax* Yin						

续表

中文名	拉丁名	前翅	缺发音器	缺肢膜器	体小型	中文名	拉丁名
(3)长角华蛨	*S. longicornea* Yin	+			+	+	+
3. 草蛨属	*Phytomastax* B-Bienko						
(4)青海草蛨	*P. qinghaiensis* Yin	+			+	+	+
4. 蚱属	*Tetrix* Latreille						
(5)祁连山蚱	*T. Qilianshanensis* Zheng Chen			+			+
5. 短鼻蝗属	*Filchnerella* Karny						
(6)青海短鼻蝗	*F. kukunoris* B.-BienkoI			+			
(7)红胫短鼻蝗	*F. rufitibia* Yin			+			
6. 印秃蝗属	*Indopodisma* DOV-Zap						
(8)金印秃蝗	*I. Hingdono*(Uvarcv)		+		+		
7. 金蝗属	*Kingdonella* Uv						
(9)黑股金蝗	*K. nigrofemora* Yin	+			+	+	
(10)科金蝗	*K. kozlove* Mistshenko	+			+	+	+
(11)大金蝗	*K. magna* Yin	+			+	+	
8. 痂蝗属	*Bryodema* Fieb						
(12)青海痂蝗	*B. miramaemiramae* B.-Bienko						
(13)小痂蝗	*B. miramaeelegantulum* B-Bienko						
9. 蕾蝗属	*Uvaroviola* B-Bienko						
(14)多刺蕾蝗	*U. multispinosa* B-Bienko						
10. 飞蝗属	*Locusta* L						
(15)西藏飞蝗	*L. migratoriatibetensis* Chen						
11. 异痂蝗属	*Bryodemella* Yin						
(16)红胫异痂蝗	*B. diamesum*（B-Bienko）						
12. 雏蝗属	*Chorthippus* Fieb						
(17)积石山雏蝗	*C. jishishanensis* Zheng et Xie						+
(18)循化雏蝗	*C. Xunhuaensis* Zheng et Xie						+
(19)乐都雏蝗	*C. leduensis* Zheng et Xie						+
(20)祁连山雏蝗	*CQilianshanensis* Zheng et Xie						+
(21)青海雏蝗	*C. qinghaiensis* Wang et Zheng			+			+
(22)短翅雏蝗	*C. briuipterus* Yin			+			+

续表

中文名	拉丁名	前翅	缺发音器	缺肢膜器	体小型	中文名	拉丁名
(23)海北雏蝗	*C. haibeiensis* Zheng						＋
(24)西宁雏蝗	*C. xiningensis* Zheng et Chen						＋
13. 草原蝗属	*Omocestus* I. Bol						
(25)平安牧草蝗属	*O. pinanensis* Zheng et Xie						＋
14. 缺背蝗属	*Anptygus* Mistshenko						
(26)青海缺背蝗	*A. qinghaiensis* Yin		＋				＋
15. 屹蝗属	*Ortreopiygonotus* Tarb						
(27)藏屹蝗	*O. tibetanus* Tarb		＋				＋
(28)青海屹蝗	*O. qinghaiensis*(Cheng et Hang)		＋				＋
(29)短翅屹蝗	*O. brachypterus* Yin			＋			＋
(30)壮屹蝗	*O. bustusro* Yin		＋				＋
16. 凹背蝗属	*Ptygonotus* Tarb						
(31)青海凹背蝗	*P. qinghaiensis* Ying		＋				＋
(32)河卡山凹背蝗	*P. hocashanensis* Cheng et Hang		＋				＋
17. 缺沟蝗属	*Asulconotus* Yin						
(33)青海缺沟蝗	*A. qinghaiensis* Yin		＋				＋
18. 无声蝗属	*Asonus* Yin						
(34)青海无声蝗	*A. qinghaiensis* Liu						＋
(35)筱翅无声蝗	*A. brachypterus*(Yin)		＋	＋			＋
19. 拟无声蝗属	*Pseudoasonus* Yin						
(36)玉树拟无声蝗	*P. yushuensis* Yin		＋	＋			＋
20. 拟蛛蝗属	*Aeropedelloides* Liu						
(37)高原拟蛛蝗	*A. altissimus* Liu			＋			＋
(38)杂多拟蛛蝗	*A. zadoensis* Yin			＋			＋
21. 蛛蝗属	*Aeropedellus* Heb						
(39)突缘蛛蝗	*A. prominemarginis* Zheng			＋			＋
(40)杂多蛛蝗	*A. zadoensis*(Yin)			＋			＋
22. 鸣蝗属	*Mongolotettix* Rehn						
(41)青海鸣蝗	*M. qinghaiensis* Yin			＋			＋
23. 窝蝗属	*Fouveolatacris*(Yin)						

续表

中文名	拉丁名	前翅	缺发音器	缺肢膜器	体小型	中文名	拉丁名
(42)青海窝蝗	*F. qinghaiensis*(Yin)		+				
24.束颈蝗属	*Sphingonotus* Fieb						
(43)铁卜加束颈蝗	*S. tipicrs* Cheng et Hang						
(44)青海束颈蝗	*S. qinghaiensis* Yin						
(45)贵德束颈蝗	*S. gueideensis* Yin						
25.蚍蝗属	*Eremippus* Uv						
(46)黑马河蚍蝗	*E. heimahoensis* Cheng et Hang						
26.稻蝗属	*Oxya* Serville						
(47)短翅稻蝗	*O. brachyptera* Zheng et Hang			+			
		7	11	12	10	7	31

2.1.3　新疆草原蝗虫主要种类

新疆草原蝗虫有 157 种,其中优势种有亚洲飞蝗、意大利蝗、西伯利亚蝗、蚍蝗、黑条小车蝗及各类雏蝗等 10 余种,其中,亚洲飞蝗主要分布在博湖、艾比湖、玛纳斯湖、哈密、吐鲁番、塔城、克拉玛依,阿勒泰地区、阿克苏地区等地。意大利蝗主要分布在昌吉州、伊犁地区、巴里坤盆地、塔城地区、阿勒泰地区、博州、阿克苏地区等地。西伯利亚蝗主要分布在巴里坤盆地、哈密、乌鲁木齐、博乐、塔城地区、阿勒泰地区。

哈密地区蝗虫一般孵化期盛期在 5 月中下旬,三龄期在 6 中下旬,成虫产卵期在 7 月中旬到 8 月中旬。该区蝗虫一年发生一代,以卵在土壤中越冬。

2.2　我国北方草原蝗虫主要品种的生物学特性

蝗虫属直翅目蝗总科,它的种类多,分布广,食性杂,在生物学特性方面,有的比较相似,有的也有较大差异。

2.2.1　亚洲小车蝗

卵:卵淡灰褐色,长形,较粗,中部稍弯,整个卵块外层胶质坚硬,中间胶质为海绵状。卵粒排列规则,斜排成 3～4 行,每一卵块一般有卵 8～33 粒。

蝗蛹:雄性 5 个龄期,最后一龄体长为 1.95～2.20 cm,雌性 6 个龄期,最后一龄体长 2.81～3.35 cm,雌、雄体色为黄绿色、有时暗褐色,体上斑纹明显。

图 2.1　亚洲小车蝗

成虫如图 2.1 所示。雄虫体形中等偏小,体长 1.85～2.25 cm。头大而短,较短于前胸背板。颜面近乎垂直,颜面隆起宽平,仅在中眼处略凹。头顶顶端略倾斜,稍低凹,侧缘隆起明显,中隆线可见。头侧窝不明显。触角丝状,超出前胸背板的后缘。复眼卵形,较突出。前胸背板较短,中部明显缩狭,沟后区两侧呈圆形突出,呈扇状,中隆线较高,侧观较平直,全长完整或被后横沟微微切断,侧片宽大于长,后缘略呈弧形。中胸腹板侧叶间中隔的最小宽度等于长。前、后翅发达,前翅长 1.95～2.40 cm,超出后足股节的顶端。前翅中脉域的中闰脉位于中脉和肘脉之间,中闰脉不延伸,除中脉域之外,中闰脉上具发达的发音齿。前、后翅的端部翅脉具弱的发音齿。后翅略短于前翅。后足股节略粗壮,上基片长于下基片。上侧上隆线光滑,缺细齿。后足股节内侧具刺 11～13 个,缺外端刺。下生殖板短锥形。

　　雄虫体色为黄绿色,有时暗褐色,体上斑纹明显。前翅端部半透明,具小的黑色斑,基部具大形的黑色斑。后足胫节红色,基部淡色斑不明显,混有红色。

　　雌虫体形较大而粗壮,体长 3.10～3.70 cm,颜面垂直。中胸腹板中隔宽略大于长,前翅长 2.95～3.40 cm,前翅中闰脉与雄性同样发达。产卵瓣粗短,端部弯曲呈钩状,边缘光滑无齿,产卵瓣基部突出。余相似于雄虫。

　　亚洲小车蝗属直翅目,斑翅蝗科。是不完全变态昆虫。在蝗卵里完成胚胎发育前期,胚后发育时期是蝗蝻和成虫。亚洲小车蝗一年发生一代,以卵在土中越冬。产卵时,选择向阳温暖、地面裸露、土质板结、土壤温度较高的地方,蝗卵生活在土壤中,不能自由活动;蝗蝻与成虫生活在地面上,能自由活动并大量取食,主要危害禾本科、莎草科等牧草,高密度发生时对牧草的取食几乎没有选择性。蝗蝻雄性 4 龄,雌性 5 龄。雌性成虫较雄性成虫个大。正常年份,内蒙古中东部地区 5 月中旬越冬卵开始孵化,西部地区在 5 月下旬至 6 月上旬越冬开始孵化,一般年份孵化期长达 50 多天,6 月下旬大部分为 2～3 龄,7 月中、下旬为成虫盛期,7 月下旬至 8 月上旬开始产卵。若虫 1～2 龄群集活动,3 龄开始分散活动。发育周期如图 2.2 所示。

　　亚洲小车蝗为地栖性蝗虫。适生于植被稀疏、地面相对裸露的干旱草原、荒漠草原的缓坡地带、浅山丘陵的向阳坡面、农田地埂以及撂荒地等温度较高的环境,有明显的向热性。在一天中,以中午前后活动最盛,阴雨天、大风天伏于地表不活动。

　　亚洲小车蝗为寡食性害虫。取食植物范围较窄,主要以禾本科植物为主。在食料缺乏时,也取食莎草科及鸢尾科植物。在草原取食克氏针茅、大针草、糙隐子草、无芒隐子草、冰草、羊草、赖草、草地早熟禾、硬质早熟禾、羊茅、细茎鸢尾等。嗜食的农作物有小麦、莜麦、大麦、谷子等禾本科作物。但在食料缺乏时也取食荞麦、马铃薯、胡麻等。

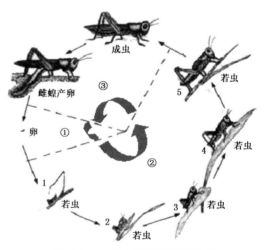

图 2.2　亚洲小车蝗发育周期图

　　初孵化的蝗蝻活动能力弱,群集在孵化处的杂草丛中栖息和取食。3 龄以后,活动能力增强,并逐渐扩散。在草场缺乏食料时,蝗蝻和成虫可集体向邻近的农田迁移为害。此外,亚洲小车蝗的迁飞习性也反映了它的群集性特点。因此,高密度的蝗群常对农田造成毁灭性的危害。迁入农田为害时间的早晚与气象、牧草长势和虫口密度相关。

据近年来的观察,亚洲小车蝗有较强的迁飞性和趋光性。1999 年 7 月 24 日、2003 年 7 月 11—31 日、2004 年 7 月 16 日夜间,亚洲小车蝗多次迁入城市、村镇、厂矿、企业、居民区。其中 2003 年是亚洲小车蝗迁飞最频繁的 1 年。7 月 30 日晚,大量迁入呼和浩特市区,在灯光集中处虫口密度达 1000 头/m² 以上。据观察,亚洲小车蝗成虫对白炽灯、日光灯、黑光灯、霓虹灯、高压汞灯等光源有较强的趋性。雄虫趋光性弱于雌虫。21—22 时是迁入的主要时段。但迁入的蝗虫很少对树木、草坪、花卉等绿化植物造成危害。在夜晚和清晨,亚洲小车蝗行动迟钝,对外界反应活动能力弱,日出后随着温度的升高,再度迁出城镇。

近年来内蒙古草原主要的成灾蝗虫种类——亚洲小车蝗(*Oedaleus decorus asiaticus*)一般占据整个蝗虫种群的 50%～60%,严重发生时能达到 90% 以上,是内蒙古草原的主要优势种害虫,也是农牧交错地带的重要经济害虫。而且亚洲小车蝗具有一定的迁移能力,几乎分布于内蒙古整个草原区域,是目前危害内蒙古草原的主要蝗虫之一。

2.2.2　白边痂蝗

白边痂蝗雌雄两性身体异形(图 2.3)。雄性细长,前后翅很发达;雌性粗短,前后翅均短小,不到达后足股节的顶端。雄性后翅甚宽大,2A2(A 为臀脉,Anal vein,分布于臀区内,一般有 2～3 条,用 1A 表示第一臀脉,2A 表示第二臀脉……翅面被翅脉分成翅室(cells),如果一个翅

图 2.3　白边痂蝗

室又被横脉划分为几个室,则按由基部到端部的次序称为 1A1、1A2、2A1、2A2 等翅室)。脉较短,呈"S"形弯曲,后翅基部暗黑色,沿外缘具有较宽的淡色边缘。在雌性较不明显,后足股节内侧和底侧均呈黑蓝色。后足股节内侧和上侧暗蓝色,胫节刺的顶端褐色,附节黄褐色。体长:雄性 2.6～3.2 cm,雌性 2.5～3.8 cm;前翅长:雄性 3.5～4.3 cm,雌性 1.5～2.0 cm。白边痂蝗在内蒙古地区一年发生 1 代,以卵在土中越冬。越冬卵 5 月上旬开始孵化,6 月中旬始成虫羽化,6 月下旬进入羽化盛期,7 月上旬开始交配,7 月中旬进入交配盛期,并开始产卵。每头雌虫可产卵囊 2～3 块,每一卵囊平均含卵 27 粒。

卵:卵块粗短,颇弯曲,上下部粗细几乎相等。长约 2.5 cm,胶质部分较短,占卵块全长的 1/3 左右,其中部直径约 0.70 cm。卵块最宽处直径 0.60～0.80 cm,胶质较疏松。卵粒部分的更薄,透过胶质可看到内部卵粒的轮廓,有时卵粒有部分裸露,上部胶质外层致密,中间胶质为海绵状,深褐色。卵粒排列规则,斜排成 4 行,卵粒长 0.64～0.75 cm,直径 0.12～0.15 cm,每一卵块平均有卵籽 30 多粒。

蝗蛹:雌、雄均有 4 个龄期。雄性最后一龄体长 2.88～3.45 cm,雌性最后一龄体长 3.04～3.33 cm。雌、雄体色通常随居住环境而变化,一般体色为灰褐色或绿褐色。雄虫飞翔时,摩擦作声。

成虫:雄虫体大型、匀称。头短小,明显短于前胸背板之长度。体长 2.88～3.45 cm,体色常随居住环境而变化,一般灰褐色或绿褐色。头侧窝近兰角形,颜面隆起很宽,眼小,触角丝状。前胸背板沟前区狭而沟后区宽,其上有许多颗粒状隆起和短隆线,中隆线颇低,被两条横沟切过,沟前区短于沟后区,沟后区的侧隆线很明显。前翅长 3.82～4.22 cm。翅上有许多暗色斑点,后翅略短于前翅,基部暗色,外缘灰白色。后足腿节粗短,内方暗蓝色,近端部有黄褐色环纹,后足胫节暗蓝色,基部膨大部分的背面光滑无皱纹。胫节内侧有刺 9～10 个。胸部

宽,中胸腹板的中隔宽度大于长度,下生殖板短圆锥形。飞翔时,摩擦作声。

雌虫较雄虫粗笨,形态相差悬殊,体长 3.04～3.33 cm,前翅短,长 1.77～2.08 cm,不到后足腿节的后端,后翅尤为短缩,不能飞翔。

白边痴蝗主要栖居在植被稀疏、土壤沙质大的干旱草原上,主要喜食冷蒿、羊草、针茅、碱草、赖草、小旋花等,是典型草原退化区及荒漠化草原的重要害虫(表 2.3)。

表 2.3　白边痴蝗取食特性

最喜食	喜食	较喜食	可食	不喜食或不食
紫花针茅、小蒿草、多枝黄芪、	异穗苔草	波伐早熟禾、披针叶黄花、二裂委陵菜、阿尔泰紫菀、康滇火绒草、短穗兔耳草	扁穗冰草、垂穗披碱草、艾菊、戟叶蒲公英、阿拉善马先蒿、达乌里龙胆、异叶青兰、藜、鸢尾	矮蒿草、莫氏苔草、多裂委陵菜、白里金梅、茵陈蒿、鳞叶龙胆、藏蓝石草、高山唐蒿草、唐古特翠雀、忍冬、麻黄

2.2.3　宽须蚁蝗

宽须蚁蝗成虫体形短小(图 2.4)。雌雄两性触角丝状,顶端明显膨大,但不呈锤状。头侧窝狭长呈四角形。下颚须的顶端节较宽,顶端呈切面,长度为其宽的 1.5～2 倍。一年发生一代,在内蒙古越冬卵5月中旬开始孵化出土,6月中旬开始羽化,6月下旬至7月上旬为羽化盛期,7月上、中旬开始产卵,成虫可以生活到8月和9月。

图 2.4　宽须蚁蝗

雌蝗可产卵囊 2～3 块。雄性成虫交配后在 20 d 左右随即死亡,产卵后的雌虫亦可经 20 d 左右即死亡。

卵:卵块近圆柱形,略弯曲,上部略细于下部,长 1.08～1.55 cm,胶质部分短于卵粒部分,约占卵块全长的 1/3,胶质部分中部直径 0.20～0.25 cm,卵块最粗处直径 0.23～0.30 cm,整个卵块外层胶质较坚硬,中间胶质为海绵状,淡褐色。卵粒有规则的排列成两行,直立或略有倾斜,卵粒平均长 0.40 cm,直径 0.09 cm,每一卵块含卵籽 4～6 粒,平均 5 粒。

蝗蛹:1 龄蛹体较短粗,头大而圆。雄性 4 个龄期,最后一龄体长 1.15～1.30 cm,雌性 5 个龄期,最后一龄体长 1.37～1.65 cm。成虫体色为暗褐色或褐色。

成虫:雄性,体形小,体长 1.15～1.30 cm,前翅长 0.57～0.71 cm。暗褐色或褐色,性成熟时腹部为橙红色。头大而短,短于前胸背板之长,颜面略斜,隆起明显,触角丝状,端部略膨大,颜色较深。前胸背板中隆线、侧隆线明显,在前部向内弯曲。前翅长 0.73～0.89 cm,前缘脉基部不扩大,前翅中央有一列黑白相间的斑点。后足腿节膝部黑色,外缘有刺 10～11 个。

雌性:雌虫略大于雄虫,体长 1.37～1.65 cm,前翅长 0.85～1.00 cm,触角颇短,不到前胸背板的后缘,端部膨大甚微。

宽须蚁蝗多发生在内蒙古退化典型草原和荒漠草原等植被比较稀疏而干旱的地带,当发生数量较大时,常可严重危害牧草,特别在一些农牧交错地区和大面积草场中的零星农田,常可遭到严重危害。据观察,宽须蚁蝗喜食禾本科的碱茅、针茅、早熟禾、扁穗冰草、燕麦、小麦等,豆科的苜蓿、三叶草、草木樨,十字花科的油菜,菊科的蒲公英、紫菀、沙蒿以及莎草科的苔草、蒿草等,大发生时可将禾本科牧草吃光(表 2.4)。

表 2.4　宽须蚁蝗的食性

最喜食	喜食	较喜食	可食	不喜食或不食
紫花针毛、小赏草、多枝黄蓍、异穗苔草	—	二裂委陵菜、阿尔泰紫菀、戟叶蒲公英	波伐早熟禾、扁穗冰草、垂穗披碱草披针叶黄花、艾菊康滇火绒草、阿拉善马先蒿、短穗兔耳草、达乌里龙胆	蓓草、矮蒿草、莫氏苔草、多裂委陵菜、白里金梅、茵陈蒿、鳞叶龙胆、藏蓝石草、高山唐篙草、唐古特翠雀

2.2.4　毛足棒角蝗

一年发生一代,越冬卵 5 月初开始孵化,6 月初开始羽化,7 月中旬产卵。按出土时间的早晚,属于早期种,广泛分布于内蒙古典型草原和草甸草原,荒漠草原也有分布。取食羊草、冰草、冷蒿等,是草原带重要的优势种蝗虫之一,发育期早,对禾本科牧草早期生长危害性很大。

卵:卵块短圆柱形,两端略圆,一般不弯曲,长 0.64～0.90 cm。胶质部分很短,约占卵块全长的 1/4 或不到 1/4,直径约 0.26 cm,卵块最宽处直径 0.28～0.38 cm。整个卵块外层胶质较坚硬,中间胶质为海绵状,灰褐色。卵粒排列规则,斜排成两行。卵粒长约 0.45 cm,直径约 0.11 cm,每一卵块一般有卵籽 4 粒。

蝗蛹:雌虫与雄虫相似。雄性体长 1.63～1.89 cm,雌性体长 1.80～2.10 cm。雌、雄体色为褐色或淡褐色。

成虫:雄虫体形细小,长 1.63～1.89 cm,匀称,被稀疏绒毛。头大而短,短于前胸背板。头顶短,呈锐角形,头侧窝明显,狭长方形。颜面隆起,中央的纵沟很显著。在侧隆线和眼下沟之间,常有一条黄白色纵纹,触角顶端显著膨大呈棒状。下颚须端节淡黄色,不特别膨大。前胸背板中隆线较低,侧隆线在前部略向内弯曲。前翅长 1.00～1.30 cm,达到或超过后足腿节后端。前足胫节下方有长而密的细毛,是本种最突出的特征。后足腿节上膝片略暗,胫节淡黄色,外方有刺 10～12 个。

雌虫体长 1.80～2.10 cm。前翅长 1.10～1.36 cm。触角端部略粗,前足胫节无长毛。

2.2.5　鼓翅皱膝蝗

一年发生一代,越冬卵 5 月上旬开始孵化,8 月上旬羽化,雌蝗 8 月下旬开始产卵,成虫一直活动到 10 月份(图 2.5)。

卵与红翅皱膝蝗卵相像。雌雄蝗蛹均 4 个龄期。雄性最后一龄体长 2.29～2.58 cm,雌性最后一龄体长 2.67～3.19 cm。雌雄体色均为暗褐色、暗绿色。雄性成虫体

图 2.5　鼓翅皱膝蝗

长 2.19～2.58 cm,体形中等,匀称。头短小,明显短于前胸背板。头顶短宽,略低凹,侧缘隆线明显,前端轰线较弱。颜面垂直,颜面隆起较宽,中眼附近较低凹,略呈沟状。头侧窝明显,近似三角形。触角丝状。前胸背板具颗粒状突起和短的隆线,中隆线明显,较低,被两条横沟

切断,侧隆线在沟后区可见,前胸背板前缘平直,后缘呈直角形。前胸腹板略隆起。前后翅发达,到达后足胫节的端部,前翅中脉域颇狭于肘脉域,中闰脉接近中脉,前翅长 2.70~2.92 cm,中闰脉上具发音齿。后翅主要纵脉特别加粗,纵脉的下面具发达的发音齿。前翅同后足摩擦,后翅纵脉的发音齿同后足胫节基部及股节上隆线相摩擦均可发音。鼓膜器发达,鼓膜片小,覆盖孔的 1/3 以下。后足胫节基部膨大部分具平行的横细隆线,内侧具刺 10~11 个,外侧具刺 9 个,缺外端刺,下生殖板短锥形。雌虫略大于雄虫,体长 1.37~1.65 cm,前翅长 0.85~1.00 cm,触角颇短,不到前胸背板的后缘,端部膨大甚微。

鼓翅皱膝蝗喜食菊科、百合科植物,喜居阳光充足的地方,最佳栖息地为退化草场,取食菊科植物为主,最喜食艾蒿、冷蒿、委陵菜等。主要分布于内蒙古呼伦贝尔草原及其以西至包头市北部。

2.2.6 狭翅雏蝗

成虫体较小,头部较短;颜面倾斜度大,头顶与颜面相接处狭长。在内蒙古,一年发生一代。越冬卵 6 月上旬开始孵化,7 月中旬开始羽化,8 月是成虫活动的盛期,9 月初大批产卵。蝻期发育为 29d,成虫寿命 45d 左右。主要发生在退化干旱草原区,覆盖度低于 85% 的莎草草场也有少量分布。

狭翅雏蝗主要取食植物:最喜食紫花针毛、波伐-早熟禾、阿尔泰紫苑,喜食异穗苔草,可食扁穗冰草、垂穗披碱草、披针叶黄花、二裂委陵菜、艾菊戟叶蒲公英、康滇火绒草、茵陈蒿、阿拉善马先蒿、短穗兔耳草、达乌里龙胆、羊草、洽草、冰草、冷蒿、双齿葱,是禾本杂草兼食种,不喜食或不食搭草、矮蒿草、莫氏苔草、多裂委陵菜、白里金梅、鳞叶龙胆、蓝石草、高山唐蒿草、唐古特翠雀、忍冬、麻黄。狭翅雏蝗也不喜食小麦苗,对玉米幼苗基本不取食。狭翅雏蝗对牧草的危害主要在高龄蝻及成虫期,大发生年份,其危害是相当严重的。狭翅雏蝗在前期低龄蝗蝻阶段为聚集活动,高龄蝗蝻及成虫阶段以分散和随意分布为主。

2.2.7 狭翅雏蝗

卵:卵块近圆柱形,腰部较细,上下略粗,微微弯曲,长 1.10~2.15 cm,胶质部分短于卵粒部分,约占卵块全长的 1/2。胶质部分中部直径 0.29~0.37 cm,卵粒部分最粗处直径 0.30~0.34 cm,卵块外层胶质上部较坚硬,顶端略凹,下部较柔软,中间胶质为海绵状,灰色。卵粒排列规则,斜排成 3 行,卵粒平均长 0.40 cm,直径 0.09 cm,每个卵块含卵籽 12~19 粒。

蝗蝻:1 龄蝻身体匀称,雄性若虫有 4 个龄期,最后一龄体长 1.28~1.47 cm,雌性若虫有 4~5 个龄期(但以 4 龄为主),最后一龄体长 1.73~1.94 cm。体色为黄褐色或暗褐色。后足腿节内侧基部具黑色斜纹。

成虫:雄性,体小型。颜面倾斜,体长 1.07~1.19 cm。前翅长 0.68~0.80 cm。触角细长,超出前胸背板的后缘。复眼卵圆形,前胸背板中隆线、侧隆线均明显,侧隆线在中部呈钝角形弯曲。前翅较短,不到达后足股节的顶端,近顶端狭,最宽处近于中部。中胸腹板中隔的最小宽度略小于侧叶的最小宽度。鼓膜孔呈狭缝状。体黑褐色或黄褐色,后足股节内侧具黑色斜纹。

雌性,体长 1.17~1.50 cm。触角较短,顶端到达或略超过前胸背板的后缘。前翅明显缩短,长 0.75~0.92 cm,略超过后足胫节的中部,前缘脉较长,超过前翅的中部,前缘脉域无闰脉,产卵瓣粗短,下产卵瓣外缘具凹口,顶端较钝。

2.2.8　大垫尖翅蝗

主要分布于内蒙古东部和中部地区(图 2.6)。一年发生一代,以卵在土壤中越冬。大垫尖翅蝗发生在土壤潮湿、地面反碱、植被稀疏的环境中。

图 2.6　大垫尖翅蝗

干燥地区、山坡地带则无分布。成虫喜产卵于高岗、河堤、田埂、路旁和湖区荒地杂草稀矮、阳光充足的地方,因此,凡是湖泊、河流两岸低洼地及低温草地等处常为大垫尘翅蝗的重要发生地区,据观察,在表土含盐量 0.75%～1.32% 的地区仍有大垫尖翅蝗的分布,而其他种类蝗虫则极少见。喜食禾本科、豆科、菊科、黎科、蓼科牧草,也常危害玉米、高粱、谷子、小麦、苜蓿等作物。

2.2.9　红翅皱膝蝗

成虫体中型,常具粗大刻点和短隆线,蝗蝻雌、雄性均 4 龄。一年发生一代,以卵在土中越冬,最早孵化在 5 月上旬开始孵化,一般年份在 5 月中旬,孵化盛期在 6 月上旬,羽化最早约在 7 月上旬,7 月下旬进入羽化盛期,8 月上、中旬开始产卵。9 月中、下旬地面仍可见到成虫。

卵:卵形状似白边痂蝗卵,但较小些。

蝗蝻:雌、雄均 4 个龄期。雄性最后一龄体长 2.85～3.25 cm,雌性有 4 个龄期,最后一龄体长 2.40～2.76 cm。雌、雄体色常常随栖息环境的变化而变色。一般为褐色或暗绿色。雌、雄蝗蝻性均 4 龄。1 龄触角 9～13 节,体长 0.509(0.426～0.622)cm,后股节长 0.349(0.314～0.390)cm。2 龄触角 12～17 节,体长 0.725(0.620～0.952)cm,后股节长 0.439(0.352～0.492)cm。3 龄触角 17～20 节,体长 1.076(0.820～1.362)cm,后股节长 0.657(0.582～0.700)cm。4 龄触角 20～24 节,体长 1.698(1.282～2.364)cm,后股节长 0.951(0.862～1.294)cm。

成虫:雄性,体中型,长 2.85～3.25 cm,体色常随居住环境而变化,一般褐色或暗绿色。头小而圆,头侧窝近三角形,颜面隆起,上端宽,下端收缩,眼小,触角丝状。前胸背板沟前区狭而沟后区宽,其上有一些颗粒状隆起和短线,中隆线颇低,有两条横沟在中部之前切过,沟后区的侧隆线明显。前翅长 2.62～2.83 cm、超过后足胫节中部,中脉域狭于肘脉域,其横脉多呈白色,中闰脉较肘脉粗,翅上有许多暗色斑点。后翅略短于前翅,基部粉红色,外缘无色,也无暗色轮纹。后足压节粗短,内方黑色,中部和近端部各有一条黄褐色环纹,有的在基部黑色斑纹的边缘带有红色,胫节黄色或红色,基部膨大部分的背面有横的细皱纹。皱膝蝗即由此得名,胫节内侧有刺 9～11 个。飞翔时摩擦出声。雌虫,体长 2.40～2.76 cm。前翅长 2.72～3.12 cm,能飞翔。

卵囊圆柱状,无盖、壁薄,略弯曲,长 2.2 cm,泡沫状物为棕色,呈蜂窝状不规则的多角体。卵粒部约占卵囊长的 1/3,直径 0.35～0.55 cm,卵粒斜排或直立,4 粒一排,4～6 排,每一卵囊含卵粒 16～27 粒,平均 17 粒。卵粒棕褐色,表面具鱼网状刻纹,网眼有针状突起,卵粒大小为 0.61 cm×0.16 cm。

红翅皱膝蝗一年发生 1 代,以卵在土中越冬。一般年份,最早孵化在 5 月中旬,孵化盛期在 6 月上旬,羽化最早约在 7 月上旬,7 月下旬进入羽化盛期,8 月上、中旬开始产卵。10 月中、下旬地面仍可见到成虫。据甘肃在夏河高山草原上饲养观察,各虫(龄)态历期:蝗蝻 1 龄为 16.8 d(14～21 d),2 龄 15.6 d(12～18 d),3 龄 16.1 d(12～18 d),4 龄 20.0 d(13～23 d),成虫寿命雄性为 48.0 d(31～61 d),雌性为 42.9 d(31～53 d)。红翅皱膝蝗喜食纤维素含量低的菊科、蔷薇科和百合科等阔叶草植物,亦取食禾本科牧草。各龄蝗蝻平均日食量:1 龄为 2.29 mg,2 龄 6.66 mg,3 龄 20.05 mg,4 龄 57.54 mg,成虫日食量,雌性为 158.45 mg,雄性 63.45 mg。蝻期总食量约 1.62 g,成虫期约为 5.20 g。雄性日食量的最高值(153.91 mg)出现在羽化初期,雌性的高峰值(256.33 mg,274.66 mg)出现在羽化初期和产卵前期。红翅皱膝蝗喜栖息于傍山坡地和比较干旱、土壤沙质大、植被稀疏的草地上。据观察,卵的孵化对土壤温度的要求,各年间较为一致,如孵化始期,距地面 5 厘米土层的旬平均土温为 9.9～10.5℃,孵化盛期,旬平均土温为 12.1～13.5℃。

据饲养观察,各虫(龄)态历期:蝗蝻 1 龄为 14～21 d,2 龄 12～18 d,3 龄 12～18 d,4 龄13～23 d,成虫寿命雄性为 31～61 d,雌性为 31～53 d。红翅皱膝蝗喜食纤维素含量低的菊科、蔷薇科和百合科等阔叶草植物,亦取食禾本科牧草。各龄蝗蝻平均日食量:1 龄为 2.29 mg,2 龄 6.66 mg,3 龄 20.05 mg,4 龄 57.54 mg,成虫日食量,雌性为 158.45 mg,雄性 63.45 mg。蝻期总食量约 1.62g,成虫期约为 5.20g。雄性日食量的最高值(153.91 mg)出现在羽化初期,雌性的高峰值(256.33 mg,274.66 mg)出现在羽化初期和产卵前期。红翅皱膝蝗喜栖息于傍山坡地和比较干旱、土壤沙质大、植被稀疏的草地上,即内蒙古典型草原和荒漠草原地区,取食菊科、百合科、蔷薇科植物,主要危害冷蒿、艾蒿及多根葱。据观察,卵的孵化对土壤温度的要求,各年间较为一致,如孵化始期,距地面 5 厘米土层的旬平均土温为 9.9～10.5℃,孵化盛期,旬平均土温为 12.1～13.5℃。

红翅皱膝蝗最喜食紫花针茅、小蒿草、多枝黄芪、紫菀、赖草、羊胡子等。

红翅皱膝蝗分布在内蒙古、甘肃、青海、陕西、山西、河北、黑龙江等地区。多分布在高山草原、山地草原和荒漠草原,主要为害菊科、禾本科牧草。

2.2.10 短星翅蝗

在内蒙古一年发生一代,以卵在土中越冬。5 月下旬开始孵化,6 月中旬进入孵化盛期,7 月中旬见成虫。成虫 7 月末到 8 月上旬羽化,8 月下旬到 9 月间产卵。短星翅蝗属于地栖性蝗虫,在山坡丘陵草地中种群数量大,跳跃力极强,但不善飞,平时以爬行为主,尤其喜在没有植被的地面活动。常与亚洲小车蝗、曲背蝗混合发生危害。

图 2.7 短星翅蝗

以艾蒿、冷蒿、委陵菜等杂类草为食,如大密度发生可迁入邻近农田危害小麦、莜麦、荞麦、马铃薯、油菜等农作物。主要分布于内蒙古典型草原和荒漠草原地区(图 2.7)。

卵:卵块长 0.25～0.41 cm,直径 0.45～0.70 cm,胶囊红色或姜黄色,表面与泥土黏着。卵粒四个一排,呈放射形排列,卵壳表面粗糙,有六角形网状花纹,卵粒长 0.56 cm 左右,直径 0.125 cm 左右,中部略弯曲,卵孔附近略皱缩,每个卵块含卵籽 35～65 粒之间。

蝗蝻:雌、雄个体大小悬殊。雄虫有 5 个龄期,最后一龄体长 1.25～2.10 cm,雌性有 6 个龄期,最后一龄体长 2.50～3.25 cm。雌、雄体色一般全身暗红色或灰褐色。

成虫:雄虫与雌虫个体大小悬殊。雄虫体长 1.43～1.63 cm,前翅长 0.82～1.08 cm,头略大,较短于前胸背板,头顶低凹,无中隆线。头侧窝缺。颜面倾斜,颜面隆起的侧缘几乎平行,无纵沟。触角丝状细而短,略超过前胸背板的后缘。复眼长卵形,很大。前胸背板短宽,中隆线、侧隆线均明显。三条横沟明显,均切断中隆线和侧隆线。后横沟位于中部,沟前区等于沟后区之长,后缘钝圆或钝角形。前胸腹板突圆柱形,顶端钝圆。前翅较短,常不到达或刚到达后足股节的顶端,顶端较狭。后翅略短于前翅,较狭。后足股节粗短,上基片长于下基片,股节的长约等于宽的 3 倍,上侧上隆线具细齿。后足胫节内侧具刺 9 个,外侧 8 或 9 个,缺外端刺。尾须狭长,顶端分上、下二肢,上肢较长,下肢顶端又分成二小齿。成虫体暗褐色。前翅具有黑色斑点,端部较多。后翅本色,少数个体后翅基部淡玫瑰色。后足股节上侧常有三个暗色横斑,外侧沿下隆线具一列黑点,内侧红色,常有两个不完整的黑色横纹,内侧上膝片黑色,底侧红色。后足胫节红色。雌虫比雄性较大而粗壮。体长 2.27～2.68 cm,前翅长 1.67～1.75 cm,颜面略倾斜。尾须短锥形,不到达肛上板的端部。产卵瓣端部呈钩状,边缘光滑无齿。余相似于雄性。

2.2.11　小翅雏蝗

卵:卵块近圆柱形,颇弯曲,上部略细于下部,长 1.14～1.83 cm。胶质部分短于卵粒部分,约占卵块全长的 1/3。胶质部分中部直径 0.29～0.39 cm,卵粒部分最粗处直径 0.33～0.38 cm。整个卵块外层胶质较坚硬,中间胶质为海绵状,灰褐色。卵粒排列规则,斜排成 3 行。卵粒长约 0.45 cm,直径约 0.10 cm,每一卵块含卵籽 11～16 粒。

蝗蛹:1 龄蛹黄绿色,身体两侧各有 1 条黑纹,自头部直达腹端;雄性若虫有 4 个龄期,最后一龄体长 1.32～1.48 cm,雌性若虫有 4～5 个龄期,最后一龄体长 1.80～2.80 cm,成虫体色为黄褐色或绿褐色。

成虫:雄性,体小型。颜面倾斜,体长 1.15～1.39 cm,前翅长 0.71～0.86 cm。头侧窝狭长,长约为宽的 3 倍。复眼卵形,触角细长,向后可达后足股节的基部,触角中段一节的长度为宽的 2 倍,前胸背板中隆近脉缘甚宽,其最宽处同前缘脉宽处相等。后翅很小,鳞片状。跗节爪间中垫大形,超出爪长之半。鼓膜孔甚大,半圆形。肛上板三角形,基部中央具很宽的纵沟;中部两侧具横隆线。尾须长筒形,端部略细。下生殖板钝锥形。体黄绿色或黄褐色。后股股节绿色或黄褐色,内侧基部缺暗色斜纹。后足胫节黄褐色或黄绿色。雌性:体长 1.536～2.17 cm,比雄性略大。前翅长 0.39～0.57 cm。触角较短,向后仅超出前胸背板的后缘。前翅较短,仅达到或略超出腹部第二节背板的后缘,鳞片状、侧置,在背部彼此不毗连,前翅端部狭,缘前脉域超出中部。产卵瓣粗短,末端呈钩状。

主要取食植物:禾本科幼茎叶、苜蓿、草木樨、刺儿菜、羊耳朵、灰绿集。

2.2.12　轮纹异痂蝗

卵:卵块略呈胃形,胶质部分较细,卵粒部分突然膨大,长 2.15～3.08 cm。胶质部分中部直径 0.46～0.50 cm。卵块最宽处直径 0.68～0.74 cm,胶质淡褐色,海绵状,无胶壁。卵粒排列规则,斜排成 4 行,卵粒深褐色,平均长 0.76 cm,直径 0.17 cm,每一卵块含卵籽 19～23 粒。

蝗蛹:雌、雄均有 4 个龄期。雄性最后痂龄体长 2.97～3.35 cm,雌性最后一龄体长 3.62～3.80 cm。雌、雄体色一般为褐色而带有一些暗色斑点,雌、雄均能飞翔。

成虫:雄性体形较大,体长 2.48～3.01 cm,匀称。头短于前胸背板。头顶短宽,侧隆线略显。头侧窝明显,近乎圆形。颜面垂直,颜面隆起略呈沟状,触角之间微宽,中眼处略凹,向下部到达唇基。触角丝状,到达前胸背板的后缘。复眼卵形,其纵径为眼下沟的 1.2 倍。前胸背板中隆线明显,后横沟明显切断中隆线,沟后区长为沟前区的 2 倍,侧隆线略见,呈钝角形。前后翅发达,前翅长 2.45～3.04 cm,略不达到后足胫节的顶端,前翅中脉域具弱而短的中闰脉,其上发音齿几乎全部退化。鼓膜器发达,鼓膜片很小,覆盖鼓膜孔很小一部分。后足股节略粗,上基片长于下基片,上侧上隆线光滑,外端上隆线端半部具发音齿,后足股节下膝侧片底缘几乎呈直线状。后足胫节内侧具刺 11 个,外侧具刺 9 个,缺外端刺。下生殖板圆锥形。体暗褐色。前翅散布暗色斑点。后翅基部玫瑰色,后翅中部具烟色横纹,端部本色透明;后足股节具 3 个黑色斑纹,基部一个较弱,后足股节内侧及底侧黑色,近端部处具黄色斑纹。后足股节污黄色,顶端暗色。雌性较雄性粗壮,体长 3.62～3.80 cm,前翅长 2.76～3.19 cm,但区别不大。复眼略小,其纵径等于眼下沟的长度。前胸背板沟后区长为沟前区的 1.8 倍。中胸腹板中隔宽为长的 1.7 倍。前翅略短,到达后足胫节的 1/3 处。中脉域的中闰脉几乎不显。产卵瓣粗短,顶端较尖,端部呈钩状,边缘光滑无齿。

2.2.13　黄胫异痂蝗

卵:相像于轮纹异痂蝗。

蝗蝻:雌、雄两性形体无明显区别,雄性体长 3.00～3.37 cm,雌性体长 3.73～4.30 cm。雌、雄体色均黄褐色。

成虫:雌雄两性形体相似。虫体形粗大,体长 3.0～3.37 cm。头明显短于前胸背板。头顶短宽,顶端钝圆,侧隆线明显,前缘缺隆线,顶端和颜面隆起的上端相连。颜面垂直,颜面隆起呈钩状,触角之间略宽大,中眼之下处稍狭小,向下略不到达唇基。头侧窝明显,三角形。触角丝状,略超出前胸背板的后缘。复眼卵形。前胸背板前端略狭,中隆线较细,全长明显,被两条横沟切断,沟后区为沟前区长的 2 倍,侧隆线在沟后区略可见,后缘呈钝三角形突出。前、后翅很发达,雄性前翅长 3.22～3.46 cm,雌性 3.23～3.76 cm,略超过后足胫节的顶端,前翅中脉域无中闰脉。后翅略短于前翅,从第二臀叶向后,主要纵脉的中段部分加粗。鼓膜器发达,鼓膜片很小,几乎未盖到鼓膜孔。后足股节粗短,上基片长于下基片,上侧上隆线光滑,外侧上隆线端半部具发音齿。后足股节大,膝侧片较宽,边缘呈圆形。后足胫节内侧有刺 11 个,外侧 10～11 个,缺外端刺。上生殖板短锥形。

2.2.14　黑腿星翅蝗

卵和蝗蝻形态相像于短星翅蝗。

成虫:雄虫体形中等偏小,长 1.74～2.06 cm。头略大,较短于前胸背板,头顶前缘低凹,两侧隆线明显,无年隆线。头侧窝缺。颜面略倾斜,颜面隆起的侧缘近乎平行,平坦,不呈沟状。触角丝状,到达前胸背板的后缘。复眼长卵形,很大。前胸背板短宽,中、侧隆线均明显,三条横沟明显,均切断中隆线和侧隆线,沟前区和沟后区等长,后缘钝三角形。前胸背板凸圆柱形,顶端钝圆。中胸腹板侧叶宽大于长,中隔的最小宽度约等于长。后胸腹板侧叶分开。前翅较长,为 1.44～1.62 cm,超过后足股节的顶端,端部略狭。后翅略短于前翅。后足股节粗短,上基片长于下基片,上侧上隆线具细齿,后足胫节内侧有刺 9 个,外侧有刺 8 个,缺外端刺。尾须较长,近端部较宽,顶端分成上、下二肢,下肢又分为二齿,卜齿顶端较钝。

雌虫体大而粗壮,体长 3.01～3.47 cm。颜面微略倾斜,几乎垂直。前翅长 2.38～2.62 cm,尾须较短而细,锥形,不到达肛上板的端部,产卵瓣呈钩状,边缘光滑无齿。余同雄性相似。

2.2.15　李槌角蝗

卵:卵块近圆柱形,略弯曲,上部比下部细,长 1.44～1.85 cm,胶质部分短于卵粒部分,约占卵块全长的 1/3。中部直径为 0.32～0.38 cm,卵块最宽处直径 0.43～0.53 cm,整个卵块外层胶质坚硬,形成薄的胶壁,中间胶质为海绵状,淡灰褐色,卵粒排列规则,略有倾斜,排成 3 行,卵粒平均长 0.56 cm,直径 0.12 cm,每一卵块含卵籽 8～20 粒。

蝗蛹:雄性体长 1.80～2.70 cm,雌性体长 2.18～2.50 cm,体色为黄褐色,暗褐色或褐色,有的头部和胸部呈绿色。

成虫:雄性体中型偏小,长 1.80～2.70 cm,黄褐色或褐色,有时头部和胸部呈绿色。头短于前胸背板,头侧窝狭长。触角细长,顶端膨大部分为黑色。前胸背板前部略作圆形隆起,侧隆线在前部显著向内弯曲,后横沟位于后部,前足胫节膨大,近似梨形,为本种最突出的特征。后足腿节膝部黑色,橙红色,胫节外缘有刺 12～14 个。前翅长 1.28～1.50 cm,到达或略超过后足腿节后端,前缘脉域基部扩大,前后脉肘全长明显分开。下生殖板短圆锥形。

雌虫:雌虫比雄虫略大,体长 2.27～2.68 cm,触角略短,只达到前胸背板的后缘,端部略膨大。前胸背板不隆起。前翅较短,长 1.67～1.75 cm,不到达后足腿节的端部,中脉域较宽。前足胫节不膨大。产卵瓣粗短,上产卵瓣上外缘无细齿,顶端略呈钩状。

2.3　我国北方草原主要蝗虫品种的发育期及生活史

蝗虫为不完全变态昆虫,其个体生活史可分为三个发育阶段,即卵、蝗蛹和成虫。每一阶段的时间长短以及它们在年内出现的具体时间因不同蝗虫种类而异,此外,还与蝗虫的栖息环境有密切关系。

2.3.1　内蒙古草原蝗虫的生活史

内蒙古四子王旗亚洲小车蝗的生活史(2004—2005 年)如表 2.5 所示。

表 2.5　亚洲小车蝗生活史(许富祯等,2006)

1—5月			6月			7月			8月			9月			10月			11—12月		
上	中	下	上	中	下	上	中	下	上	中	下	上	中	下	上	中	下	上	中	下
⊙	⊙	⊙	⊙																	
				—	—	—														
						+	+	+	+	+	+	+	+	+						
								•	•	•	•	•	•	•	•	•	⊙	⊙	⊙	⊙

注:• 孵;⊙ 越冬卵;— 蝗蛹;+ 成虫。

邱星辉等采用 Onsager 和 Hewitt(1982)的方法计算出内蒙古锡林郭勒盟白音锡勒牧场自然条件下 5 种蝗虫蝗蛹以及成虫的平均寿命,见表 2.6。

表 2.6　白音锡勒牧场几种主要蝗虫的蝗蝻和成虫的平均寿命

蝗虫种类	蝻平均龄寿命(d)	成虫寿命(d)
毛足棒角蝗	6.97	23.14
小蛛蝗	7.22	13.53
亚洲小车蝗	7.20	16.39
宽须蚁蝗	7.34	32.44
狭翅雏蝗	9.09	18.24

2.3.2　青海草原蝗虫的主要发育阶段出现时间

　　青海省的蝗虫均为一年一代,即在当年秋冬季以卵的形式存在于土壤中,次年夏季蝗卵孵化出土,在秋季成虫交配后雌成虫产卵于土壤之中。随冬季的来临成虫死亡。青海省主要草原蝗虫生活史见表2.7。

表 2.7　青海主要草地蝗虫的发育阶段出现时间

蝗虫种类	孵化期		羽化期		产卵
	最盛	最早	最盛	最早	最早
宽须蚁蝗	4/下、5/下	5/下	6/下	7/下	7/下
狭翅雏蝗	6/中	7/中、下	8/上	8/中	9/上
小翅雏蝗	6/下	7/中、下	8/上	8/中	9/上
红翅皱膝蝗	5/下	6/上、中	7/上	7/下、8/上	8/下
鼓翅皱膝蝗	5/下	6/上、中	7/上、中	7/下、8/上	8/下
白边痂蝗	5/上	6/上、中	7/上	7/下、8/上	8/下
轮纹痂蝗	6/上、中	7/上	7/中	7/下	8/上
短星翅蝗					
李植角蝗	4/中、下	5/中、下	6/中、下	7/中	7/下
亚洲小车蝗					
毛足棒角蝗	4/中、下	5/下	6/下	6/下	7/下
黄胫异痂蝗	5/下	6/中	6/下	7/上、中	8/下

　　青海草地蝗虫冬季均在3~5 cm的土层内以卵的形式越冬。在山地、丘陵等地形有明显变化的地区,蝗卵一般产在热量条件较好、较干燥的阳坡上。蝗卵胶质的构造,有的疏松,有的紧密,颜色也有深、有浅。胶质外层有的形成一层致密而较坚硬的胶壁,有的几乎内外一致没有显著的胶壁。有的胶质部分形成中空管,有的胶质顶端还有坚硬的胶塞。

　　各种蝗虫卵块内卵粒的排列方式也不同,有的作规则排列,有的作不规则排列;有的斜排、有的直立或近乎直立。排列行数也不一致,2 行、3 行、4 行都有。每一块卵所含的卵数也因种类不同而有所差异。同一种蝗虫所产的卵块,其卵数也有出入。一般说雌虫初期所产的卵多些,后期所产的卵数少些。在营养条件好的情况下,产卵数多一些,营养条件差时,产卵数少一些。

　　卵的形状大小也有所不同,在解剖镜下观察,还可以看到不同种类卵上花纹的差别出入很大。气温过低,土壤温度也相应较低,不利于虫卵的保存;土壤过于干燥,有时会发生"倒渗透"

现象,即水分会从蝗卵渗向土壤,其结果会引起蝗卵失水过多而干瘪死亡。反之又会引起蝗卵的发霉腐烂。

翌年的夏初随着气温回升,胚胎开始正常的发育,进入孵化阶段.不同种的蝗虫,其孵化时所需的积温不同,蝗蝻出土的时间也有差异,根据铁卜加草改站的观察,蝗卵孵化最低气温分别是 6.2℃(宽须蚁蝗),6.9℃(白边痂蝗),10.5℃(小翅雏蝗和狭翅雏蝗);大气水分状况以及土壤水分状况对蝗卵的孵化也有影响。蝗卵孵化期间地温已逐渐升高,同时降水也逐渐增多,一方面会降低地温,或使地温不易回升;另一方面使土壤含水量增加,如果此时气温较高,就有可能会导致蝗卵发生霉变而死亡。总之,在蝗卵孵化期降水较多的年份,一方面会产生蝗卵孵化期整体的“推迟效应”;另一方面,由于蝗卵死亡率增大,蝗蝻出土数量减少,甚至部分蝗卵因胚胎发育的终止而成为“死胎”。反之,如果蝗卵孵化期降水过少,土壤过于干旱对蝗虫孵化也有不利的影响,严重时甚至会发生蝗虫体内水分向土壤渗透,从而导致蝗卵失水而干瘪。

每年从 4 月下旬至 6 月上旬开始,蝗卵通过胚胎的发育孵化而出土成为蝗蝻,蝗蝻不断生长发育,虫体发生周期性的蜕皮,从孵化出壳的蝗蝻开始到第一次蜕皮前,称为第一龄,从第一次蜕皮到第二次蜕皮前称为 2 龄,青海省主要蝗虫蜕皮次数为 3~5 龄(次),蝗蝻一般为 4~6 龄,完成最后一次蜕皮后就羽化为成虫。刚孵化出土的蝗蝻活动能力较弱,不善跳跃,更无迁飞能力,对周围环境基本处于被动适应状态,1 龄幼虫往往因暴雨、冰雹、降霜、低温、霜冻而大量死亡,特别是环境温度对其活动的影响很大。蝗蝻的发育速率在很大程度上受到气温和食料丰富度的影响,若在蝗蝻发育期间气温较高、食料较充足,蝗蝻的发育速率就快些,每一龄期也相对短些。

通过羽化而形成的成虫虽已长出翅膀,但并无生育能力。雌成虫须有 1~2 周的生殖预备期,在这期间,体重逐渐增加,并发育出成熟的卵,然后开始交配和产卵。青海省的小型蝗虫如宽须蚁蝗和雏蝗每头雌虫产卵 2~3 次,每次产卵 1 块,每卵块平均有卵 12~13 粒,每头雌虫一生平均产卵 25~37.5 粒,中型蝗虫如白边痂蝗和皱膝蝗每头雌虫产卵 2~3 次,每次产卵 2 块,每卵块平均有卵 25~35 粒,每头雌虫一生平均产卵 54~77 粒,雌虫产卵后 20 d 左右和雄成虫死亡。但若遇低温,羽化后的成虫等不到产卵就会因受冻而死亡。

蝗虫的雌、雄成虫交尾时,雄虫的精子并不直接射入雌虫体内,而是将精包注入雌虫的交尾囊内。经过交尾的雌性成虫初秋在比较坚硬而干燥的草地上产卵。产卵时腹部伸长三倍,腹端插入表土中进行产卵,体长的蝗虫产卵较深,体短的蝗虫产卵较浅;一般深度 3.5~9.6 cm。卵块一般多数呈圆柱形,少数呈胃形或近似椭圆形。卵块上部是胶质组成,没有卵粒,称胶质部分;下部是卵子称卵粒部分。卵粒间和卵块外部有胶质黏附着。还有些蝗虫的卵块上部没有胶质。卵块的粗细长短和弯曲程度,也因种类不同而有所差异。

2.3.3　新疆草原蝗虫的生活史

新疆草原蝗虫主要危害品种有十几种,了解其生活史,对于发育期、发生和危害期、最佳防治期等监测预报和防治工作的顺利开展有重要的实际意义。表 2.8 至表 2.12 是新疆蝗虫的生活史。

表 2.8　西伯利亚蝗生活史(新疆：巴里坤)

虫态	1月			2月			3月			4月			5月			6月			7月			8月			9月			10月			11月			12月		
旬	上	中	下	上	中	下	上	中	下	上	中	下	上	中	下	上	中	下	上	中	下	上	中	下	上	中	下	上	中	下	上	中	下	上	中	下
上年越冬卵	•		•		•		•		•		•		•		•																					
蛹												—		—	—																					
成虫															+	+	+	+	+	+	+	+	+	+	+	+	+									
当年产卵																	•		•		•		•		•		•		•		•		•		•	•

表 2.9　红胫戟纹蝗生活史(新疆：巴里坤)

虫态	1月			2月			3月			4月			5月			6月			7月			8月			9月			10月			11月			12月		
旬	上	中	下	上	中	下	上	中	下	上	中	下	上	中	下	上	中	下	上	中	下	上	中	下	上	中	下	上	中	下	上	中	下	上	中	下
上年越冬卵	•		•		•		•		•		•		•																							
蛹											—		—		—		—																			
成虫													+	+	+	+	+	+	+	+	+	+	+	+												
当年产卵																		•		•		•		•		•		•		•		•		•		•

表 2.10　意大利蝗生活史(新疆：巴里坤)

虫态	1月			2月			3月			4月			5月			6月			7月			8月			9月			10月			11月			12月		
旬	上	中	下	上	中	下	上	中	下	上	中	下	上	中	下	上	中	下	上	中	下	上	中	下	上	中	下	上	中	下	上	中	下	上	中	下
上年越冬卵	•		•		•		•		•		•		•																							
蛹											—		—		—		—		—																	
成虫														+	+	+	+	+	+	+	+	+	+	+	+											
当年产卵																		•		•		•		•		•		•		•		•		•		•

表 2.11　黑条小车蝗生活史(新疆：巴里坤)

虫态	1月			2月			3月			4月			5月			6月			7月			8月			9月			10月			11月			12月		
旬	上	中	下	上	中	下	上	中	下	上	中	下	上	中	下	上	中	下	上	中	下	上	中	下	上	中	下	上	中	下	上	中	下	上	中	下
上年越冬卵	•		•		•		•		•		•		•																							
蛹													—	—	—	—	—	—	—	—	—															
成虫															+	+	+	+	+	+	+	+	+												
当年产卵																		•		•		•		•		•		•		•		•		•		•

表 2.12　朱腿痂蝗生活史(新疆：巴里坤)

虫态	1月			2月			3月			4月			5月			6月			7月			8月			9月			10月			11月			12月		
旬	上	中	下	上	中	下	上	中	下	上	中	下	上	中	下	上	中	下	上	中	下	上	中	下	上	中	下	上	中	下	上	中	下	上	中	下
上年越冬卵	•		•		•		•		•		•		•																							
蛹												—	—	—	—	—	—	—																		
成虫													+	+	+	+	+	+	+	+	+	+													
当年产卵																	•		•		•		•		•		•		•		•		•		•

2.3.4　黑龙江草原蝗虫的生活史

黑龙江草地蝗虫优势种发生时间,出土早的有中华稻蝗、毛足棒角蝗、宽翅曲背蝗、宽须蚁蝗等。出土较晚的有亚洲小车蝗、红翅皱膝蝗、轮纹痂蝗、笨蝗、大垫尖翅蝗等。

表 2.13 是亚洲飞蝗在黑龙江哈尔滨的发育期,6 月 23 日—7 月 27 日为若虫(蝗蝻)期,7月 27 日—8 月 7 日为成虫期。

表 2.13　亚洲飞蝗发育期观测(2010 年,哈尔滨)

时间(月.日)	发育期
6.23—7.4	主要为 1 龄蝗蝻
7.4—7.13	主要为 2 龄
7.13—7.20	主要为 3 龄
7.20—7.26	为 4 龄
7.27—8.7	为 5 龄蝗蝻
7.27	开始出现成虫
8.7	最后 1 头若虫羽化为成虫

2.4　吉林草原蝗虫的生活史

表 2.14 和表 2.15 是吉林西部蝗虫发育期和龄期。

表 2.14　蝗虫主要种群的发生期及龄期结构百分率(%)

时间	虫态	中华稻蝗	毛足棒脚蝗	宽翅曲背蝗	宽须蚁蝗	笨蝗
6 月 4 日	1 龄	74	10	8	50	—
	2 龄	16	90	80	33	—
	3 龄	10	—	12	17	—
	4 龄	—	—	—	—	—
	5 龄	—	—	—	—	—
	成虫	—	—	—	—	—
6 月 12 日	1 龄	14	17	3	17	—
	2 龄	40	22	19	33	—
	3 龄	25	15	35	17	—
	4 龄	14	12	21	17	—
	5 龄	6	34	22	16	—
	成虫	1	—	—	—	—
7 月 6 日	1 龄	—	—	—	—	—
	2 龄	—	—	—	—	—
	3 龄	—	—	—	—	16
	4 龄	2	—	—	—	34
	5 龄	26	—	9	—	34
	成虫	72	100	91	—	16

表 2.15　蝗虫主要种群的发生期及龄期结构百分率(%)

时间	虫态	大垫尖蝗	亚洲小车蝗蝗	红翅皱膝蝗	轮纹痂蝗	笨蝗
7 月 17 日	1 龄	—	—	—	—	—
	2 龄	34	—	—	—	—
	3 龄	57	—	—	—	9
	4 龄	9	—	—	—	27
	5 龄	—	—	—	—	37
	成虫		—	—	—	27
7 月 25 日	1 龄		—	—	—	—
	2 龄	—	—	—	—	—
	3 龄		6		21	
	4 龄		37		21	15
	5 龄		34		21	15
	成虫		23		37	70
7 月 28 日	1 龄					
	2 龄					
	3 龄					
	4 龄		16	12	15	
	5 龄		28	44	31	25
	成虫		56	44	54	75

　　表 2.16 至表 2.20 分别为为亚洲飞蝗、黄胫小车蝗、笨蝗、大垫尖翅蝗和亚洲小车蝗在吉林的生活史情况。

表 2.16　吉林省亚洲飞蝗生活史

虫态	1 月			2 月			3 月			4 月			5 月			6 月			7 月			8 月			9 月			10 月			11 月			12 月		
	上	中	下	上	中	下	上	中	下	上	中	下	上	中	下	上	中	下	上	中	下	上	中	下	上	中	下	上	中	下	上	中	下	上	中	下
上年越冬卵	•	•	•	•	•	•	•	•	•																											
蝗蛹																																				
成虫																						+	+	+	+	+	+									
当年产卵																						•	•	•	•	•	•	•	•	•	•	•	•	•	•	•

注:•代表卵;—代表蝗蛹;+代表成虫。

表 2.17　吉林省黄胫小车蝗生活史

虫态	1月			2月			3月			4月			5月			6月			7月			8月			9月			10月			11月			12月		
	上旬	中旬	下旬	上旬	中旬	下旬	上旬	中旬	下旬	上旬	中旬	下旬	上旬	中旬	下旬	上旬	中旬	下旬	上旬	中旬	下旬	上旬	中旬	下旬	上旬	中旬	下旬	上旬	中旬	下旬	上旬	中旬	下旬	上旬	中旬	下旬
上年越冬卵	•	•	•	•	•	•	•	•	•	•	•	•	•	•	•	•	•	•	•																	
蝗蝻																				—	—	—	—	—												
成虫																							+	+	+	+	+	+								
当年产卵																								•	•	•	•	•	•	•	•	•	•	•	•	•

注：•代表卵；—代表蝗蝻；+代表成虫。

表 2.18　吉林省笨蝗生活史

虫态	1月			2月			3月			4月			5月			6月			7月			8月			9月			10月			11月			12月		
	上旬	中旬	下旬	上旬	中旬	下旬	上旬	中旬	下旬	上旬	中旬	下旬	上旬	中旬	下旬	上旬	中旬	下旬	上旬	中旬	下旬	上旬	中旬	下旬	上旬	中旬	下旬	上旬	中旬	下旬	上旬	中旬	下旬	上旬	中旬	下旬
上年越冬卵	•	•	•	•	•	•	•	•	•	•	•	•																								
蝗蝻													—	—	—																					
成虫																+	+	+	+	+	+	+	+													
当年产卵																					•	•	•	•	•	•	•	•	•	•	•	•	•	•	•	•

注：•代表卵；—代表蝗蝻；+代表成虫。

表 2.19　吉林省大垫尖翅蝗生活史

虫态	1月			2月			3月			4月			5月			6月			7月			8月			9月			10月			11月			12月		
	上旬	中旬	下旬	上旬	中旬	下旬	上旬	中旬	下旬	上旬	中旬	下旬	上旬	中旬	下旬	上旬	中旬	下旬	上旬	中旬	下旬	上旬	中旬	下旬	上旬	中旬	下旬	上旬	中旬	下旬	上旬	中旬	下旬	上旬	中旬	下旬
上年越冬卵	•	•	•	•	•	•	•	•	•	•	•	•	•	•	•	•																				
蝗蝻														—	—	—	—	—																		
成虫																+	+	+	+	+	+	+	+	+												
当年产卵																			•	•	•	•	•	•	•	•	•	•	•	•	•	•	•	•	•	•

注：•代表卵；—代表蝗蝻；+代表成虫。

表 2.20　吉林省亚洲小车蝗生活史

虫态	1月上旬	1月中旬	1月下旬	2月上旬	2月中旬	2月下旬	3月上旬	3月中旬	3月下旬	4月上旬	4月中旬	4月下旬	5月上旬	5月中旬	5月下旬	6月上旬	6月中旬	6月下旬	7月上旬	7月中旬	7月下旬	8月上旬	8月中旬	8月下旬	9月上旬	9月中旬	9月下旬	10月上旬	10月中旬	10月下旬	11月上旬	11月中旬	11月下旬	12月上旬	12月中旬	12月下旬
上年越冬卵	•	•	•	•	•	•	•	•	•	•	•	•	•	•																						
蝗蝻																																				
成虫																			+	+	+	+	+	+	+	+	+									
当年产卵																							•	•	•	•	•	•	•	•	•	•	•	•	•	•

注：•代表卵；－代表蝗蝻；＋代表成虫。

2.5　我国北方草原蝗虫主要分布区

内蒙古天然草地面积 $8666.7 \times 10^4\,\mathrm{hm^2}$，覆盖了自治区土地面积的 67.5%，是全国草地面积的 $1/4$，在气候与草地变化研究领域占据非常重要的地位。由于气候是决定草原植被类型及其分布的最主要因素，因此，在气候变化与草原生态系统中，表征热量的温度、表征水分条件的降水，表征水热组合状况的干燥度或湿润度，是用来评估草原生态环境的主要气候指标。随着降水量从东向西递减，以及气温和太阳辐射量自东向西递增的影响，内蒙古草原的生态状况也出现了由草甸草原生态系统、典型草原生态系统向荒漠草原生态系统和荒漠生态系统的过渡。

半个世纪以来，草原的经济发展，主要是以满负荷和超负荷地开发利用水土资源，是以损坏生态环境，突破水、土、生物资源的循环再生机制为代价，其结果是草原全面退化，生物量减少，覆盖度降低，并相继引发多种自然灾害，已严重危及草原的生态平衡，对周边地区的环境也造成了不利影响，蝗虫的泛滥就是突出的表现，草原作为我国北方生态安全的屏障作用正在削弱。

2.5.1　内蒙古草原蝗虫的地理分布

在内蒙古东部的呼伦贝尔市、锡林郭勒盟东部、科尔沁等森林向草原过渡的地区，分布有大面积的草甸草原，这是温带半湿润地区地带性的天然草原类型，也是内蒙古草原中最湿润的一种类型。其年降水量变化于 $350\sim550\,\mathrm{mm}$ 之间，$\geqslant10℃$ 积温在 $1800\sim2200℃\cdot\mathrm{d}$。由于自然条件较好，草地生物量高，盖度大，是内蒙古区乃至全国天然草原中自然条件最优，生产力水平最高的畜牧业生产基地，也是内蒙古草原生态旅游最好的地方。

内蒙古典型草原主要分布于呼伦贝尔高原的西部，锡林郭勒高原的大部以及阴山北麓、大兴安岭南部、西辽河平原等地。典型草原是我国温带草原中有代表性和典型性的一种类型，由于冬春季节直接受蒙古高压中心的控制，气候干燥寒冷，而夏季受东南季风的影响，温和而湿润，从而形成短促而十分有效的生长季。年降水量 $350\sim400\,\mathrm{mm}$ 之间，$\geqslant10℃$ 积温 $2100\sim$

3200℃·d。是我国重点牧区和传统的畜牧业生产基地,也是京津唐地区重要的生态屏障。

在内蒙古的集二线以西至巴彦淖尔盟东部地区,则分布着荒漠草原,这是温带干旱地区有代表性的草地类型。由于其直接受蒙古高压气团支配,具有强烈的大陆性特点,也略受东南方吹来的微弱的海洋季风的影响,因而也可形成一定的降雨。年平均降水量 150～250 mm,≥10℃积温 2200～3000℃·d。由于气候条件比较恶劣,植物低矮、稀疏,生物量偏低。

沙化荒漠草原主要分布在年雨量 100～200 mm 的巴盟西部及阿拉善盟东部和南部,年平均气温高达 4.0～8.2℃,加上太阳辐射强,土壤水分蒸发强烈,是草原中最旱的类型。由于气候变化和长期不合理的利用,以沙生植被为主体的天然植被,表现出不同程度的次生性。

荒漠区主要是阿盟的西部和西北部,年雨量不足 100 mm。该区几乎没有植被,在偶尔降雨之后,可见一些速生短命植物出现,在一些季节性水源可以到达的地区有耐旱灌木顽强生长着。

草原蝗虫的地理分布主要取决于草原蝗虫的生境选择,而生境选择是动物长期与自然和生态环境相互作用的进化过程中,形成的对生活空间的选择或偏爱行为,已成为动物的重要生态学特征之一。内蒙古在湿润、半湿润、半干旱、干旱和极端干旱五类不同的气候区内,形成了不同植被组成的生境类型,生境类型的差异和蝗虫自身对生境的要求与适应,共同确定了内蒙古草原蝗虫的分布范围和适宜发生区域。

利用 2004—2006 年各地草原蝗虫种类和数量都相对集中的 7 月上中旬的整个草原区的蝗虫的种类、数量和密度的观测结果,根据模糊分类的结果,本着大体反映各区特点的原则,采用 3 级命名法给以命名,即地理方位、地貌类型、发生频率,1、2、3 类依次为:锡林郭勒盟中西部、乌兰察布市、巴彦淖尔市东部及鄂尔多斯市东部是蝗虫最佳适宜区,在大兴安岭西侧至锡林郭勒盟东北部的草甸草场、巴彦淖尔市西部和阿盟东部的沙化荒漠草原带为蝗虫偶发区,内蒙古大兴安岭地区和阿拉善盟西部为蝗虫不适宜区。

内蒙古草原蝗虫主要发生区为锡林郭勒草原、呼伦贝尔草原、鄂尔多斯草原和中、南部的农牧混交带等。其中,锡林郭勒盟草原蝗虫多发区为镶黄旗、正镶白旗和正蓝旗,阿巴嘎旗、苏尼特左旗、苏尼特右旗、东乌珠穆沁旗和西乌珠穆沁旗也时常发生;呼伦贝尔盟草原蝗虫多发区为新巴尔虎左旗和新巴尔虎右旗,而陈巴尔虎旗、鄂温克旗和扎兰屯偶尔发生;鄂尔多斯草原多发区为鄂托克前旗和鄂托克旗。此外,乌兰察布盟、巴彦淖尔盟及包头、赤峰、通辽市也有蝗虫发生,甚至局部有重发生。

2.5.1.1　蝗虫不适宜区

在内蒙古大兴安岭地区年平均气温只有 −4～−2℃,极端最低气温达到 −44～−48℃,无霜期不足 100 d,沿山地区甚至不足 60 d,而水分条件非常丰富,寒冷湿润这一气候特征决定了各种蝗虫不能在该生境中生存。与大兴安岭北部形成鲜明对比的是,在自治区西部的阿拉善盟西部,年平均气温达 8℃以上,但年降水量不足 100 mm,而且这里每年有 50～80 d 的大风天气,严重缺水及风沙天气使该地区牧草生长极差,几乎没有形成植被,在偶尔降雨之后,可见一些速生短命植物出现,在一些季节性水源可以到达的地区有耐旱灌木顽强生长着。食物资源短缺决定了该生境的适合度低,某些种类蝗虫可以在该生境中生存,但数量极少,出现危害的频率极低(表 2.21)。

表 2.21　内蒙古东北部的大兴安岭地区和阿拉善盟西部的气候条件

区域	台站	年平均气温（℃）	极端最低气温（℃）	无霜期（d）	年降水量（mm）	大风日数（d）	蝗虫发生情况
大兴安岭	鄂伦春	−1.0	−43.3	100	550.2	3.6	没有发生
	额左旗	−4.1	−47.6	79	444.1	2.4	没有发生
	牙克石	−2.2	−45.4	99	402.4	14.9	没有发生
阿拉善盟	额济纳	8.9	−31.3	247	35.2	38.4	没有发生
	拐子湖	9.2	−30.7	239	42.9	61.1	没有发生
	阿右旗	9.3	−26.9	237	115.4	53.2	偶有少量发生

2.5.1.2　蝗虫偶发区

除上述两个地区外，内蒙古其余大部地区都是温带草原。随着降水量自东向西减少，对蝗虫栖境选择有重要影响的气候条件和草场生态环境都出现了明显变化。在大兴安岭西侧至锡林郭勒盟东北部的草甸草场，是草原中最湿润的一种类型，集中分布在森林向草原过渡的地区。其年降水量变化于 350～550 mm 之间，≥10℃积温在 1800～2200℃·d，优势种牧草为贝加尔针茅、羊草、冰草、糙隐子草和无芒雀麦，均为蝗虫较喜食的植物，但是由于草原生物量高，盖度大，一般草群平均高度可达 50 cm，总盖度为 70%～90%，近地层温度较低，湿度较大，其温度与湿度皆不利于蝗虫生存和发育，所以蝗虫极为少见。只有那些生态幅度比较宽阔的蝗虫选择该地栖息，并在高温干旱年份数量增大，对草原产生危害。

在巴彦淖尔市西部和阿盟东部的沙化荒漠草原带，年降水量仅为 100～200 mm，年平均气温高达 4.0～8.2℃，加上太阳辐射强，水热条件较适宜蝗虫生存。但是草原生态系统的建群种以半灌木和小禾草为主，覆盖度 5%～10%，生产力很低，年平均产草量在 750 kg/hm² 以下，牧草质量差，含灰分高，具有带刺含盐的特点。由于长期不合理的利用，以沙生植被为主体的天然植被，表现出不同程度的次生性，固定、半固定沙丘上分布着油蒿群落，半流动沙地常见沙米、虫实和沙竹，均为蝗虫所不喜食的牧草。因此，蝗虫往往因食物资源不足而难以形成灾害，只有在个别多雨年份才能满足蝗虫的食物需求而形成一定数量的种群。

2.5.1.3　蝗虫最适宜区

锡林郭勒盟中西部、乌兰察布市、巴彦淖尔市东部及鄂尔多斯市东部是典型草原和荒漠草原。典型草原是温带内陆半干旱气候条件下形成的草原类型，其植物主要为旱生和广旱生多年生丛生禾草，而在某些条件下可由灌木和小灌木组成，不同季节或年份降水和温度变化幅度较大，也是受气候变化影响较大的地区。这类草原地区，由于冬春季节直接受蒙古高压中心的控制，十分干冷，而夏季受东南季风的影响，温和而湿润，从而形成短促而十分有效的生长季。年降水量 350～400 mm 之间，≥10℃积温 2100～3200℃·d。其植物种类组成比较丰富，每平方米有植物 10～20 种。植物生长状况不如草甸草原，一般丛平均高度 25 cm 左右，总盖度约 50%，平均产草量 1200 kg/hm²，植被类型复杂多样，大针茅、克氏针茅、冷蒿、羊草和糙隐子草是牧草代表品种，这类草原既具有暖、干的气候环境，又有较为充足的食物来源，是本区优势种蝗虫生存最适宜的草原类型之一，从而形成了一些具有特殊生态适应性的种群，大约有

139 种蝗虫栖息在该区域。亚洲小车蝗、白边痂蝗、鼓翅皱膝蝗、毛足棒角蝗和宽须蚁蝗为主要优势种。其中亚洲小车蝗一般占整个蝗虫种群的 50%～60%,严重发生时能达到 90% 以上,成为最重要成灾种。在气候变暖的影响下,该区已成为草原蝗虫生存繁衍的最佳适宜区,也是近几年来蝗灾持续高发区。

亚洲小车蝗在内蒙古自治区的重点分布区如图 2.8 所示。

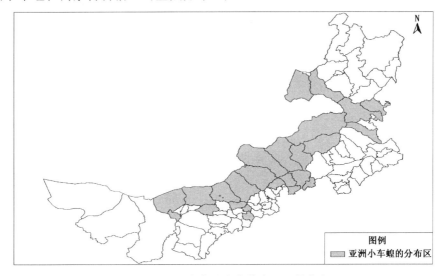

图 2.8　亚洲小车蝗在内蒙古地区的分布

蝗虫对栖境的选择是多方面的,各环境因子彼此联系,相互影响,对蝗虫生存起着综合的气候和生态效益。从整体来讲,内蒙古草原蝗虫大多数是一些适宜于温度相对较高、干燥、地表植被结构相对简单、盖度较小、光照充足的环境条件的种类。

2.5.2　新疆草地蝗虫的地理分布

新疆草原蝗虫有 150 多种,其中优势种有亚洲飞蝗、意大利蝗、西伯利亚蝗、蚁蝗、黑条小车蝗、大垫尖翅蝗及各类雏蝗等。亚洲飞蝗主要分布在博湖、艾比湖、玛纳斯湖、哈密、吐鲁番、塔城、克拉玛依、阿勒泰和阿克苏等地;意大利蝗主要分布在昌吉州、伊犁地区、巴里坤盆地、塔城地区、阿勒泰地区、博州、阿克苏地区等地;西伯利亚蝗主要分布在巴里坤盆地、哈密、乌鲁木齐、博乐、塔城地区、阿勒泰地区;土蝗主要分布在新疆北部和东部、东北部农牧交错区。西伯利亚蝗、宽须蚁蝗、黑条小车蝗以禾本科为主要食物,意大利蝗、伪星翅蝗等以菊科为主要食物。新疆草原蝗虫易灾区为伊犁州荒漠、半荒漠草原与苇湖湿地/草地混合蝗区和玛纳斯河流域—哈密的荒漠、半荒漠草原蝗区,主要为南部荒漠、半荒漠草原蝗区,中南部荒漠、半荒漠草原与苇湖湿地混合蝗区,中北部荒漠、半荒漠草原与草地混合蝗区,北部荒漠、半荒漠草原与苇湖湿地混合蝗区等,包括阿勒泰、塔城、伊宁、博州、伊犁州、昌吉州、哈密、巴里坤草原等。较易灾区为阿克苏地区的荒漠、半荒漠草原与苇湖湿地混合蝗区和博湖、吐鲁番盆地的苇湖湿地蝗区,主要为阿克苏地区、克州、巴州等。

2.5.2.1　塔城蝗区

塔城地区位于新疆西北部,是全疆主要的畜牧业基地,也是典型的老蝗区之一。年均气温

7℃,年均降水量 220 mm。蝗虫种类多、分布广,优势种蝗虫主要有意大利蝗 *Calliptamus italicus*(L.)、西伯利亚蝗 *Gomphocerus sibiricus sibiricus*(L.)、小翅曲背蝗 *Pararcyptera microptera microptera*(Fischer-Waldheim)等。

2.5.2.2　哈密蝗区

哈密地区位于新疆的北疆东部,91°～96°23′E,41°～43°25′N,年均气温 5.2℃,年均降水量 121 mm。该地区春季降雨少,多风干燥。总土地面积 21 487×10⁴ hm²,著名的巴里坤草原地处哈密西北部。哈密地区可利用草地面积 398414 ×10⁴ hm²,也是新疆蝗灾高发和重点防治区之一。该地区优势种蝗虫种类较多,其中,优势种蝗虫种类主要为西伯利亚蝗(*Gomphocerus sibiricus sibiricus*(L.))、意大利蝗(*Calliptamus italicus italious*(L.))、中宽雏蝗(*Chorthippus apricarrius apricarrius*(L.)),占总数的 80% 以上。

2.5.2.3　伊犁蝗区

伊犁地区位于北疆西部,四季气候适宜,雨水较多。年均气温 8℃,年均降水 200～500 mm。蝗虫主要发生在荒漠和半荒漠草原。该地区主要优势种蝗虫有意大利蝗、黑条小车蝗 *Oedaleus decorus*(Germ.)、伪星翅蝗 *Metromerus coelesyriensis*(G.-T.)等。

2.5.3　青海草地蝗虫的地理分布

青海草地蝗虫各自有其适宜的生活环境,有的种为广布型,分布在各种草地生境;有的种分布的地域很窄,只能生活在某种生境中,如裸岩山地、砾石河滩、盐碱湿地、沼泽草地、戈壁荒漠。但大部分种分布在以禾本科牧草为主的干旱或半干旱草地上。环湖区多数滩地、高原、谷地及矮丘陵的冷季草地往往是蝗害最严重的地区。

青海草原蝗虫的主要危害品种是宽须蚁蝗、狭翅雏蝗、小翅雏蝗、西伯利亚蝗、意大利蝗、大垫尖翅蝗、鼓翅皱膝蝗、红翅皱膝蝗、李棺角蝗、毛足棒角蝗、短星翅蝗、白边痂蝗、轮纹异痂蝗等。其中宽须蚁蝗、狭翅雏蝗、小翅雏蝗占 90% 以上。容易发生灾害的地区为青海北部、环青海湖地区,其中主要为刚察、海晏、泽库、尖扎、河南、贵德、贵南、天峻、兴海、同德、共和、托勒、门源、祁连等地;东部黄土高原地区为较容易发生蝗灾区,主要发生在互助、循化、湟中、民和、乐都、平安、化隆等县;青南牧区也为比较容易发生蝗灾区,蝗虫零星发生,造成局部轻—重灾,主要发生在果洛州、玉树州和海西州西南部,如玉树、杂多、治多、玛沁等县;柴达木盆地属于不容易发生蝗灾的地区,主要受灾区为都兰县,以轻灾为主。

从草地蝗虫栖息的环境来看,大多喜欢栖息生活在海拔 3100～3500 m 左右的地区,宽须蚁蝗喜欢生活在较为干旱、植被盖度较低、以禾本科牧草为优势种的草地上;而小翅雏蝗较喜欢在湿润、以禾草为主、而且牧草较为密集的地方活动;像红翅皱膝蝗和白边痂蝗则喜欢栖居在较为干旱、傍山坡、土壤沙性和牧草稀疏的地段。草地蝗虫的空间分布为随机分布型。

草地蝗虫的食性特点是其进化的必然结果,并表现出一定的适食范围,青海省的草地蝗虫优势种均表现出多食性。3 龄至成虫期的蝗虫日食量在 0.05～0.15 g 之间,其食量大小直接与蝗虫个体的大小有关,个体大者的食量大于个体小的食量。此外蝗虫发育的不同时期,其食量也不尽相同,蝗蝻期食量和龄期成正相关,3～4 龄的蝗蝻其食物的消耗量已接近成虫期食物的消耗量;此外,不同性别的个体,其平均日食量也有明显的差异,雌性蝗虫的食量比雄性蝗虫的食量大;蝗虫成虫期与蝻期比较日食量比较稳定。

蝗虫为典型的植食性昆虫,植物是蝗虫生存的条件。蝗虫在长期适应和进化过程中,形成了特有的食性,蝗虫都有各自的取食范围,在取食适宜食物时,生长发育快,死亡率低,繁殖力率高。

在食料充足的条件下,蝗虫最喜欢采食的是禾本科牧草的叶子和柔嫩部分,其次是豆科、菊科、十字花科及莎草科牧草的叶子。在食料不足,虫口密度大的条件下,所有植物的叶子及嫩茎均采食。

根据生物气候特征及蝗虫发生为害程度,全省草地蝗虫地理分布可分为四个区。

2.5.3.1　环湖山地、盆地草甸—草原蝗区

本区包括海北、海南、黄南及海西州的天峻,境内盆地、滩地、谷地及矮丘陵相嵌,水草丰盛,雨热同季,适宜于蝗虫的生长繁衍,为蝗灾多发区。

该区草地蝗虫共 55 种,种类多,是青海省最重要的蝗害区,其中泛古北种和侵入种为 34 种,即短额负蝗、黑腿星翅蝗、短星翅蝗、大沼泽蝗、大垫尖翅蝗、黄胫小车蝗、赤翅蝗、甘蒙尖翅蝗、亚洲小车蝗、尤痂蝗、红翅皱膝蝗、鼓翅皱膝蝗、白边痂蝗、印度痂蝗、透翅痂蝗、青藏雏蝗、东方雏蝗、夏雏蝗、白纹雏蝗、狭翅雏蝗、小翅雏蝗、褐色雏蝗、黄胫异痂蝗、轮纹异痂蝗、亚洲飞蝗、宽翅曲背蝗、红腹牧草蝗、李褪角蝗、黄胫拟褪角蝗、毛足棒角蝗、宽须蚁蝗、科剑角蝗、素色异爪蝗、西藏大足蝗;特有种为 21 种,它们是黑马河褶猛、长足褶锰、祁连山炸、贵德束颈蝗、铁卜加束颈蝗、青海束颈蝗、多刺蕾蝗、青海短鼻蝗、黑马河毗蝗、青海屺蝗、短翅屺蝗、壮屺蝗、青海凹背蝗、河卡凹背蝗、青海缺背蝗、祁连山雏蝗、海北雏蝗、青海鸣蝗、青海窝蝗、青海痂蝗、小痂蝗。

蝗虫垂直分布下限为 2800 m(海晏、共和),上限为 3800 m(祁连、泽库、兴海、天峻)。其水平分布的地域为:海晏的甘子河、托勒、哈勒景;刚察的吉尔孟、泉吉、哈勒盖、沙柳河、伊克乌兰;祁连的野牛沟、峨堡、阿柔、托勒;门源的苏吉滩及祁连山东部南麓阶地;共和的曲沟、倒淌河、江西沟、黑马河、石乃亥、英德尔;同德的河北、巴水、唐干、谷芒;兴海的中铁、大河坝、唐乃亥、河卡、曲什安;贵南的塔秀、过马营、森多;贵德的东沟、常牧、罗汉堂;泽库的多禾茂、宁秀、王家、禾日、多夫屯;河南蒙旗的智后茂、多松、宁木特;尖扎的尖扎滩;天峻的关角、快尔玛、天棚、江河等地区。

2.5.3.2　柴达木盆地荒漠草原蝗区

本区包括海西(除天峻、唐古拉)州的大部分地区,为典型的大陆性荒漠气候,年均温为 1~5℃,日照长,极度干旱,年降雨量东部平均 170 mm 左右,中部约 50 mm,西部仅 17.6 mm(冷湖)。植被以山地荒漠、平原荒漠及高寒荒漠为主。从盆地边缘到盆地中心地形变化依次为高山、戈壁、丘陵、平原、湖沼。除高山草甸土、高山寒漠土外,其他土壤类多为重碱土,土壤水分含量极低,不利于蝗虫卵在土中越冬。因此,只有局部地带有蝗灾发生。

本区蝗虫以荒漠种类柴达木束颈蝗和甘蒙尖翅蝗为主。此外,边缘地区丘陵山地还有透翅痂蝗、白边痂蝗、青海屺蝗、狭翅雏蝗、红翅皱膝蝗、鼓翅皱膝蝗、宽须蚁蝗,共 9 种,与蒙新区西部荒漠亚区的种类相似,与青藏区的种类差异较大。在盆地北部边缘山地草甸草地上,混入了高原特有种青海屺蝗。

蝗虫垂直分布下限为 2700 m(格尔木),上限为 3500 m(茫崖、大柴旦)。其水平分布的地域是:都兰的热水、香加、英德尔羊场;乌兰的察汉诺、西里沟、赛什克等地区。

2.5.3.3　东部黄土高原草山—农作蝗区

该区包括海东及西宁市,是青海气候最好的地区。河湟谷地海拔 1650～2650 m,为川水地区,是小麦、谷类作物与果蔬主要的产地;海拔 1800～2800 m 为浅山地区,主要经营旱作农业,尚有部分干旱草山、草坡,经营养殖业;脑山地区海拔在 2800～3000 m 之间,除种植青稞、小油菜、马铃薯、豆类作物外,尚有相当面积的草地,以山地草甸和灌丛草甸为主,是东部农区畜牧业的主要基地。

本区草地蝗虫为 27 种,其中 18 种为华北区黄土高原亚区的种类和广布种,如大垫尖翅蝗、甘蒙尖翅蝗、黄胫小车蝗、亚洲小车蝗、赤翅蝗、红翅皱膝蝗、亚洲飞蝗、黄胫异痂蝗、简蚍蝗、素色异爪蝗、夏雏蝗、白纹雏蝗、小翅雏蝗、长声雏蝗、科剑角蝗、荒地剑角蝗、无齿稻蝗、短星翅蝗。具备高原特色的有 9 种,即红胫短鼻蝗、平安牧草蝗、短翅稻蝗、青海束颈蝗、贵德束颈蝗、乐都雏蝗、循化雏蝗、积石山雏蝗、西宁雏蝗。

该地区的蝗虫个体较大,主要采食牧草和农作物,其垂直分布下限为 1700 m(民和),上限为 3000 m(西部的日月山,北部的大板山、中部的拉脊山、南部的西倾山)。其水平分布的地域是:平安的三合、小峡、巴藏沟、平安、寺台、古城;乐都的洪水、峰堆、曲坛、岗沟、雨润、碾伯、亲仁、引胜、马营、中岭、李家;民和的峡口、川口、马场垣、联合、隆治、核桃庄、新民;循化的尕楞、查汗都斯、岗察、道帏、街子、积石;化隆的扎巴、塔加、德恒隆、加合、甘都;互助的红崖子沟、哈拉直沟、东沟、沙塘川、南门峡、加定、五十、巴扎、丹麻、林川;西宁市南北山的草山(草坡)有蝗虫零星发生,但危害面积小,危害程度较轻,形不成较大损失。但西宁市大通县的西北部和东南部草地、湟中县的盘道、土门关、上五庄、李家山、田家寨、大才、拉沙以及湟源县的寺寨、巴燕、东峡、和平、大华、申中、塔湾、日月在较为干旱的年份常常发生不同程度的蝗害。

2.5.3.4　青南高寒草甸蝗区

本区西部为省界、东部为阿尼玛卿山、北部为昆仑山、南部为唐古拉山的广大地区,含玉树、果洛两州及海西州唐古拉山乡。境内地势高峻,山峦耸立,西北部平均海拔在 4500 m 以上,东南部海拔 3500～4000 m,5200 m 以上的山峰终年积雪。年均温 0～−6℃,4500 m 以上的高寒草甸年均温在 −10℃左右,极端低温为 −31～−42℃。年降雨量由东南到西北为 700～1000 mm。草地类型的主体是高寒草甸(占 84.03%),其特点是热量条件差,水分条件好,不适于蝗虫生长繁衍。除少数高寒干草原及小块农区有蝗虫为害外,其余广大地区仅为蝗虫发生区,其种群密度≤4 头/m²,半个世纪以来从未进行过防治,处于自然生态平衡状态。经调查,初步确认羌塘高原亚区的可可西里和唐古拉为无蝗区。

本区草地蝗虫共 29 种。其中特有种为 22 种,占该区总数的 78.57%,它们是长角华蝱、青海草蝱、小痂蝗、红胫异痂蝗、多刺蔷蝗、西藏飞蝗、青海雏蝗、短翅雏蝗、藏屹蝗、青海屹蝗、青海缺沟蝗、青海无声蝗、筱翅无声蝗、玉树拟无声蝗、高原拟蛛蝗、杂多拟蛛蝗、突缘蛛蝗、杂多蛛蝗、黑股金蝗、科金黄、大金蝗、金印秃蝗;其他古北广布种为青藏雏蝗、小翅雏蝗、白边痂蝗、红腹牧草蝗、科缺沟蝗、宽须蚁蝗、黑纹痂蝗。本区从危害的程度衡量,经济意义不大,但大多数为珍贵的特有种,是我国重要的昆虫资源基地之一。

由于纬度偏南、加之北部昆仑山、南部唐古拉山的屏障关系,蝗虫分布的海拔高度比其他蝗区高,下限为 3600 m(久治),上限为 4300 m(称多)。其水平分布为:玉树的巴塘、杂多的昂赛、玛多的花石峡、玛沁的雪山等地区。

2.5.4　其他地区草原蝗虫种类和地理分布

宁夏比较容易发生草原蝗灾的区域为海源、固原、西吉、彭阳、隆德、泾源等地;北部贺兰山及周边地区蝗虫种类较多,也属较易发生区,包括惠农、石嘴山、平罗、贺兰、银川、永宁、灵武、青铜、盐池、吴忠、同心、中卫、中宁等地。

甘肃省部分地区较易发生草地蝗虫,如南部、北部和中北部。南部主要为夏河甘加草地蝗区,以宽须蚁蝗、狭翅雏蝗、红翅皱膝蝗(大型)、小翅雏蝗、邱氏异爪蝗为主要优势品种(杨延彪等,2006)。北部和中北部主要为河西走廊、肃南(包括宝瓶河牧场)、天祝、肃北蝗虫发生区。

河北北部地区以亚洲小车蝗为主,主要发生地为张北、尚义、康保、沽源、丰宁等草原草场,危害较重。

吉林西部草原蝗区主要包括白城、洮北、大安、通榆;吉林中部平原蝗区主要包括长春、榆树、农安、四平、松原;吉林东部蝗区主要包括通化、梅河口、辽源、吉林。

黑龙江西部草原蝗虫区:齐齐哈尔、大庆、绥化、龙江、甘南、泰来、讷河、富裕、杜蒙、肇源、林甸、肇州、肇东、安达、北安;黑龙江东部蝗虫区、佳木斯、双鸭山、鸡西、七台河、牡丹江。

辽宁辽西走廊草地蝗区,包括下辽河平原(铁岭南经沈阳、营口、医巫闾山、锦州一线)和辽西山地丘陵区(朝阳、建昌、绥中、葫芦岛、锦州、凌海、北宁、义县、阜新);辽北山地丘陵蝗区包括彰武、阜新北、法库、康平、开源、昌图西;辽东中山丘陵区包括铁岭所属县市东半部的清源、新宾、本溪和桓仁;辽东半岛低山丘陵区主要包括凤城、宽甸 2 县北半部。

第3章　气象及其他环境条件对草原蝗虫的影响

蝗虫属变温动物,在其生命活动过程中需要一定的热能,主要来源有太阳辐射热和体内新陈代谢所产生的代谢热。温度是热的度量,北方草原区气温和土表温度有明显的季节性和昼夜变化,这种有节律的变化与蝗虫的生活、生存和数量消长都有十分密切的关系。其代谢率是随着环境温度的升降而增减,在其不同发育阶段温度有不同的作用。

秋天蝗虫将卵产在草场、滩涂等地表以下 2.5～3.5 cm 处,在土壤层的保护下,以休眠状态越冬。春季在一定的温度条件下,蝗虫卵的胚胎发育出土后形成蝗蝻。因此,秋季至翌年春季温度变化对蝗虫卵的越冬、孵化出土以及蝗蝻成长将产生重要影响。东亚飞蝗发生代数的多少主要受温度、湿度和降水的影响。光与气压在正常变化幅度内则影响不显著。

在全球气候变暖的影响下,内蒙古锡林郭勒草原区 4—5 月份增温幅度仅次于冬季。增温不仅使越冬的蝗虫卵块很快达到孵化的积温,蝗蝻也就比常年出现的早,孵化率大幅度提高;另一方面,牧草返青期比常年早,能促进蝗蝻和初龄成虫的成活;蝗蝻至成虫期,最低温度的升高,地面最低温度达到 0℃ 以下的日数减少,更加适宜蝗蝻摄食与成长。总之,入秋后首次寒潮或强冷空气出现得越早,对蝗虫卵的威胁就越大。冬季－30℃ 低温能够加大蝗虫卵的冻死率。

3.1　气象条件对蝗虫的影响

3.1.1　气象条件对各发育阶段的影响

3.1.1.1　秋季温度变化对蝗虫卵成活率的影响

在导致蝗卵死亡的研究中,冬季的环境条件是蝗卵生存的决定性因素。实际调查发现,冬季环境只是影响蝗卵成活的部分原因。在冬季环境相似的年份,蝗卵的死亡率却相差很大,可以推断蝗卵越冬存活率还受其他因素的影响。

表 3.1 为在内蒙古草甸草原区 3 个典型年的调查结果,在三年的调查资料中,蝗卵越冬死亡率 1994 年最低,其次为 1992 年,1995 年最高。分析其原因发现,1994 年冬季(1月)的平均地温虽然偏低 4.8℃,最低地温更达到－36.9℃,但秋季冷空气势力弱,首次寒潮天气出现在 12 月 1 日,较常年晚 1 个月以上,蝗卵经过长时间温度逐渐下降的锻炼,抗冻能力增强,冬季低温对其影响程度降低,从而 59% 的蝗卵安全越冬。1992 年,1 月份平均地温偏高 3.4℃,冬季有积雪覆盖,但蝗卵死亡率为 45%,其主要原因是入秋后首次寒潮比 1994 年早 25 d,蝗卵耐寒能力不及 1994 年。1995 年 9 月 23 日出现了强寒潮天气,地面最低温度由 13℃ 迅速降至 0℃ 以下,当时牧草刚刚黄枯不久,土壤相对湿度高达 65%,地表层内的蝗卵被水膜包裹,未经历过低温锻炼的蝗卵,很快出现结霜、结冰现象而成批死亡,冬季尽管温度偏高,积雪覆盖时间长,但蝗卵冻死率却达到了 67%。通过以上分析得知,入秋后寒潮天气出现得越早,对蝗卵的致死率越高,冬季的异常低温能加大蝗卵的冻死率,而越冬前期过早出现寒潮天气对蝗卵更是

致命的。

表 3.1　草甸草原区秋冬季土壤温度与越冬前后蝗卵量的变化

年份	冬季极端最低地面温度(℃)	越冬前蝗卵量（块·m⁻²）	越冬后蝗卵量（块·m⁻²）	死亡率（%）	入秋后首次寒潮出现日期	降温幅度（℃）	1月平均最低地面温度距平
1992	−33.3	56.0	30.7	45	11 月 6 日	9.7	3.4
1994	−36.9	88.2	52.4	41	12 月 1 日	10.0	−4.8
1995	−33.5	42.6	14.0	69	9 月 23 日	11.0	3.2

　　为了研究秋季寒潮天气对蝗卵的影响,利用在草甸草原、典型草原和荒漠草原越冬前后蝗卵量的调查资料与入秋后寒潮天气出现时间之间进行统计模拟,并计算相关系数和进行 t 检验,结果发现,越冬后蝗卵的成活率与入秋后首次寒潮天气出现时间呈二次曲线形式增加,其方程为:

$$Y = 7 - 0.0965\,X^2 + 4.2\,X$$

（相关系数 $R^2 = 0.705$,方程通过 0.05 显著性水平检验）

方程中 Y 为蝗卵的成活率,X 为入秋后首次寒潮天气出现时间,其变化曲线见图 3.1。

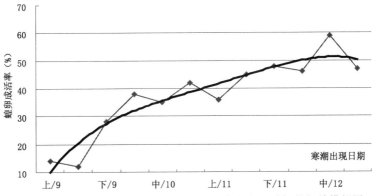

图 3.1　越冬前后蝗卵的成活率与入秋后寒潮出现时间的相关模拟图

　　可以看出,越冬前期寒潮天气出现越早,对蝗卵成活率的影响越大。尤其是在 9 月份出现寒潮的年份,蝗卵成活率远远低于 11 月份以后出现寒潮的年份。

3.1.1.2　冬季温度变化对蝗虫卵成活率的影响

　　研究表明,经过秋季温度变化的锻炼,存活的蝗虫卵可以以休眠状态,在 −30℃ 以上的低温下安全越冬。在全球气候变暖的影响下,20 世纪 70 年代以来,内蒙古草原出现持续性的暖冬年份,特别是在 90 年代,冬季的升温幅度更加明显。我们选用内蒙古东乌旗、锡林浩特市和苏尼特右旗气象观测站作为代表,用最冷月 1 月份的平均最低和最高地面温度来说明温度的变化情况。

　　20 世纪 90 年代与 60 年代相比,平均地面最低温度升高了 1.2～3.2℃。地面最高温度升高了 2.6～4.1℃,而 2001—2004 年平均和 90 年代相比,4 年间地面最低温度升高了 0.7～1.4℃,地面最高温度升高了 0.1～2.2℃。可以看出,地面温度尤其是地面最低温度更有加速上升之势,并且随着温度的升高,年际间地面温度波动幅度变小。

在地面温度历史变化中,大体可分为两个阶段,第一个阶段是 1961—1985 年。为温度低值期和年际间波动剧烈期。第二个阶段是 1986 年至今,为温度波动式升高期。在第一个阶段最冷月份的平均最低地温基本在 $-20\sim-40℃$ 之间摆动,即使某一时期气候条件适宜蝗虫生存,冬季的低温可对蝗虫越冬卵造成重大伤害,使其很难形成大的种群密度和范围,基本没有对草原造成危害;在第二个阶段随着气候变暖,地温持续走高,仅仅在极其个别的年份,最冷月份的地面温度达到 $-35℃$ 以下,大部分年份已升至 $-30℃$ 以上。不仅如此,冷空气势力越来越弱,一次性降温幅度达到 10℃ 以上的天气难得一见。这样的温度变化正处于蝗虫生存的适宜范围内,造成蝗虫种群不断膨胀,蝗灾频频发生,连续多年泛滥成灾。1998 年以前,锡林郭勒草原蝗虫发生面积尚不足 $30\times10^4 hm^2$,1999 年整个冬季冷空气势力较弱,地面温度持续偏高 $2\sim6℃$,加上全盟发生特大雪灾。形成的冬雪保护层有利于蝗虫卵越冬,且雪水利于越冬卵的水分保持和土壤松软,更加有利于蝗虫卵安全越冬。到 2000 年夏季蝗虫在整个锡林郭勒草原暴发,危害面积达到 $617\times10^4 hm^2$,严重危害面积为 $218\times10^4 hm^2$,平均虫口密度为 $60\sim80$ 头/m^2。最高密度达到 300 头/m^2,这不仅给草原生态环境造成严重影响,而且给以后草原蝗虫的持续暴发留下隐患。2001 年整个冬季温度异常偏高,最冷月份的地面最低平均温度较 60 年代偏高 $8\sim9℃$,较 1971—2000 年偏高 $5\sim7℃$,当年蝗虫发生面积仍然达到 $666\times10^4 hm^2$。2002—2004 年暖冬气候仍在持续,蝗卵越冬死亡率极低。从以上分析得出,冬季过于严寒,越冬卵的冻死率就会增大。所以在冷冬年不利于蝗灾的发生,而暖冬年有利于蝗灾的发生。锡林郭勒草原蝗灾大暴发的年份都是暖冬年。伊犁地区大发生年份越冬期间的 12 月至次年 1 月气温偏低。哈密地区蝗灾大发生年份 12 月至次年 1 月气温明显偏高。

3.1.1.3　孵化与气象条件的关系

气温是对蝗蝻期和成虫期蝗虫有重要影响的气象要素,地温则主要对处于卵期蝗虫有影响。王杰臣、倪绍祥等在青海湖地区研究结果认为,孵化是影响蝗虫发生的主要环节。蝗卵孵化需要一定的起点温度,在此温度上蝗卵发育速率随日均温增高而增加;同时,只有当孵化起点温度上的积温达到一定数值后才能完成孵化过程(王杰臣等,2001;邓自旺等,2002)。不同地区由于地表水热状况的差异,蝗蝻出土时间不完全相同;不同蝗种的孵化起点温度不同,出土时间也有差别。

5 月初,当内蒙古地区平均气温为 $8\sim8.5℃$,5 cm 深的土壤地表温度达到 14℃、10 cm 深的土壤温度达到 13℃ 时,宽须蚁蝗、狭翅雏蝗、雏膝蝗等早发品种在阳坡、沟谷、凹地等处孵化出土;但常因地势、温度、光照等不同而孵化时间不同,历时长达一个月,造成各种蝗蝻龄期的不整齐现象。越冬卵 5 月初孵化,12—14 时左右孵化较多,下午孵化少,阴雨天及低温天不孵化。孵化率与土壤湿度有关,一定范围内,土壤湿度大,孵化率高。伊犁地区严重发生年份孵化前期和孵化期(3—6 月)的降水明显偏多。哈密地区蝗虫严重发生年份,蝗卵孵化前期(4 月份)的降水明显偏高。塔城地区和哈密地区卵孵化期(5—6 月)气温偏高有利于蝗卵孵化出土。

初孵化的蝗蝻有避光的习性,多栖息在禾本科、莎草科等牧草的根部和杂草丛中。在避风向阳的凹地表面裂缝中,一个接一个初孵出来的蝗蝻,活动力弱,身体十分虚弱,四肢无力,色微黄,四肢紧贴地面,往往先群集于阳坡草丛中取食嫩叶,开始缓慢爬行,经过 $2\sim3$ h 的太阳光照射,全身变为绿色、灰褐色,各种蝗蝻都表现出各自的特征;四肢强硬后,再去啃食刚萌发的牧草嫩芽。

春季温度变化对蝗虫卵孵化出土的影响:内蒙古春季 4—5 月份气温距平与蝗虫发生面积之间存在显著正相关($P<0.05$),相关系数 R 为 0.632。即春季低温对蝗虫的发生有制约作用。最明显的是 1996 年,春季冷空气活动频繁,整个草原出现了"倒春寒"天气,平均气温达到 3.5℃,较常年偏低约 3℃,尤其是 4 月下旬最低气温达到 -15.5℃,创同期历史最低值。此时正值蝗虫卵的胚胎发育阶段.胚胎卵被大批冻死.以致该年蝗虫发生面积是 20 世纪 80 年代以来最少的一年。同样,1980 年 4—5 月份冷空气活动频繁,4 月中旬和下旬连续出现强寒潮天气,最低气温达到 -18.4℃,较常年偏低了 4～6℃,这一年草原蝗灾也较轻。由此可见,在蝗虫卵胚胎发育成熟之后,如果再出现 -15℃ 以下的低温,则蝗虫的出土率将明显降低。在全球气候变暖的影响下,锡林郭勒草原 4—5 月份增温幅度仅次于冬季。90 年代,4—5 月份平均最低地面温度较 60 年代升高了 0.4～3.3℃,较 80 年代升高了 0.1～1.0℃,而 2001—2004 年又较 90 年代升高了 0.8～1.6℃。增温一方面使越冬的蝗虫卵块很快达到孵化的积温,蝗虫的蝗蝻也就比常年出现得早,孵化率大幅度提高;另一方面,牧草返青期比常年早 10～20 d。正当蝗蝻以及成虫出现的时候,返青的牧草不但大大地促进蝗蝻和成虫的成活,也极大地提高了他们个体的发育质量,个体的良好的发育又造成下一代产卵的增加,而产卵量又是越冬代种群数量增长的前提条件。

3.1.1.4　蝗蝻蜕皮与气象条件的关系

随着蝗蝻个体逐渐长大,当土壤温度升高到 16℃,气温达到 10℃ 时,蝗蝻出现蜕皮现象。蜕皮像分娩一样,为了继续生存,蝗蝻无声地忍受着痛苦,紧紧地抓着牧草的根部叶片,用尽全身的力气挣脱束缚。各种蝗蝻的蜕皮动作不一,各有特色。

雏膝蝗先从前胸背板处裂开,侧卧、在地上反复挣扎、呼吸加快、头部皮蜕掉一半,用中足协助把头皮从上到下抓抽,一对触角紧贴颜面,一只后足皮先蜕掉。径节显出麦色,逐渐变深,后翅比较软,四肢无力,前翅在背板后弓起,迎着太阳晒,边晒边抖动翅膀,边啃食牧草休息。在 14:30 左右,前后翅完全展开,恢复了正常雏膝蝗的形态。

宽须蚁蝗有互相帮助蜕皮的习性,蜕皮先从头部逐渐向胸部及腹部退缩,头部及胸部慢慢出现乳黄色,背部有一蝗蝻帮助此蝗蝻向后慢慢拖,大约 3 min 左右,蜕皮才结束。蝗蝻经过 5～6 次蜕皮羽化为成虫。羽化有 2 个高峰,即 08:00—10:00 时和 15:00—17:00 时。上午蜕皮多,下午少,阴雨低温及夜间不蜕皮、羽化,成虫羽化后 2～3 d 取食并进入暴食阶段。

3.1.1.5　春末夏初温度变化对蝗蝻羽化的影响

越冬蝗卵孵化出土变为蝗蝻,蝗蝻一般要经过 4～6 个龄期才羽化为成虫,1～3 龄蝗蝻体质较弱,气象条件对其取食、发育都有影响。蝗蝻对温度变化很敏感,大部分 1～3 龄蝗蝻生长所需温度为 2～19℃,最适温度为 10～15℃,温度低于 0℃ 时,蝗蝻体液开始冻结死亡。内蒙古草原 1～3 龄蝗蝻基本集中在 4 月下旬至 6 月上旬,此期间的气温尤其是最低气温对蝗蝻影响最大。

随着气候变暖,内蒙古草原区 4 月下旬至 6 月上旬最低气温基本呈现波动式上升趋势,北部升温幅度大于南部。草甸草原 4 月下旬至 6 月上旬最低气温变化为:1950—1979 年平均最低气温为 4～6℃,1980—1989 年上升为 6.5℃,1990 年后升至 7℃ 左右;典型草原在 20 世纪 90 年代中期以前在 5～6.5℃,90 年代后期升至 7℃ 以上,2001—2004 年平均达到 8.4℃。此期最低气度明显升高,最低气温<2℃ 日数减少,相当于地面最低温度<0℃ 日数减少,此时牧

草正值返青期,蝗蝻基本是匍匐在地面上,地面最低温度<0℃日数的减少,更加有利于的生存,以历史上蝗灾发生最严重的 2000—2004 年为例进行分析,见表 3.2 和表 3.3。

表 3.2　草甸草原和典型草原区 4 月下旬至 6 月上旬最低气温<2℃日数(d)

地区	草甸草原						典型草原					
	下/4	上/5	中/5	下/5	上/6	合计	下/4	上/5	中/5	下/5	上/6	合计
1950—1999 年平均	6	3.7	1.7	0.6	0	12	7.5	4.1	2.3	0.5	0.1	12.5
2000 年	2	0	0	0	0	2	6	2	0	0	0	7
2001 年	4	3	0	0	0	7	5	4	0	0	0	9
2002 年	5	0	0	0	0	5	4	1	0	0	0	5
2003 年	6	4	0	0	0	11	2	1	0	0	0	3
2004 年	8	3	0	0	0	11	4	3	2	0	0	9

表 3.3　草甸草原和典型草原蝗虫成灾面积(单位:万 hm^2)

年份 地区	1950—1998		1999		2000		2001		2002		2003		2004	
	S1	S2	S1	S2	S1	S2	S1	S2	S1	S2	S1	S2	S1	S2
草甸草原	<15	<10	10	8	19	14	19	13	44	13	43	20	80	40
典型草原	<20	<15	40	14	617	218	666	292	496	264	469	231	339	185

注:S1 为危害面积;S2 为严重危害面积。

从表 3.2 和表 3.3 中看出,两地蝗灾大发生年间,蝗灾危害面积和严重危害面积随着 4 月下旬至 6 月上旬最低气温<2℃日数的变化而变化。2000 年 4 月下旬至 6 月上旬气温偏高 4～6℃,最低气温<2℃日数草甸草原较历史平均少 10 d,典型草原少 5.5 d,温度持续偏高到特高,一方面更加接近蝗蝻生长所需的最适温度,另一方面蝗蝻至成虫期遭遇致死温度的几率减少,草甸草原蝗虫危害面积由上一年的 $10×10^4 hm^2$ 剧增至 $19×10^4 hm^2$,典型草原由上一年的 $40×10^4 hm^2$ 剧增至 $617×10^4 hm^2$。蝗蝻成长期的有利气象条件,增大了蝗虫数量,提高了个体发育质量,个体的良好发育造成秋季产卵量的增加,而产卵量的增加又提高了越冬基数,为以后多年蝗灾持续暴发埋下隐患。2001—2004 年最低温度<2℃日数尽管高于 2000 年,但仍然低于历史平均值,对蝗蝻的生存构不成威胁,因此蝗虫连续 4 年暴发成灾。由此可以看出,蝗蝻羽化成虫期最低温度升高,越来越接近蝗蝻发育的最适温度,气温<2℃日数越少,地面最低温度达到 0℃以下的日数也越少,蝗蝻遭遇致死温度的威胁减小,给蝗灾的发生又创造了一个有利的环境条件。

图 3.2 和图 3.3 分别是荒漠草原区和典型草原区 4 月下旬至 6 月上旬平均最低气温与蝗虫羽化日期关联图。草甸草原区情况与此类似(图略),相关系数分别为 0.376 和 0.84,从图中可以看出,4 月下旬至 6 月上旬平均最低气温和蝗虫羽化时间存在明显的相关,尤其是典型草原区相关系数达到 0.84。说明此阶段平均最低气温越高,蝗虫羽化时间越早。以典型草原区为例,1997 年 4 月下旬至 6 月上旬平均最低气温为 2.7℃,比常年偏低 1.6℃,较 1996 年同期偏低 2.1℃,蝗虫到 5 月 26 日才羽化成虫,较上年偏晚 8 d,较正常年份偏晚 5～6 d。2001 年此阶段平均最低气温为 5.4℃,比常年同期偏高 1.1℃,较 2000 年同期偏高 1.7℃,蝗虫到 5

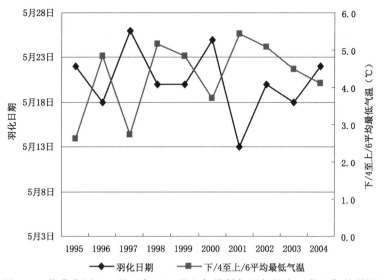

图 3.2　荒漠草原区 4 月下旬至 6 月上旬最低气温与蝗虫羽化日期关联图

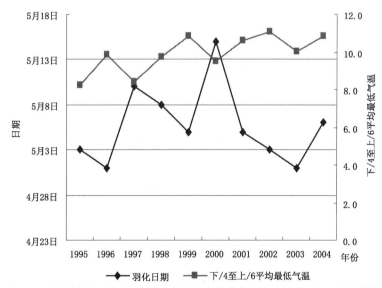

图 3.3　典型草原区 4 月下旬至 6 月上旬最低气温与蝗虫羽化日期关联图

月 13 日已经羽化成虫,较上年偏早 12 d,较正常年份偏早约 7 d。

3.1.1.6　气象条件对雌性蝗虫产卵的影响

成虫交尾后 5 d 左右开始产卵,产卵时多选择在地势较高,避风向阳、植被覆盖度为 20%～50%、土壤含水量 15%～25% 的凹地、沟边、阳坡、渠边等土层为 3～5 cm 深处产卵。据内蒙古自治区植保部门调查,产卵深度根据蝗虫种类的不同而有所差异。

蝗虫产卵数通常是随温度的升高而增加,但当达到产卵所需要适宜温度之后,又随着温度的升高而产卵数逐渐减少。通过研究发现,各种蝗虫产卵与地温均有密切关系,条件要求基本相似,但是它们产卵所需的起点地温与产卵结束时的地温相差不大。在 26～28℃ 之间产卵比较集中。观察得知,蝗虫在温度过低时一般不产卵,雨天也未见到过产卵的现象,而阴天或半阴天可见到产卵的现象。伊犁地区,产卵期(上一年 7—8 月)温度偏高有利于蝗虫大发生。

但是,蝗虫对温度的适应不是无限的,在适应温度范围内,生命活动最旺盛,繁殖后代最多;而超过适应温度的范围,则繁殖停滞,甚至死亡。青海大部分地区,日温差可达 15～20℃,蝗虫体温与环境密切相关,温度对它的影响最大。蝗虫自身缺乏调节温度的机能,其体温主要取决于环境温度,蝗虫在生长发育过程中,随体温的变化,其新陈代谢速度也会发生变化。在适宜温度限度内,每提高 1℃,新陈代谢速率增加 9.6%。由春季开始,随着日平均气温的升高,蝗虫对热量的吸收和转化,积累达到一定数量时,即进入不同的发育阶段(表 3.4)。

表 3.4　主要蝗虫发育期与日平均气温关系表(℃)

种类	孵化期		羽化期		产卵期
	最早气温	盛期温度	最早气温	盛期温度	最早气温
毛足棒角蝗	3.3～7.9	7.0～9.7	9.8～12.9	11.2～14.0	
宽须蚁蝗	5.8～8.9	8.5～11.2	11.2～14.0	12.3～15.2	13.0～15.6
李槌角蝗	—		11.2～14.0	12.3～15.2	12.3～15.6
白边痂蝗	6.3～8.9		11.9～14.6	12.6～15.6	12.6～15.4
轮纹异痂蝗	—		12.3～15.2		12.6～15.4
红翅皱膝蝗	8.5～11.2	9.1～12.9	11.9～15.2	12.6～15.6	
狭翅雏蝗	9.8～12.9	11.2～14.0	12.6～15.4		8.9～11.9
小翅雏蝗	11.2～14.0		12.6～15.4		8.9～11.9

随着环境温度的不断提高,草地蝗虫的食物消耗量也在不断增加。在环湖地区,当近地面气温升至 7～8℃ 时,蝗虫开始活动,为尽快升高体温,蝗虫会爬到植物叶片上,体背对着太阳,接受太阳的辐射,以增加体温;当近地面的温度升高到 10℃ 以上时,蝗虫就开始采食,当近地面的温度升到 15～25℃ 时蝗虫的采食、飞翔、交尾、产卵等行为都达到最旺盛状况;当近地面的温度高于 25℃ 时,蝗虫就会静伏于植物的基部或叶片下,直到近地面的温度回落后,又恢复正常的活动;直到太阳落山,温度降低,就在石缝、草丛中度过漫漫长夜,若遇大风、下雨等不利的气候,草地蝗虫一般不活动。

青海蝗虫活动方式主要是跳跃,惊动时可以作短距离的飞翔。蚁蝗、狭翅雏蝗、小翅雏蝗、毛足棒角蝗以及李槌角蝗等蝗虫,当食物缺乏时,在下午温度高的情况下,会成群结队跳跃迁移到 100m 外的草地采食。轮纹异痂蝗、白边痂蝗、红翅皱膝蝗、鼓翅皱膝蝗等蝗虫有发达翅膀(有的雌虫翅已退化),在晴天的 11—17 时气温高时,能作较长时间的盘旋飞翔,并发出"特皮、特皮"的声音,但飞行局限于小范围内。亚洲飞蝗飞翔能力强,在西宁、民和、贵德等地偶有发现。西藏飞蝗在玉树地区有发现。但数量少且属散居型,成群结队高飞远迁的现象尚未发现。

3.1.2　蝗蝻期的活动与气象条件的关系

蝗蝻 1 龄至 2 龄群集就地觅食危害牧草,3 龄后食量大增,进入暴食期,迁移扩散能力逐渐增强,就个体最小的小翅雏蝗来说,一次跳远范围至少在 0.7～1.4 m 之间,此后,随着蝗蝻龄期的增大,扩散范围更加扩大,在干旱少雨的年份,牧场长势差,草原蝗虫常常因为食物短缺从天然草地或人工草地扩散到农田,危害将更加严重。

3.1.3 蝗蝻取食习性与气象条件的关系

初蜕皮的蝗蝻有 24~48 h 左右的停食期,然后取食。之后 8~10 h 和 16~20 h 为蝗蝻取食高峰,中午温度高及阴雨天停食或少食。在大风和气温较低的情况下蝗蝻静伏不动。蜕皮和羽化后的食量大于蜕皮及羽化前的食量,蝗蝻期的日食量随着龄期的增大而增加。成虫期的食量远远高于整个蝗蝻期,雌蝗虫的食量远远高于雄蝗虫。

蝗蝻孵化后 1~2 h 即可采食,以幼嫩的禾本科、莎草科等优良牧草植物叶片为主,取食时间有 2 个高潮,即 08:00—12:00 时、15:00—18:00 时,而中午天气炎热和晚上极少采食。

3.1.4 成虫生活习性与气象条件的关系

在内蒙古草原,除了东亚飞蝗和亚洲小车蝗能远距离飞翔外,其他多善跳跃和近距离迁飞。在无风晴朗天气,多趴在禾本科牧草植株上栖息,在天气炎热的中午或低温时,多栖息在禾本科牧草、莎草科、杂草类根部和杂草丛中。遇到晴朗的天气,各类成虫在一天当中均能取食,采食牧草的频率逐渐增加,13:30—14:00 时,达到交配产孵高峰,交配场地多选择在植物覆盖度较低的地段。雌成虫飞翔力不强,除觅食及寻找配偶进行短距离飞行外,经常在植物的中上部叶片或枝茎上静伏。成虫的产卵和交配都在白天进行,成虫在交尾后产卵前食量较大。在产卵期只在早晨补充少部分食料,以后在一天当中基本不取食。但在阴雨天很少发现交配和取食,整天躲在草丛中,产孵照常进行,当然,在太阳普照的大晴天产孵更多。

成虫期日食量的最大值为交配产卵前的补充营养阶段。雌雄成虫的食量差异很大,雌虫的日食量约为雄虫的 3.3 倍。按蝗蝻各龄历期和成虫的寿命计算,蝗蝻期采食鲜草量平均为458.69 mg,成虫期平均为 1565.8 mg,成虫期的食量约为蝗蝻期的 3.4 倍。每头蝗虫一生总食量平均为 2024.49 mg。

郭郛、陈永林、马世俊等(2000)在 1953 年于江苏省洪泽湖畔首次发现散居型飞蝗在傍晚月夜零星分散迁飞,他们观测了东亚飞蝗飞行数量与气温、风向、风力的关系,对东亚飞蝗的飞翔和迁飞进行了试验研究,探讨了羽化后天数和不同温度中飞翔振翅频率、飞翔速度以及飞翔前后脂肪含量变化和其他干物质、水分的消耗速度等,并对东亚飞蝗的性成熟及不同季节、温度对生殖力的影响等问题进行了研究,获得了许多新的数据与成果,并阐明了东亚飞蝗的生殖规律。这些研究成果为我国飞蝗生物学进一步研究提供了重要基础资料。

3.1.5 虫态历期与气象条件的关系

据内蒙古自治区乌兰察布市植保工作人员,于 2004—2005 年在四子王旗室外自然变温条件下饲养发现,亚洲小车蝗蝗蝻及成虫历期见表 3.5。

表 3.5　亚洲小车蝗蝗蝻及成虫历期(2004—2005 年,内蒙古四子王旗)

虫态	龄期	性别	历期(d)		
			最短	最长	平均
蝗蝻	1 龄	♀	11.0	14.0	12.0
		♂	9.0	14.0	11.5
	2 龄	♀	9.0	14.0	11.8
		♂	10.0	14.0	12.0
	3 龄	♀	7.0	13.0	10.6
		♂	7.0	14.0	10.1
	4 龄	♀	9.0	15.0	12.1
		♂	9.0	14.0	12.2
	5 龄	♀	9.0	31.0	19.5
		♂	—	—	—
	1～5 龄	♀	50.0	79.0	62.2
		♂	44.0	47.0	45.8
成虫		♀	36.0	46.0	40.9
		♂	25.0	44.0	37.0

注:(1) 表中数据为室外自然变温条件下饲养 30 头蝗蝻和成虫中历期最长、最短及平均值。(2) ♀为雌虫,♂为雄虫。

3.1.6　降水变化对内蒙古草原蝗虫的影响

研究表明,东亚飞蝗的群居、散居和数量变化与气候条件关系密切,东亚飞蝗大发生的年份通常降水量不高且比较干旱,但有趣的是,潮湿的条件恰好能促进和提高飞蝗的生育能力(贺达汉、郑哲民、顾才东等,2002)。高湿对东亚飞蝗的发生具有抑制作用。

1961—1963 年,马世俊、丁岩钦、李典谟和马世俊、丁岩钦等以洪泽湖区为例,开展了东亚飞蝗中长期数量预测研究,根据 1663—1963 年 300 年间水、旱、蝗发生的资料及近 50 年(1913—1962 年)淮河流域各月降水等级图的资料等,提出了 3 种在当时处于国内首创、国际领先的预测方法。

国外就北非和中东等地广泛出现的迁徙性沙漠蝗的研究结论是,降水越多,蝗虫发生与成灾的可能性越大。我国历史上的大蝗灾则总是与旱和涝相伴。那么是旱有利于蝗虫的发生还是涝有利于蝗虫的发生呢?这主要看旱涝发生的时段。分析发现,在内蒙古草原,越冬期的蝗卵怕土壤过湿,而胚胎发育期的蝗卵却怕干燥。1975 年是典型的封冻前土壤过湿年,11 月上旬大部分地区雨量比常年偏多 200%～800%,呼和浩特市偏多 1200%。11 月中旬在土壤过湿的情况下,很快进入封冻期。地表层内被水膜包裹的蝗卵迅速出现结霜、结冰。虽然该年冬季气温比常年偏高 2℃ 以上,而且又是草原蝗虫高发年,可是越冬卵的冻死率却较高,以致1976 年草原蝗虫密度明显降低。可见封冻前雨水过大,对蝗卵的越冬是不利的。另外,夏秋季雨水大,对蝗卵也是不利的。因为蝗卵浸过水以后长时间留在暖湿的土壤中,极易发生霉烂,相反,干旱则有利于蝗卵越冬。在表墒为合墒和黄墒的土壤中,蝗卵不仅不易霉烂,而且抗冻能力明显提高,即使在－35℃以下的低温中,也能安全越冬。资料表明,当内蒙古出现连年夏秋干旱的时候,草原蝗虫都随之逐年增加,如 1971—1975 年。历史上,内蒙古地区总是旱蝗相伴,而且是先旱后蝗。这与干旱有利于蝗卵越冬不无关系。

春季情况却与此相反。随着气温升高和春风加大,土壤表层中的水分上蒸下渗,进入急速失墒期。而此时又正值蝗卵胚胎发育阶段,如果土壤过于干燥,含水量小于或等于凋萎湿度,那么与之接触的蝗卵便会发生"倒渗透"现象,导致蝗卵干瘪,影响蝗蝻出土。一般当土壤相对湿度≤30%,便会出现这种情况。内蒙古草原"十年九春旱",土壤相对湿度≤30%的情况占相当大的比例。只有一些春季多雨的年份,如 1964 年、1975 年、1979 年、1983 年、1995 年、2000年、2003 年和 2004 年等,才有利于蝗虫的大发生。所以在内蒙古草原,只有春季才基本上是"降雨越多,蝗虫发生与成灾的可能性越大"(见图 3.4 和图 3.5)。

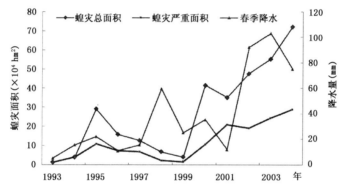

图 3.4 荒漠草原区春季降水量与蝗灾发生面积的关系图

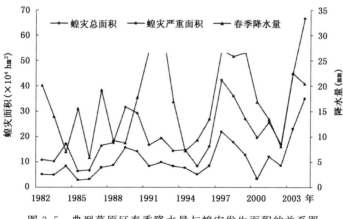

图 3.5 典型草原区春季降水量与蝗灾发生面积的关系图

雪跟雨又有所不同。雪通过增加土壤湿度和"保温"作用来保护地下蝗卵越冬。1978 年内蒙古草原蝗虫的大发生,就是在 1977 年 10 月份特大暴雪之后出现的。1986 年的蝗虫大发生,也与 1985 年冬季积雪及白灾有关。而蝗蝻出土期的晚春大雪,对蝗虫却是致命的,因为融雪吸热,使地温长时期≤0℃,蝗蝻容易被冻死。1981 年 5 月中旬初和 1982 年 5 月中旬的大雪,都对草原蝗虫起到了抑制作用。所以晚春的大雪不利于蝗灾发生,而冬季的大雪却有利于蝗灾发生。

3.1.7　风和高空气流对草原蝗虫的影响

气流和风对蝗虫种群的扩散迁移,尤其对亚洲小车蝗的远距离迁飞,具有重要的作用。由于内蒙古年内各季节气压分布的特点,就形成了高空大气环流季节性变化的特点与季风环境,即春夏季为西南季风,从秋季起则西北风盛行,这一大气环流特点与季风气候对内蒙古草原蝗虫中亚洲小车蝗的迁飞有很大影响。

蝗虫生长发育过程中,原来栖息地的条件不能满足其需求,或遇到不良外界条件时,蝗虫种群可向外扩散,亚洲小车蝗还可以作远距离的迁飞,以便种群进入到一个适宜其生存繁衍的新的栖息地,使其种群得以更加繁荣昌盛。所以,蝗虫种群的扩散与迁飞是种对不良外界条件在空间转移上的一种适应特性。

蝗虫迁移的根本原因是已受灾地区的植被受到破坏不能满足种群的生存需要,因此,蝗虫向植被条件较好的地区迁移。内蒙古草原地区的蝗虫多喜食禾本科针茅属和莎草科薹草属的植物,蝗虫向喜食植物比例大的地区迁移的可能性更大,从而造成在某一时间内这些地区或田块中的害虫数量突然增多或减少。在内蒙古草原,大部分蝗虫种类没有远距离迁飞的能力,当原来栖息地不能满足其食物需求时,常在小范围内分散或集中,即"扩散",而亚洲小车蝗则具有从一个发生地长距离地迁飞到另一个发生地的能力。

以四子王旗 2003 年亚洲小车蝗迁飞为例,该年虽然冬、春降水量总体偏多,但在 6 月上旬降雨量 7 mm,同比偏少 26%,6 月中旬降水 2 mm,同比偏少 91%;7 月上旬降雨量 20 mm,同比偏少 23%。少雨干旱,草原(草场)植被长势极差。蝗虫高密度大面积发生后,与牛、马、羊等食草家畜竞食牧草,草原植被啃食殆尽,导致蝗虫因食料极度缺乏,而大量迁出栖息地。迫使其远距离迁飞,以寻找维持其生命的新食源。

作为大气层中的生物流,气象条件对其迁飞行为有着重要的影响,某些天气系统会促使亚洲小车蝗大量起飞,空中迁飞种群出现集聚进而中途迫降,致使迁入区形成数量巨大的迁入峰。影响蝗虫迁移的气候因素是温度、湿度、降雨和风,如果蝗虫迁移当中有暴雨,大量的蝗虫会死掉。蝗虫的迁移和风向、风速有很大的关系。风向会影响蝗虫的迁移方向,风速会影响迁移速度。内蒙古草原地区气候类型为温带季风气候地区,夏季盛行风向为东南风,因此草原蝗虫迁移往往有从东南到西北的倾向。

据对亚洲小车蝗的迁飞和降落观察,结果表明,亚洲小车蝗成虫是从高空降落下来的,其基本轨迹是从天空或是向右旋转或是向左旋转朝向光的方向降落,降落后一般不再作剧烈飞翔。亚洲小车蝗的迁移特点是晚上,大约在 20 时左右开始出现,21—24 时为鼎盛期,03 时后便停止迁移。

1999 年 7 月 24 日、2003 年 7 月 11—31 日、2004 年 7 月 16 日夜间,亚洲小车蝗多次迁入城市、村镇、厂矿、企业、居民区。其中 2003 年是亚洲小车蝗迁飞最频繁的一年。7 月 30 日晚,大量迁入呼和浩特市区,在灯光集中处虫口密度达 1000 头/m² 以上。据观察,亚洲小车蝗成虫对白炽灯、日光灯、黑光灯、霓虹灯、高压汞灯等有较强的趋光性。雄虫趋光性弱于雌虫,在灯下雄虫数量约占总虫量的1/5,21—22 时是迁入的主要时段。但迁入的蝗虫很少对树木、草坪、花卉等绿化植物造成危害。在夜晚和清晨,亚洲小车蝗行动迟钝,对外界反应活动能力弱,日出后随着温度的升高,再度迁出城镇。

　　然而,目前关于亚洲小车蝗迁飞与气象条件关系,还仅限于定性的认识,尚难满足生产上对害虫突发的预报要求。

3.1.8　日照和辐射对草原蝗虫的影响

　　不同种蝗虫产卵对光照(强)度的选择有着很大的差异,有些蝗虫在无光照情况下也可以产卵,但产卵高峰对光照(强)度有一定的要求。随光照(强)度的(增强)产卵数量逐渐下降,(当)光照(强)度达到一定数量时便终止产卵。而另一些蝗虫在光照(强)度必须达到某一数量以后才开始产卵,但(对)产卵高峰最佳光照(强)度则有严格的要求。在一般情况下,一天中温度的高低与光照(强)度有密切关系,即光照(强)度大的时候也正是气温高的时候,此时比较有利于产卵。有时因局部有云,虽然温度变化不大,但光照(强)度成倍下降,在这种情况下,一般不影响雌虫产卵。但有时也会对产卵数量会有影响。研究还表明,蝗卵耐寒性与光照关系明显(景晓红等,2003),秋季所产的卵比夏季产的卵能更成功地越冬。

　　综上所述,从光照条件来看,蝗虫害怕阴暗潮湿的环境,喜欢生活在植被覆盖率在25%～50%的地区。

3.1.9　温度和降水综合作用对草原蝗虫的影响

　　草原蝗虫的消长在很大程度上受温度、降水的综合影响,尤其是蝗虫胚胎期地温和土壤湿度变化对蝗虫的影响更大。这是因为春天,当蝗卵解除滞育进入胚胎期时,虫体内新陈代谢增快,虫体含水量增加,若遇寒流,出现强降温天气,虫体容易死亡。相反在适宜温度范围内,降雨过少,土壤干土层过厚,蝗卵无法从土壤中汲取足够的水分,也不利于蝗虫的破土出壳,因此,温度和湿度是相互影响、综合作用于草原蝗虫的。

　　在正常年份,4月中旬内蒙古草原蝗虫卵开始进入胚胎期,4月下旬至5月下旬孵化出土。4—5月温湿度变化对蝗卵出土具有重要影响。表3.6和表3.7是内蒙古苏尼特左旗2001—2003年春季温湿度条件和蝗卵密度、虫口密度等的调查资料。

表 3.6　苏尼特左旗 2001—2003 年春季土壤温湿度变化

年份	春季末次寒潮或强冷空气出现日期	4 月份平均气温(℃)	5 月份平均气温(℃)	4—5 月降水量(mm)
2001	5 月 14 日	5.6	13.3	11.8
2002	6 月 7 日	4.3	13.6	43.7
2003	4 月 17 日	5.0	12.9	45.8

表 3.7　苏尼特左旗 2001—2003 年春季蝗虫发生状况

年份	春季平均卵量(块/m²)	平均卵粒数(粒/块)	最大可能虫密度(头/m²)	平均虫口密度(头/m²)	出土成虫率(%)
2001	5	22	110	65	59
2002	10	24	240	90	37
2003	1	18	198	100	51

从表 3.7 的调查结果看出,苏尼特左旗 2001 年蝗虫出土成虫率最高,为 59%,2003 年为 51%,2002 年最低,为 37%,最高和最低相差 22 个百分点。

2001 年 4 月上旬至 5 月中旬苏尼特左旗未有一场≥1 mm 的降水过程,土壤含水量极低,尽管此阶段温度偏高,但蝗卵因汲取不到足够的水分而未能进入胚胎期,5 月 14 日出现降温幅度达到 13.2℃的强寒潮天气对蝗卵影响相对较小,5 月下旬初出现入春以来第一场有效降水,降雨量为 8.8 mm,蝗卵生活的土壤层水分含量非常适宜蝗卵发育,此后温度平稳攀升,再未出现寒潮或强冷空气天气,致使蝗卵出土成活率达到 59%,至 6 月上旬初 1 龄蝗虫出现,6 月下旬危害成灾。

2002 年的气候条件与 2001 年形成鲜明的对比,4 月上旬至 5 月中旬每旬都有 5 mm 左右的降水,土壤温湿度比较适宜早发种蝗卵发育,但是 5 月上旬出现了 22.9 mm 的降雨,旬日照百分率仅为 20%,刚刚解除滞育的蝗卵在阴雨寡照的条件下发生霉烂而大批死亡,5 月下旬天气转晴,阳光明媚,中发种和晚发种蝗卵迅速发育,在 6 月初形成 1 龄蝗蝻,6 月 7 日受强冷空气影响,平均气温下降 8.6℃,又有部分蝗蝻受冻死亡,霉烂与受冻双重作用是当年蝗卵出土成活率仅为 37%的主要因素。

2003 年 4 月上旬典型草原区出现 8～10 mm 降水,土壤湿度非常适宜蝗卵发育,但是热量条件不足,蝗卵未能解除滞育,4 月 17 日出现寒潮天气,地面最低温度虽然降至 −5℃左右,但是对未解除滞育的蝗卵基本没有影响,之后土壤温湿度条件比较适宜,蝗卵出土成活率达到 51%。可见,蝗卵能否及时进入胚胎发育期并形成蝗蝻,不仅与温度有关,更决定于湿度。而进入发育期的胚胎又最怕强寒潮天气。

表 3.8 是内蒙古主要草原区的气候生态条件,适宜的气候生态条件对蝗虫生长发育和取食活动相关密切。

表 3.8　内蒙古不同草原区的气候生态条件

项目	草甸草原	典型草原	荒漠草原	沙化荒漠草原
地域	呼伦贝尔岭西至锡盟东北部	中东部各地至鄂尔多斯东部	锡盟西北至巴盟东部及鄂尔多斯西部	巴盟西部和阿盟东部
海拔(m)	600～700	1000～1300	1000～1500	1000～1500
年平均气温(℃)	0～2	0～4	4～6	6～8
牧草生长期≥5℃积温(℃·d)	2000～2300	2300～2500	2500～3500	2700～3700
平均相对湿度(%)	60～70	50～60	40～50	30～40
年降水量(mm)	350～450	250～400	150～280	100～200
牧草生长期日照时数(h)	1200～1400	1400～1600	1600～1800	1800～2000
无霜期(d)	80～100	90～120	120～140	140～150
大风日数(d)	25～55	50～70	25～40	25～55
湿润度	≥0.4	0.2～0.4	0.12～0.2	0.09～0.12

续表

项目	草甸草原	典型草原	荒漠草原	沙化荒漠草原
牧草高度(cm)	35～70	15～35	5～20	5～15
牧草盖度(%)	≥50	20～50	10～30	5～10
鲜草产量 (kg·km⁻²)	≥3000	1500～3000	800～1500	500～1000
牧草代表 品种	贝加尔针茅 羊草、冰草 糙隐子草 无芒雀麦	大针茅 克氏针茅 冷蒿、羊草 糙隐子草	戈壁针茅、 沙生针茅、 短花针茅 冷蒿、无芒隐子 小叶锦鸡儿	沙生针茅 短花针茅 戈壁针茅 锦刺

3.2　土壤因素对草原蝗虫的影响

土壤是蝗虫的一个特殊生活环境,与地上环境有很大的不同。土壤虽然主要由固体颗粒组成,但是,还包括液体的水和气体的空气。蝗虫的各个发育阶段与土壤有着密切的关系,其中成虫阶段在地上度过,而卵是在土壤中度过整个卵期的,包括秋季停育、越冬、卵孵化等各个阶段。它们依仗土壤中的温度和湿度,将土壤的结构作为"天然建筑",又根据各自体型的需求,经过乔装打扮,建立安全的甚至精美的居室,且还有分层次的"高架"和"隧道",其目的是为了完成各自的发育阶段,传子衍孙。蝗卵生活在土中的阶段,当然要受到土壤的软硬、干湿和温度以及化学成分的影响。土壤的不同还影响着牧草的种类、分布和生长情况,从而间接影响到蝗虫的食料和发育。因此,砂土、壤土、黏土等土质的不同和酸碱度的不同,都能影响生活在土壤中的蝗卵和土壤上的蝗虫。

蝗虫为了适应土壤环境,有了发达的产卵器官以及强有力的足,可以直接刺入土中产卵。

和大气温、湿度一样,土壤温、湿度也可以影响蝗虫的生存,生长发育和繁殖力。现主要阐述土壤内温湿度变化的特点及其对蝗虫的影响。

3.2.1　土壤温度

土壤温度来源于太阳辐射热和土壤中有机质腐烂产生的热。但前者是主要的来源,所以表层土壤在白天受太阳辐射而增高温度,热由外向内传导,夜间则表层温度冷却较快,热由内向外发散。因此,土表层的温度昼夜变化很大,甚至超过气温的变化。但愈往土壤深层则温度变化愈小,在地面向下1m深处,昼夜几乎没有什么温差。土壤温度在一年内的变化也是表层大于深层。土壤类型、物理性质以及土表植被情况,都会影响土温的变化,从而也影响到蝗虫的趋温选择性、分布状况和它的活动习性。蝗虫选择在向南倾斜的砂土地产卵,因为这些地方接受热量大。土壤环境又是蝗虫避免温度剧烈变化的优良栖息场所。

陈永林等(李冰洋,1997;陈永林,李冰祥,蔡惠罗,1997;1997)对我国飞蝗不同地理种群对温度胁迫作用适应性机理的研究表明,新疆和硕的飞蝗地理种群的卵和成虫都具有更高的耐寒力,其蝗卵在地温胁迫下主要合成甘油和山梨醇。

热休克(也称热激,heat shock)是指短暂、迅速地向高温转换所诱导出的一种固定的应激反应。诱导该反应的温度在昆虫种与种之间有所不同。热休克反应最明显的特征是:伴随着正常蛋白质合成的抑制,一部分特殊蛋白质的诱导和表达增加,即为热休克蛋白(heat shock Proteins,HSPs)(李冰祥等,1997)。在卵期主要合成 HSP73,在蛹和成虫期表现 HSP83 的合成。低温和高温驯化可使蛋白质的合成量增加,不同胁迫温度下飞蝗存在"交叉适应现象"。不同飞蝗地理种群间,温度胁迫诱导的抗氧化酶和超氧化物歧化酶活性的改变有所不同,而高温胁迫可增加飞蝗胸肌线粒体膜的流动性,低温则降低其流动性。

郭郛、陈永林、马世俊等(2000)对东亚飞蝗蝗卵的胚胎发育孵化的变化、蝗卵的失水和耐干能力及浸水对于蝗卵胚胎发育和死亡的影响进行了研究,揭示了在 30℃常温下胚胎发育变化特征、规律及蝗卵失水、耐干、浸水对胚胎发育与孵化的影响,所取得研究成果为蝗蝻孵化期的预测,蝗卵发育孵化与环境的关系提供了重要的科学依据。

倪绍祥、王杰臣等(2000,2001)研究认为,气温对蝗卵发育有显著影响,但地温对卵孵化的影响更大。一般来说,地温较高,有利蝗卵发育和孵化;冬季土壤温度过低,蝗卵死亡率会增大。

观测表明,内蒙古草原蝗虫主要是活动在日平均气温稳定通过≥10℃的时段里,时间是5—9月,为 120~140 d。依蝗蝻出土时间的早晚,可将其分为早期种、中期种和晚期种三类。早期种一般在 5 月上旬出土,中期种要到 6 月上旬才出土,而晚期种则在 6 月下旬至 7 月上旬出土。蝗虫出土后,一般要经过 4~6 个龄期才羽化为成虫,再经过 15~20 d 开始交尾,然后产卵、死亡,其存活时间约为 90 d。事实表明,不论早期种还是晚期种,在内蒙古草原的热量条件,一年只能发生一代。

3.2.2　土壤水分

土壤湿度包括土壤水分和土壤空隙内的空气湿度。内蒙古草原土壤水分主要取决于自然降水量,在降水少干旱时,土壤湿度低。蝗虫是一种喜欢温暖干燥的昆虫,干旱的环境对它们繁殖、生长发育和存活有许多益处。因为蝗虫将卵产在土壤中,土壤比较坚实,含水量在 10%~20%时最适合它们产卵。进一步研究表明,蝗卵在 8%~22%的土壤湿度范围内可发育孵化,在 18%~22%土壤湿度时孵化率最高,土壤湿度超过 30%,绝大多数情况下蝗卵不能孵化。

水分状况对蝗卵孵化也有显著影响,降水使地温降低和土壤含水量增加。降水过多会产生孵化期的推迟效应;同时蝗卵易于霉变,蝗蝻出土数量减少。降水过少对蝗卵孵化也很不利,由于土壤过于干燥,易导致蝗卵失水干瘪。适宜的土壤含水量有利于蝗卵的发育和孵化,过高不利于蝗卵发育。

干旱使蝗虫大量繁殖,迅速生长,酿成灾害的缘由有两方面。一方面,在干旱年份,地下水位下降,土壤变得比较坚实,含水量降低,且地面植被稀疏,蝗虫产卵数大为增加,多的时候可达每平方米土中产卵 4000~5000 个卵块,每个卵块中有 50~80 粒卵,即每平方米有 20 万~40 万粒卵。同时,在干旱年份,河、湖水面缩小,低洼地裸露,也为蝗虫提供了更多适合产卵的场所。另一方面,干旱环境生长的植物含水量较低,蝗虫以此为食,生长较快,而且生殖力较高。相反,多雨和阴湿环境对蝗虫的繁衍有许多不利影响。蝗虫取食的植物含水量高会延迟蝗虫生长和降低生殖力,多雨阴湿的环境还会使蝗虫流行疾病,而且雨雪还能直接杀灭蝗虫卵。另外,蛙类等天敌增加,也会增加蝗虫的死亡率。

冬季新疆塔城地区积雪很厚,一般至 4 月末才融化完毕,它保证了蝗卵孵化时所需的土壤湿度,故 5—6 月蝗卵孵化期间的降水不是影响该地区蝗虫发生与否的主要因子。在哈密地区,冬季很少积雪,春季干燥少雨,因而蝗卵孵化前期(4 月)的适量降雨则成为提高孵化率的关键因子。而对于伊犁地区蝗虫发生的生境类型为荒漠、半荒漠及山地草原。因此,降水成为土壤水分的主要来源,是影响该地区蝗虫发生的主要因素。

3.3　植被盖度和植被类型对草原蝗虫的影响

在对内蒙古锡林河流域不同生境(沙带、大针茅优势种的植物群落,羊草优势种植物群落,退化草场围栏放牧样地植被是以糙隐子草、冷蒿为主)的蝗虫种类组成的研究表明,在沙带环境下,蝗虫种类最丰富,称为"蝗虫库",对牧业生产构成了潜在的威胁。

3.4　地理因素对草原蝗虫的影响

影响蝗虫主要地理因素为地形、海拔高度、坡度、坡向等。

地形是影响蝗虫发生与区域分布的主要因素之一,其影响主要通过对温度、光照和降水等重新分配和综合作用表现出来。研究表明:蝗虫主要发生在海拔 3200～3500 m 的地带,海拔越高,越不利于蝗虫的生存,即随着海拔的增加,蝗虫种群数量减少。阳坡和半阳坡较阴坡和半阴坡更适于蝗虫生存。坡度影响较海拔和坡向小,但山前缓坡地带对蝗虫生存更为有利。山前缓坡地带容易形成蝗虫的高密度区,南坡、东坡较北坡和西坡更适宜蝗虫生存。

分析还表明,秦岭太白山蝗虫种群与海拔高度梯度有一定关系,蝗虫群落大体上分为低山、中山和高山 3 种主要类型。低山蝗虫群落包括农耕带、常绿阔叶落叶林带和辽东栎杂木林带;中山蝗虫群落包括桦木林带和冷杉林带;高山蝗虫群落包括落叶林带及高山草甸带。

由于各地地理环境的差别,蝗虫的组成和发生规律以及危害特点不同。根据内蒙古蝗虫发生地理环境,大致可分为两大类。一是山坡丘陵地蝗虫:一般发生在丘陵缓坡等高燥草场不茂密的环境中,在内蒙古分布区包括阴山山脉、乌兰察布市丘陵地带、锡林郭勒盟丘陵地带、赤峰市北部、通辽市北部、巴彦淖尔市北部、包头市北部。主要种类有:宽翅曲背蝗、白边痂蝗、毛足棒角蝗、亚洲小车蝗、鼓翅皱膝蝗等种类。二是湖泊低湿地蝗虫:一般发生在低湿、内涝盐碱地及盆地、滩地的周边、田埂、渠畔草原茂密的地区,主要分布区包括阴山以南和山地低洼地的类群,主要种类:小翅雏蝗、大垫尖翅蝗、小垫尖翅蝗等种类。此类群发生迟,危害多在秋季,一般不会造成大灾害。

从世代数看,各地蝗虫在发育代数上的变化随纬度及地方气候的变化而不同,在同纬度地区因海拔高度的不同而有所变化。北纬 39°以南至 28°以北都是 2 代,由此呈向南递增、向北递减的趋势;向南至北纬 23°进入正常 3 代区;近北纬 18°则为一年 4 代区。

3.5　季节对草原蝗虫的影响

季节变化也是影响蝗虫的一个因素。蝗虫群落组成成分随着季节的演替而有明显的变化,夏、秋季种类及种群数量多;不同年度之间蝗虫群落波动多是由群落所在地区气候条件的不规则变化引起的。

3.6　气候变化对草原蝗虫的影响

研究认为,气候异常对蝗虫灾害发生起着重要作用,旱、涝与蝗虫发生的关系较为密切。旱、涝相间出现,蝗虫发生随之严重。干旱在一般情况下蝗虫发生重,洪涝年蝗虫不易发生。连年的大旱是造成蝗虫大量发生的主要原因。任春光等(1990,2003)研究表明,受大气温室效应和全球气候变暖的影响,我国北方高温带出现北移趋势,使冬季变暖,夏季炎热,春季气温回升早,有效积温增加,加快了东亚飞蝗的发育进度。

研究人员利用内蒙古120个气象台站1971—2003年的气象观测资料和蝗虫发生状况的统计资料,分析了内蒙古地区气温、降水、相对湿度、地表温度、土壤湿度等气候要素值的区域分布,对气候要素多年平均值和年代际距平变化的背景进行比较,并结合蝗虫发育期的气候状况和变异情况及蝗虫灾害轻、重发生年气候值和距平值等,阐述了各气候要素值与蝗虫发生的相关性,给出了蝗虫轻、重发生年6—7月植被指数分布。

马世俊(1958)系统地综述了东亚飞蝗在中国的发生时期、在各地有效积温及发生代数,分析了大发生与气候(旱涝的影响、降水、温度作用、风、太阳黑子变动与飞蝗大发生等)的关系,给出了各发育温度指标,东亚飞蝗蝗卵的起点发育温度为15℃,蝗蝻的起点发育温度为20℃,飞蝗的适宜发育温度为25~40℃,最适发育温度为28~34℃。飞蝗最高发育临界温度为45℃,在42℃时即成呆滞状态;吸水后的越冬蝗卵在10℃地温下可维持15 d,15℃可维持5 d,25℃仅维持1 d。

第 4 章 草原蝗灾暴发的主要原因

草原蝗虫暴发的原因主要有：全球气候变化，干旱加剧；草原生态环境的破坏导致沙化、退化日趋严重；由于化学农药使用不当，使草原上天敌的种类、数量都急剧减少；境外蝗虫迁入到我国境内进行危害；防治的能力、手段、方法的局限性，新技术应用较为欠缺；辽阔的草原和有限的人力、物力投入难以对整个草原蝗害在短期内全面防治；监测预测技术有限，使预测面积有时小于实际发生面积，导致蝗灾的治理不够全面、彻底。

4.1 气候变化、干旱加剧

气候变化、干旱加剧是蝗虫持续暴发的重要因素。受全球气候变暖和局部气候异常的影响，由此引发温度和降水的季节性波动，致使草原蝗灾大范围猖獗危害。20 世纪 70 年代以来，伴随着全球气候变暖，内蒙古气候也发生了很多明显的变化，主要表现为年平均和四季气温均在升高，且冬、春季增温最为明显；有关降水变化，在 70 年代以前，内蒙古的降水与气温的变化趋势是一致的，但在 70 年代末开始的气温升高过程中，降水却先是惯性减少，到 80 年代后期，才转为偏多。随着气候变暖，内蒙古地区的其他气候要素也发生了明显的变化，主要表现在无霜期延长，积雪、雷暴、冰雹、大风、沙尘暴日数减少。通过对产生这些变化的原因进行初步分析，指出是"高纬增温多，低纬增温少"的增温特点，造成了极地大陆气团与热带海洋气团在内蒙古地区交锋力度的减弱，致使一些剧烈的灾害性天气有所减少。

长期以来，内蒙古蝗灾记述都很粗略，图 4.1 的蝗虫面积是依据内蒙古自治区植保站对过去 50 多年各地蝗虫侵农危害报告资料统计做出的草原蝗虫侵农面积与气候增暖情况的关系。从图中可以看出蝗虫的主要发生年及蝗灾消长的某些变化趋势和特点。在 20 世纪 50 年代，蝗虫并不是内蒙古的主要虫灾，最大发生面积仅为 $8 \times 10^4 \text{hm}^2$，60 年代最大发生面积是 $14 \times 10^4 \text{hm}^2$，70 年代已呈现加重的趋势，最大发生面积达到 $45.32 \times 10^4 \text{hm}^2$。此后即呈间歇性大发生，每年少者数万公顷，多者数十万公顷。1999—2006 年，受灾农田则一直保持在 $40 \times 10^4 \text{hm}^2$ 以上，2003—2006 年连续 4 年超过 $100 \times 10^4 \text{hm}^2$。

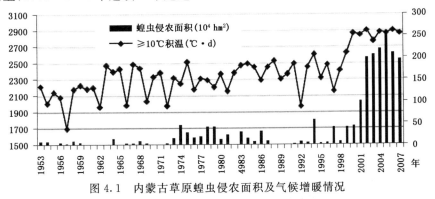

图 4.1 内蒙古草原蝗虫侵农面积及气候增暖情况

为了研究气候变暖与内蒙古草原蝗虫侵农面积之间的关系,我们将代表气候增暖的≥10℃积温曲线也点在图 4.1 上。结果表明,内蒙古草原蝗虫入侵农田面积与气候增暖之间,确实有着同步变化的特点。特别是 2000 年以后,草原蝗虫出现了大暴发的态势(见表 4.1)。

表 4.1　1980—2006 年内蒙古部分盟市草原蝗虫发生面积(1×10⁴ km²)

地　区	呼伦贝尔市		赤峰市		锡林郭勒盟		全区	
	S_1	S_2	S_1	S_2	S_1	S_2	S_1	S_2
1980—1984	14.2	9.2	12.8	6.2	<20	<15	—	—
1985—1989	10.1	7.0	15.8	7.7	<20	<15	—	—
1990—1994	3.8	2.1	19.0	9.8	<20	<15	—	—
1995—1999	10.8	7.0	26.1	13.3	24.8	8.3	202.3	127.1
2000—2006	51.6	20.1	34.8	16.6	517.2	237.7	878.6	435.8

注:S_1 为危害面积;S_2 为严重危害面积,单位:×10⁴ hm²。

表 4.2 是典型草原正常气候条件下主要蝗虫的孵化、羽化及产卵时间表,表 4.3 是典型草原 2007 年的孵化、羽化及产卵时间表。比较表 4.2 和表 4.3 可以看出,正常气候条件下,典型草原平均气温稳定通过≥10℃日期是 5 月 15 日,5 月上旬蝗虫陆续孵化出土,2007 年冬季—春季持续高温,在 4 月 28 日平均气温稳定通过≥10℃日期,草原蝗虫 4 月下旬陆续孵化出土,提前 10 d 左右。

表 4.2　典型草原正常气候条件下几种蝗虫的孵化、羽化及产卵时间(稳定通过≥10℃日期 5 月 15 日)

种类名称	孵化期	羽化期	产卵期
亚洲小车蝗(Oedaleus Decorus asiaticus)	中/5 —下/5	中/7 —下/7	下/7 —上/8
白边痂蝗(Bryodema luctuosum luctuosum)	上/5	中/6	下/6 —上/7
毛足棒角蝗(Dasyhippus barbipes)	上/5	中/6 —下/6	上/7
狭翅雏蝗(Stenobothrus dubius Zubovsky)	上/6	上/7	上/8—上/9
宽须蚁蝗(Myrmeleotettix palpalis)	中/5	中/6 —下/6	上/7
鼓翅皱膝蝗(Angaracris barabensis)	下/5	上/7	上/8

表 4.3　典型草原 2007 年几种蝗虫的孵化、羽化及产卵时间

种类名称	孵化期	羽化期	产卵期
亚洲小车蝗(Oedaleus Decorus asiaticus)	上/5 —中/5	上/7 —中/7	下/7 —上/8
白边痂蝗(Bryodema luctuosum luctuosum)	下/4	上/6	中/6 —下/7
毛足棒角蝗(Dasyhippus barbipes)	下/4	上/6 —中/6	下/6
狭翅雏蝗(Stenobothrus dubius Zubovsky)	下/5	下/6	下/7—下/8
宽须蚁蝗(Myrmeleotettix palpalis)	上/4	上/6 —中/6	下/6
鼓翅皱膝蝗(Angaracris barabensis)	中/5	下/6	下/7

注:稳定通过≥10℃日期 4 月 28 日。

4.2　季节性天气变化

季节性天气变化是蝗虫发生的重要因素。

(1)冬春季多雨雪,夏季干旱是内蒙古蝗虫发生的重要因素。

从测报资料看,当蝗虫(卵)越冬基数大于 10 粒/m²,即有大发生的可能。但是,高越冬基数和大的虫源面积并不意味着蝗虫必然大发生。只有同时具备适宜的气象条件,才造成大发生。分析历史资料,一般上年冬雪大,当年早春降水多,夏季干旱是蝗虫大发生的重要因素。因冬雪可在地面形成保温层,有利蝗卵越冬,提高冬后成活率。早春降水较多,利于蝗卵水分保持和胚胎的发育。降水所形成的地表松散湿润状态有利自然植被的返青和生长,为蝗蝻提供了必需的食料条件。而夏季干旱、高温,一方面促进了蝗虫的生长发育,但又因植被生长不良,促使蝗虫因食料和水分缺乏而大量迁入农田为害。如 2002 年秋季蝗虫越冬基数为 21.4 粒/m²,当年 11 月至翌年 2 月,全区降水 11.1～31.4 mm,大部地区比历年同期偏多 7 成到 1 倍。期间出现了历史上少有的大范围强降雪天气过程有:2002 年 12 月 23 日连续 4 d 中到大雪,积雪厚度 5～13 cm,形成座冬雪(冬季不消融)。2003 年 2 月 21—22 日全市再次普降大雪,积雪厚度 3.2～5.5 mm。春季(3—5 月)降雨量仍比历年同期偏多 6 成至 3 倍。适宜的气象条件与蝗虫的生理需求相吻合,造成 2003 年蝗虫大发生。据统计,以亚洲小车蝗为优势种的蝗虫发生最严重,发生范围遍及所有草原区,平均虫口密度 10～80 头/m²,最高 800 头/m²,对牧业生产造成了极大危害。在蝗虫重发生年一般都具有类似的气象条件。

(2)倪绍祥等(2000)研究表明,头年夏秋季气温偏低和当年春季暖干是青海湖草原蝗虫发生的有利条件。

4.3　草原/草场退化

蝗灾发生与草原退化有一定的关系。据康乐等(1990)研究,草场退化是草原直翅目昆虫大量发生的一个重要原因。不合理的开发利用所导致的内蒙古天然草场的沙化,引起草原生态系统的破坏,对草原植被和昆虫群落产生较大地影响。直翅目昆虫,特别是蝗虫是草原生态环境变化的重要生物指示体。一些学者试图以蝗虫群落结构的变化作为生态环境变化的监测指标,蝗虫在生物多样性保护方面也有一定的价值。植被的组成和结构对蝗虫群落组成等方面的影响已为人们所认识,近年来,有关放牧对植物与蝗虫群落影响的研究多有报道,国内对不同放牧强度下内蒙古典型草原蝗虫群落组成和结构的变化、群落动态反应及多样性变化等进行了一系列卓有成效的研究,蝗虫的发生受植被、地理地貌特性,以及小栖境的气候条件的影响颇大。对于草原沙化过程中蝗虫群落多样性变化以及与植物群落的相互关系的研究尚无报道.探讨蝗虫与植物群落在这一过程中的动态变化,对草原生物多样性保护具有重要的指导意义。

植物群落结构的变化主要反映在两个方面:一是群落组成成分的变化,二是组成成分比值的变化。在内蒙古草原中,随着草地荒漠化程度的提高,总的植被盖度和种类数量呈现明显的下降趋势,植物生物量及高度亦呈下降趋势,但在严重沙化的草场二者值反略有上升。这主要是在严重沙化草场,一些沙生植物及毒草,如沙蒿、苦豆子等的出现,使草场植被群落结构与生物量发生变化,从不同科植物优势度变化来看,随着草地退化,禾本科植物优势度迅速下降,一些耐牧性、旱生性菊类、豆类杂草明显增多,当草地出现沙化时,植物群落发生明显的变化,适沙生、沙生的豆类、蒿类和各类毒草占绝对优势。

根据 1999 年卫星遥感调查,内蒙古草原荒漠化面积已超过 60%。2001 年全区生态环境现状调查,内蒙古中部地区(乌兰察布市、锡林郭勒盟)由于无序开垦,超强度放牧和气候变化,致使草原景观面积与 20 世纪 80 年代相比净减少 $510 \times 10^4 \text{hm}^2$。退化草原(草场)植被稀疏,地表相对裸露,适宜亚洲小车蝗等多种地栖性蝗虫栖息生存,而蝗虫的猖獗危害又加重了草原的退化,由此形成恶性循环。这是 20 世纪 70 年代以来,蝗虫暴发频率增加,发生面积扩大,危害日趋严重的重要原因(表 4.4)。由此看来,蝗虫的猖獗发生危害与草原(草场)退化呈现出一定的相关关系。而且蝗虫优势种也发生了相应变化,20 世纪 80 年代以前蝗虫以白边痂蝗、宽翅曲背蝗、短星翅蝗为主,进入 90 年代以后,以亚洲小车蝗、毛足棒角蝗、红翅皱膝蝗为主,其中亚洲小车蝗占 40% 以上,严重年份达到 90%。

表 4.4　乌兰察布市农牧交错带蝗虫大发生年发生与防治情况

时间 (年)	发生面积 ($\times 10^4 \text{hm}^2$)	侵入农田 ($\times 10^4 \text{hm}^2$)	虫口密度 (头/m²)	防治面积 ($\times 10^4 \text{hm}^2$)	防治面积占发生 面积比率(%)
1958	6.42	1.45	—	5.22	81.31
1963	10.78	0.77	15~20	0.52	4.82
1974	40.87	—	20~40	26.58	65.04
1975	26.67	6.67	30~100	4.67	17.51
1978	17.56	2.35	30~50	2.20	12.53
1980	17.84	1.67	20~30	3.89	21.80
1983	25.75	—	9~40	3.67	14.25
1986	25.71	2.55	25~60	1.96	7.62
1994	30.47	7.80	30~100	1.00	3.28
1997	23.99	4.01	20~40	0.70	2.92
1998	18.84	1.67	50~70	0.87	4.62
1999	34.97	5.28	50~100	2.04	5.83
2000	35.49	3.43	50~80	2.01	5.66
2001	32.85	2.15	20~80	0.41	1.25
2002	22.73	0.67	20~80	0.23	1.01
2003	23.20	1.33	10~80	0.03	0.13
2004	70.57	1.10	10~50	0.36	0.51

4.4　天敌制约作用减弱

天敌制约作用下降也是草原蝗虫大发生的重要因素之一。比如,在内蒙古草原,亚洲小车蝗的天敌有狐狸、百灵鸟、沙鸡、鹌鹑、刺猬、蜥蜴、蟾蜍、虎甲、步甲、食虫虻、寄生蝇、泥蜂、蜘蛛、螽斯、芫菁等。这些天敌在草原生态系统的食物链中占有重要地位,对蝗虫起一定制约作用。但随着草原(草场)退化,生态环境恶化以及人类捕猎,破坏了生物多样性,天敌数量锐减。加之长期以来采取单一的化学防治,尤其 20 世纪 70 年代以来,曾在蝗区组织了多次大规模的飞机化学防治,在灭蝗的同时,既污染了环境,又杀死了大量天敌,大大削弱了天敌制约蝗虫的作用。这也是 20 世纪 90 年代以来蝗虫频繁成灾的一个重要因素。

由于化学农药使用不当和防治方法的局限,也会使蝗虫大发生。防治方法和局限是指蝗虫暴发也与我们防治的能力、防治手段、防治效果等因素有关。化学农药使用不当,会使草原上的天敌的种类、数量都在急剧减少。由于化学农药使用不当,在杀死了蝗虫的同时,也会大量杀伤蝗虫的天敌,使得蝗虫失去了生物天敌控制。

4.5　错过防治最佳期,遗留大量虫源

防治蝗虫的基本原则是,把蝗虫消灭在 3 龄之前(防止蝗蝻扩散)或迁入农田之前(防止造成危害)、成虫产卵之前(降低翌年虫源基数)。内蒙古草原由于地形多样,生境各异,蝗虫种类多而发生期参差不齐,各地的优势种有季节性和年度间的变化,难于确定一个相对固定的防治适期。在实际防治中应以优势种为基础,兼顾其他种类。一般防治适期应在 5 月中、下旬至 6 月中旬。最晚不能延迟到优势种产卵期,要力争在产卵之前完成防治工作。但是,由于种种原因,防蝗工作往往不能在防治适期内完成。蝗虫发生初期,由于虫龄低,食量小,无人进行防治。当蝗虫开始扩散迁移时,大多进入羽化期,食量大增,并对牧草造成明显危害后,草原部门才陆续进行防治,已错过了防治适期。由于防治太晚,多种蝗虫已经产卵,遗留下翌年蝗虫大面积发生的虫源。另外,还存在大面积的防蝗空白区,自然形成了翌年虫源区。从 20 世纪 70 年代到 2004 年间的 15 次重发生统计来看,蝗虫发生面积 $17.56 \times 10^4 \sim 70.57 \times 10^4$ hm²/年(不包括牧区),但防治面积仅为 $0.03 \times 10^4 \sim 26.58 \times 10^4$ hm²/年,且呈逐年递减趋势。如果再加上牧区,每年都有大范围蝗虫虫源区,这就不难理解为什么蝗虫频繁成灾了。

4.6　境外蝗虫迁入

我们国家和临近的国家有 5000 km 以上的边境线。据文献报道,受高空气流、地面气象条件和食物等影响,蒙古、哈萨克斯坦等境外蝗虫曾会迁入到我国境内进行危害。

4.7　草原生态系统的特殊性

草原生态系统有它的特殊性,也是蝗虫大发生的一个比较重要的因素。首先,草原生态系统是由原生植被构成的一个生态系统,它的物种丰富度比较差,系统也比较脆弱,一旦遭到破坏恢复非常缓慢。另外,草原的食物链结构在维系系统平衡当中发挥重要的作用,在草原生态的食物链当中,蝗虫的天敌在控制着蝗虫的数量。蝗虫天敌有很多种,有地上捕食蝗虫的;还有微生物让蝗虫感病;另外,还有寄螨、寄生昆虫、两栖类、爬行类的,还有地下的捕食蝗卵的昆虫、鼠类等。还有一些猛禽,当鼠类少了的时候,猛禽可能要抓一些蝗虫来充饥,还有就是一些小型哺乳类,比如黄鼬这类的蝗虫的天敌,它也在捕食着蝗虫。

4.8　蝗灾自身的规律性

蝗虫发生这样一个事件是有其自身的周期性和规律性的,受诸多因素综合影响,可能在某个时期内是处于暴发阶段,有某个时段又是处于暴发低谷阶段。我们可以根据它的自身规律作出判断、推测,如果处于理论上的暴发期内,那么,那些年份就可能会暴发。

第 5 章　我国北方草原蝗虫监测预报技术方法

5.1　我国北方草原蝗虫监测预报技术方法概述

5.1.1　回归分析法

回归分析法是经常使用的方法之一,回归分析是研究因变量和自变量之间变动比例关系的一种方法,最终结果一般是建立某种经验性的回归方程。回归分析根据变量的多少有一元回归和多元回归之分,而多元回归又可分为一个因变量对多个自变量之间的回归和多个因变量对多个自变量之间的回归,每种回归又可分为线性回归和非线性回归等。研究一个因变量与一个或多个自变量间多项式的回归分析方法,称为多项式回归(Polynomial Regression)。如果自变量只有一个时,称为一元多项式回归;如果自变量有多个时,称为多元多项式回归。

在建立回归模型的时候并不局限于线性回归,如果预测因子和预测对象之间的相互关系存在非线性关系,那么我们在建立回归模型的时候就应该根据实际情况,使得所建立的模型对数据有最好的拟合效果。

多元多项式回归的最大优点就是可以通过增加 X 的高次项对实测点进行逼近,直至满意为止。事实上,多项式回归可以处理相当一类非线性问题,它在回归分析中占有重要的地位,因为任何一个函数都可以分段用多项式来逼近。因此,在通常的实际问题中,不论因变量与其他自变量的关系如何,总可以用多项式回归来进行分析。

多元逐步回归分析法就是一种能从大量可供选择的变量中选择那些对建立回归方程比较重要的变量的方法。它是在多元线性回归基础上派生出来的一种算法。从多元线性回归分析中我们知道,如果采用的自变量越多,则回归平方和越大,残差平方和越小。然而,采用较多的变量来拟合回归方程,会使得方程的稳定性变差,每个自变量的区间误差积累将影响总体误差,这样建立起来的回归方程用于预测时可靠性差。另一方面,如果采用了对 Y 影响甚小的变量而遗漏了重要变量,可导致估计量产生偏差和不一致性。多元逐步回归分析法是从一个自变量开始,视自变量对 Y 作用的显著程度,从大到小地依次逐个引入回归方程。但当引入的自变量由于后面变量的引入而变得不显著时,要将其剔除掉。引入一个自变量或从回归方程中剔除一个自变量,为逐步回归的一步。对于每一步都要进行 F 值检验,以确保每次引入新的显著性变量前回归方程中只包含对 Y 作用显著的变量。这个过程反复进行,直至既无不显著的变量从回归方程中剔除,又无显著变量可引入回归方程时为止。

回归这种统计方法在灾害预测和分析中经常用到,但是遇到灾害突然暴发的年份预测准确率较差,此时,可以用于种群密度预测,也可以用于发生面积预测等,但是,该类方法要求残差必须呈正态分布,很多文献并未做到这一点,所以目前所得结果往往不可靠,预测准确率不高且较难以推广,通常需要每年做一次回归方程。

蝗虫在整个生长季节,前期由于卵的陆续大量孵化,使其种群密度达到高峰,以后由于自身的生活节律和外界环境因素制约,种群数量逐渐减少,其种群数量动态呈现偏峰态的曲线型。因此,蝗虫种群数量动态可用下面的方程式进行模拟:

$$N_t = at^B e^{-ct} \tag{5.1}$$

式中,N_t 表示 t 时刻的虫量;B 表示种群的潜在的增长能力;c 表示阻尼因子的作用强度。

在实际计算时,通常用多元回归求出 a,B,c 及相关系数 R 的值。然后用 χ^2 进行模型的理论值与观测值的适合性检验。

冯今等(2003)运用此方法对夏河县甘加草原蝗虫进行了调查,建立了宽须蚁蝗、狭翅雏蝗、白纹雏蝗、皱膝蝗及混合种群等 5 种蝗虫的种群数量消长的数学模型。模型如下:

$$N_t = 0.01734t^{1.84975} e^{-0.04214t} \tag{5.2}$$
$$(r = 0.85161^{**})$$

$$N_t = 0.00776t^{2.297503} e^{-0.04659t} \tag{5.3}$$
$$(r = 0.95641^{**})$$

$$N_t = 0.003003t^{2.07142} e^{-0.03897t} \tag{5.4}$$
$$(r = 0.86806^{**})$$

$$N_t = 0.00412t^{2.53425} e^{-0.05219t} \tag{5.5}$$
$$(r = 0.90290^{**})$$

$$N_t = 0.000869t^{2.88582} e^{-0.038259t} \tag{5.6}$$
$$(r = 0.89936^{**})$$

5.1.2　主成分分析法

主成分分析(PCA)是设法将原来众多具有一定相关性的指标(比如 P 个指标),重新组合成一组新的相互无关的综合指标来代替原来指标。通常,数学上的处理就是将原来 P 个指标作线性组合,作为新的综合指标。PCA 常常用于数据的预处理,消除噪声,消除数据属性间的相关性,降低数据的维数,以减少计算量,提高运算速度。利用 PCA 对数据进行预处理,就可以抓住过程的特征,将特征空间划分成许多小区域,在每个区域里,数据点都有相似的响应趋势;而不同区域的数据点有不同的响应趋势。这样对新的数据我们只要进行相应的变换,将其映射到特征空间里相应的区域,我们就可以预测它的响应趋势。柳小妮等(2007)运用 PCA 的方法通过对夏河甘加草原草地蝗虫种群存度分析,确定该地区草地蝗虫优势种为狭翅雏蝗、小翅雏蝗、宽须蚁蝗、皱膝蝗(红翅皱膝蝗和鼓翅皱膝蝗)。对气象因子进行了主成分分析,找出关键因子并得出相关的非线性模型拟合混合种群的密度高峰值,且拟合度较高。

5.1.3　模糊综合评判法

模糊(Fuzzy)综合评判法,在资料不系统、不完整而测报员的实践经验又比较丰富的情况下,用之预测草原蝗虫是比较适宜的。

设给定两个有限论域:$u = \{u_1, u_2, \cdots, u_n\}$,$v = \{v_1, v_2, \cdots, v_n\}$,其中 u 代表综合评判因素组成的集合,v 代表评语所组成的集合。

模糊变换:

$$X \cdot R = Y \tag{5.7}$$

式中,X 是 u 上的模糊子集,而评判的结果 Y 是 v 上的模糊子集,Y 实际上是因素权重集(模糊向量)X 与模糊关系矩阵 R 的合成。式子 $X \cdot R = Y$ 称为模糊变换。

　　首先,建立评判因素集 u,其次是建立评语集 v,并根据评判因素集 u 和评语集 v 确定 uxv 的模糊关系矩阵 R,再确定各因素对预测对象 Y 影响的大小,即因素的权重集(模糊向量)X。最后,据因素权重集 X 和模糊关系 R,即可对预测对象 Y 进行综合评判,从而做出预测。

　　目前,在害虫预测建模中,因子的选取主要是利用逐步回归、专家分析等方法来确定。研究选取关键气象因子时,不仅考虑到专家以往的研究成果,同时要考虑地域、种类的特殊性,利用分块主成分分析,导出少数几个尽可能完整地保留了原始变量信息的主分量,且彼此间不相关,即各指标代表的信息不重叠,但能更好地反映因子的综合效应。

　　由于气象因子的影响是综合的,而且较复杂,一般来说,利用多元线性关系不足以描述每一代的发生量,必须选择非线性的关系,如幂函数、对数函数和指数函数等。

　　影响蝗虫发生量的因素远较影响发生期的多,而且更为复杂。在以往的研究中,有关蝗虫发生量的拟合,大多是利用线性回归。马世俊、丁岩钦(1965)利用生命表的数理联合模型所建立的东亚飞蝗夏蝗和秋蝗种群变动的数理模型,以种群数量趋势指数的模式为基础,按照关键因子选择的原则,以这些因素造成的死亡率对未来种群数量变动所起的作用大小为依据,考虑多个影响蝗虫种群密度的因子,将决定系数比较高的阶段作为关键因子嵌入多元线性回归模型,得到预测草地蝗虫混合种群动态的系统模型,进行预测所用的因子较为简单,准确性也较高。

5.1.4　二态马尔柯夫链模型

　　马尔柯夫链模型是较早应用于蝗虫种群测报研究的模型之一,它将研究对象看作一个独立系统,在一系列特定的时间间隔下,由已知的系统在 t_1 时刻所处的状态,根据概率推知系统在 t_2 时刻所处的状态。在马氏过程中,较简单的是一阶马尔柯夫过程,这种转化过程要求系统在 t_2 时刻所处的状态只与 t_1 时刻所处的状态有关,而与 t_1 时刻以前所处的状态无关。以蝗虫种群动态过程为例,在同一地点,蝗虫发生状况(密度等级)在不同年份之间的转化也具有马氏过程的一些性质:(1)不同的发生强度之间具有相互可转化性;(2)这种发生强度间的转化过程包含着较多尚难以用函数关系准确描述的事件。正因如此,生物学家尝试利用该模型来预测蝗虫种群的动态变化过程。

　　在利用马氏过程预测某地蝗虫发生状况时,关键在于确定该地蝗虫发生强度在不同年份之间相互转化的初始概率矩阵 P,其数学表达式一般为:

$$P = \begin{pmatrix} P_{11} & P_{12} & \cdots & P_{1j} & \cdots & P_{1N} \\ P_{i1} & P_{i2} & \cdots & P_{ij} & \cdots & P_{iN} \\ \cdots & & \cdots & & \cdots & \\ P_{N1} & P_{N2} & \cdots & P_{Nj} & \cdots & P_{NN} \end{pmatrix} \qquad (5.8)$$

式中,N 为蝗虫发生强度等级,P_{ij} 为强度级 i 转化为 j 的概率,P_{ij} 满足两个条件:$0 \leqslant P_{ij} \leqslant 1$,$\sum P_{ij} = 1$ $(i = 1, 2, \cdots, N)$。

　　在实际应用中,普遍采用转移频率来近似代替转移概率,即首先获得该地连续 M 年蝗虫密度记录数据 $x[M]$,根据一定的分级原则将该数据转化为蝗虫发生强度等级 $A[M]$,然后根据状态流:$A_1 \rightarrow A_2 \rightarrow \cdots A_i \rightarrow; \cdots A_M$,采用统计方法获得发生强度等级之间的转移频率,并以此作为相应的转移概率 F,这样,如果已知前一年蝗虫发生实际状况(设为 i 强度级),即可根据转移概率矩阵 P 确定下一年蝗虫发生状况,它实际表示为概率形式,即发展为各种发生强度下的概率 $P_{ij}(j=1,2,\cdots,N)$,根据最大概率原则,确定最可能发生的状态。

在进行一个较大区域的蝗虫预测时,一般需采用数十年历史虫情资料,并将它们根据蝗虫密度划分为若干等级,形成空间上可匹配的蝗虫密度分级图,然后,利用上述方法对该区域内的每一点 P 进行预测,最后形成预测结果图件,该图根据蝗虫发生的概率及强度进行分级。

目前,利用马氏过程进行蝗虫测报已比较成熟,如美国草地管理中已比较普遍地采用该模型进行蝗虫预测。模型中最为关键的步骤是确定每个地点的转移概率矩阵。设蝗虫密度被划分为 N 个等级,则状态转移的种数共有 N_2 种,当 N 分别取 2,3,4,5 时,状态转移的可能种数分别为 4,9,16,25。然而,转移概率又是根据该地 M 年的历史资料统计获得,因此,等级数 N 越大,所需的样本(资料的年数)越多。按照统计学原理,样本数应远大于状态数,否则某些状态转移只有很少甚至没有样本,统计将没有意义。而当前所积累的连续、系统的调查资料,以美国大部分地区为例,一般不超过 50 年,因此,该模型在实际应用中,蝗虫发生强度一般仅被划分为两个等级,即未发生、发生,这时的模型则被称为"二态马尔柯夫链模型"(2-state Markov chain model)。

与其他蝗虫测报模型相比,该模型最显著的优点是:几乎不考虑与蝗虫发生有关的各种生态环境因子及其对蝗虫的影响,如气温、降水、植被、土壤等,而仅仅采用蝗虫密度资料,利用统计学方法进行预测。因此,模型的实现极为简单,而模型的可靠性较高,可以较准确地把握大范围蝗虫发生规律,易于推广应用。该模型的缺陷也是比较明显的,主要有以下几个方面:

(1) 模型需要较多连续、系统的历史调查资料,这对我国广大草原牧区来说几乎是不可能的。

(2) 由于实际资料的限制,蝗虫发生强度等级很难细分,因此,难以推广到三态、四态等更为精确的形式,这方面甚至比不上灾变理论模型。

(3) 缺乏机理研究,单纯进行数量上的统计,没有考虑到影响"状态转移概率"的原因。实际上,许多状态转移不只是在自然状态下完成的,如很多"发生向不发生"的状态转移,实际上是在人为干预(如蝗虫防治活动)的作用下造成的;又如,由于人为灭治,从长期效应看,引起环境恶化,天敌减少等,导致在后几十年中的"不发生向发生蝗灾"的概率会比前数十年的概率大大增加,因此,这种概率在时间上也是变动的。而这种变动是由人为因素或长期的环境变化引起的。

(4) 对于一些历史上没有成灾或很少成灾、但位于灾害区的毗邻地段,预测的结果将是不可靠的。因为长期气候变化的结果,很可能将这些过去安全的地带发展为未来的危险地带,蝗虫的发生完全可能不断向其周围扩展。而采用马氏过程进行预测时,在这些地点所计算的"不发生向发生"的状态转移概率结果往往是小概率乃至零概率,因此,对这些地点的预测结果,发生概率也同样是很小乃至为零。换言之,利用状态转移的时间序列数据,不可能获得状态在空间上的转移结果,这显然不符合蝗虫发生的实际情况,即既具有时间上波动的特征,又具有空间上的扩散与消亡。

5.1.5　气象-土壤-生物综合评价法

雌蝗成虫数量在一定程度上决定下一代蝗虫数量的多少。雌蝗成虫一般将卵产到地下

0.5 cm 左右处,卵在土壤中存活长达几个月后,当达到孵化条件时便孵化出土。土壤-生物-环境综合评价法是通过对过去气象、土壤、生物影响和未来气象条件影响进行综合评估,给出预报结论的方法。该方法借助于在气象、土壤、植被、食物等诸多因子综合影响下的蝗虫发生资料,通过对蝗虫成虫-产卵期以来的气象条件(包括土壤温湿度等)进行分段评价(主要时段包括成虫-产卵期、越冬前、越冬期、孵化出土期、蝗蝻期等),以便了解各时段气象条件对蝗虫密度参数(如雌虫基数、卵数量、越冬前卵的数量、卵越冬死亡率、春季孵化率等)直接和间接的影响,评估这些时段的气象影响是适宜发生、还是不适宜发生? 气象适宜度等级是多少? 等等;此外,还要根据多年平均状况或当年中、长期预报,对未来气象条件对蝗虫的可能影响情况进行预评估;最后,给出气象条件是否适宜于蝗虫发生以及不同程度灾害的气象适宜度等级。气象条件越适宜,发生重害的可能性越大,反之,气象条件越不适宜,发生重害的可能性越小。

5.1.6　遥感-统计模型

植被是飞蝗的食物来源和栖息场所,其对飞蝗的发生、发育至关重要。蝗灾大发生年,植被受到大量啃噬,部分植被特征参数,如叶面积指数、高光谱特征参数及植被指数等对飞蝗的影响十分敏感。通过监测这些植被特征参数的变化,能较为准确地反映飞蝗的发生情况。

因此,及时、有效地监测植被信息成为飞蝗生境监测的重要组成部分。与传统的观测方法相比,遥感技术不仅可以及时获取植被信息的时空变化情况,而且可以大大节省人力、物力和时间,从而为大面积、实时、动态监测蝗虫栖息地的植被生长状况提供了可能。通过对飞蝗生境的植被特征参数的遥感反演,建立适宜的蝗虫发生数据与植被特征参数数据之间的模拟模型,进而阐明各种植被特征参数与飞蝗发生的关系机理,有助于对东亚飞蝗的发生、成灾进行监测和预测。

(1)VI-LAI 的统计模型法

利用植被在红光波段反射率较低、近红外波段反射率较高的光谱特性去构建模型,进而研究 VI 与 LAI 的相关性。许多研究表明,可结合地面适量的 LAI 实测数据和从多光谱遥感数据中提取的 VI 值,利用数学统计方法建立两者间的回归模型,并用此模型去反演大面积地表的植被 LAI 信息(Colombo 等,2003;Myneni 等,1997),其包括常规的单变量统计法、多变量统计法和基于高光谱数据的统计法。

单变量统计方法

单变量统计方法,是将输入的遥感信息单变量(不同波段的反射率值和各种 VI)作为自变量,LAI 作为因变量,建立 VI 和 LAI 之间的线性或者非线性的统计模型,从而反演 LAI。

在统计拟合单变量与 LAI 关系时,一般采用以下预测模型:

线性模型:$y = a + bx$

指数模型:$y = a \times \exp(bx)$ 和 $y = a \times \exp(b/x)$

对数模型:$y = a + b\lg(x)$

双曲线模型:$y = l/(a + b/x)$

S 型曲线模型:$y = l/(a + \exp(-x))$

式中,y 代表 LAI 的预测值,x 代表单个通道的光谱数据或它们的变化值(植被指数)。拟合精度可用总均方根差(RMSE)来评价。利用不同预测模型计算遥感信息单变量与实测数据间的统计关系,并通过比较两者的相关系数及不同模型产生的 RMSE,选择出拟合精度最好的遥感信息单变量,就可利用这个变量与实测 LAI 值之间的统计关系推算整个研究区的 LAI 值。

多变量统计方法

多变量统计方法与单变量方法基本类似,不同之处在于前者的输入变量是多个而不是单个。例如,选取多种 VI,并根据拟合函数获得这些 VI 与 LAI 之间的关系式。多变量统计方法的预测精度也可用 RMSE 来评价。研究表明,在一般情况下多变量统计方法能取得比单变量统计方法更好的预测精度。

基于高光谱数据的统计法

随着高光谱技术的发展,建立从高光谱遥感数据中提取生物物理参数、生物化学参数的分析技术在植物生态系统研究中是十分重要的内容。利用高光谱提供的丰富信息来获得 LAI 的方法取得了很大的进展。浦瑞良等(2000)利用高光谱数据——波段窄且波谱连续的特点,构建了许多对 LAI 相对敏感的植被指数,或将常规的植被指数变为连续的形式。然后,通过建立 LAI 与这些植被指数的拟合模型,进而反演 LAI,浦瑞良等(1993)还应用 3 类统计模型方法(单变量回归、多变量回归和基于植被指数的 LAI 估计模型),利用 CASI(小型记载成像光谱仪)数据估计 LAI。结果表明,3 类统计模型均能产生较高的 LAI 估计精度。而且,CASI 两种成像方式(多光谱和高光谱)得到的数据分析结果显示,与多光谱数据相比,高光谱可见光区数据与实测 LAI 之间有更强烈的相关性(宫鹏等,1996)。

LAI-VI 回归统计分析法成立的前提条件是:利用 LAI 测量值样本和遥感信息变量所建立的统计关系可以适用于整个遥感图像。对于该方法而言,样本容量及其代表性以及统计函数的拟合误差是反演误差的主要来源。因此,在估算 LAI 时,样本的数量和质量、拟合函数以及遥感变量信息的选择,对于提高 LAI 的估算精度至关重要。此外,许多研究还表明,VI 与 LAI 之间的关系还受到多种其他因素的影响,且影响非常复杂,以至不能用简单的统计关系完整表达出来。总之,众多影响因素使 LAI-VI 之间的关系对区域环境和传感器成像时的条件具有很强的依赖性,因此,在不同地区和不同时间利用这种方法反演 LAI 时,必须根据具体情况因地、因时地拟合 LAI-VI 的关系。

(2)光学模型法

光学模型法的基本原理是模拟遥感信息在空间的传输过程,其一般形式是:

$$r = f(LAI, \cdots) \tag{5.9}$$

式中,r 为输出变量,LAI 等为输入变量。在估算 LAI 时,将(5.9)式反算,即:将 r 作为输入变量,LAI 作为输出变量。一般为实地测量或者直接从遥感图像上计算得到的参数。这种方法的一个显著优点是具有普适性,不依赖植被类型。

由于遥感信息在空间传输时涉及很多要素,所以在反演 LAI 时,光学模型涉及众多物理参数,如:土壤特性、植被冠层结构和光学特征、传感器的几何参数以及照射源。为了得到满意的反演结果,需要不断调整模型中各个参数的系数,这就使该方法的使用受到了一定限制。

BRDF 模型是地表参数反演的常用模型。

Baret F 和 Guyot G(1991)建立了估算植被指数的模型,如下式:

$$VI = VI_a + (VI_g - VI_a)\exp(-k \times LAI) \tag{5.10}$$

式中,VI_g 是相应于裸土的植被指数;VI_a 是植被指数的渐进无穷值(当 $LA > 8.0$ 时,式(5.10)总能达到此限);VI_g 是遥感图像上计算出来的植被指数;k 是一个消光系数,和植被类型与生长状况有关,其计算公式为(Price,1993):

$$k = G\,(ns)\,/\,\sin\beta \tag{5.11}$$

式中,$G(ns)$ 为某方向叶片倾角函数,β 为叶倾角。

植被冠层空隙度和 LAI 的函数关系,如下式:

$$LAI = \frac{\log\left(\dfrac{I_c}{I_o}\right)}{k} \times \cos\theta \tag{5.12}$$

式中,θ 是太阳的天顶角(这可以通过日期和方位计算得到);k 为冠层的消光系数,其为叶倾角和叶子空间分布的函数;冠层空隙度由 I_c/I_o 表示,I_c 是冠层下部的光通量密度,I_o 是冠层顶部的光通量密度,这两个参数需要在野外通过仪器测得。

以上光学模型在反演 LAI 时存在以下问题:BRDF 模型反演 LAI 时,需要输入较多参数,并且参数获取较为困难,模型的计算量大,且 BRDF 方程一般具有多解,预测结果不可靠,需要对结果作进一步的检验;模型(5.10)的关键在确定 VI_a、VI_g 和 k 时,需要对研究区有一定的先验知识。VI_k 和研究区的土壤类型有关,所以如果研究区自然环境较为复杂,VI_g 很难使用统一的值进行计算,VI_a 的估算同样也存在主观因素,也会给 LAI 信息的估算带来误差;模型(5.11)通过红光波段、近红外波段的散点图来估计裸土和高密度植被冠层的反射率,而在真实自然环境下,土壤上覆盖了一些物质,如凋落和枯死的植被等,同时植被类型、覆盖度也不均匀,这些因素都影响了模型估算精度。模型中的相关参数和植被类型密切相关,难以准确获取,特别是对于植被类型复杂非均一的地区,该模型受到很大限制;模型(5.12)中冠层下部的辐射量是由直接辐射和各种散射(如冠层间的散射、土壤反射)混合而成,所以要得到精确的LAI 值,应该修正散射值的贡献率。但是考虑到该因素对反演结果的影响较小,且修正过程相当复杂,所以一般加以忽略。

综合以上的分析可以看出:LAI 模型从统计学角度发展到光学模型的应用是遥感从半定量到定量发展过程的一个缩影。

1)统计分析模型形式简洁,对输入数据要求不是很高,而且计算简单易行,因而在很长一段时间内都是 LAI 估算的主要方法。但是,它的缺陷是:函数形式不确定。LAI 统计函数既有线性的、幂函数形式的,也有指数函数形式的,在实际应用中产生不确定性;函数系数不确定。不仅统计分析函数不统一,而且函数中的系数也是经验型的,这些系数随着植被类型的不同而改变,这就需要对每种类型的植被确定其适用的系数。因为没有通用的统计分析模型,所以该方法很难用于包含多种植被类型的大尺度遥感影像分析。另外,统计分析还有一个局限性:植被指数受诸如地形、土壤背景、大气状况和表面双向性等非植被因素的影响,其中土壤和大气的影响可以通过改进植被指数来减小到最低值,但必须考虑的太阳—地表—传感器之间的几何关系影响研究还未完成

2)光学模型的一个主要优势就在于其具有物理基础,不依赖于植被类型,具有普适性。但是,由于光学模型是需要通过反演来估算 LAI 的,而反演过程中有些反函数是不收敛的,这样可能导致反演结果存在很大的不确定性,或者造成错误的反演结果;另外,由于目前计算能力的局限和模型本身的复杂性,模型反演非常耗时,对于大区域的遥感图像处理尤其不利。

鉴于单独的统计模型和光学模型各有其局限性,这两者应结合起来,发挥各自的优势,可提高反演精度。

统计软件非常多,目前常用并且比较权威的统计软件有 SAS①(Statistics Analysis System)、SPSS②(Statistical Package for the Social Sciences)、STATA③(Statistics/Data Analysis)和 Splus 等。STATA 灵巧方便,价格也能为个人用户所承受。SSPS 的菜单式操作,使用简便,而且介绍 SPSS 的书籍比较多,目前已经成为国内非统计专业人员统计的首选软件。SAS 是主要针对专业统计用户设计的软件,在数据处理和统计分析领域,被誉为国际上的标准软件系统。国际上大部分著名高校和生物统计机构均使用 SAS 作为统计分析工具,一些最新的统计方法在 SPSS 和 STATA 中没有包括,需要选用 SAS 处理,表 5.1 是 SAS 的多因素分析表。

表 5.1 SAS 多因素分析表

反应变量	连续性数据	分数数据	重复测量
计量数据(正态分布)	多元线性回归(PROCREG)	多因素方差分析(PROCGLE)	重复测量方差分析(PROCMIXED)
分类数据(无序)	Logistic 回归(PRCOLOGISTIC)	Logistic 回归(PRCOLOGISTIC)	重复测量 Logistic 回归(PRCOGENMOD)
分类数据(有序)	比例比(PRCOLOGISTIC)	比例比(PRCOLOGISTIC)	重复测量比例比(PRCOGENMOD)

5.1.7 蝗虫种群动态预测模型

蝗虫种群动态预测,即定性或定量地从时间、空间和数量上预测蝗虫的发生与消长状况。由于影响蝗虫发生的因素较多,各种因素对蝗虫的影响方式、影响时间与影响强度均有所不同,因此,蝗虫种群动态预测最为复杂,模型构建较为困难。

目前这方面的模型有近十种之多,大致可分为三类,即生物模型、统计模型和机理模型。当前我国广大牧区各草地管理部门普遍采用的"有效基数预测模型"即属生物模型;相比之下,统计模型种类更为丰富,国内外现有的统计模型包括各类相关模型(如蝗虫密度与气候因子的相关模型)、马尔柯夫链模型、环境阈值模型、灾变理论模型等。机理模型是在试验和调查的基础上,通过进行蝗虫发生机理分析而建立的模型,目前的研究尚不多见,它是生物学与统计学相结合的难度较高的一类模型。从国内外对预测模型的研究状况看,多数研究者要么侧重于生物学原理、要么单纯利用统计学方法,而很少将两者结合起来构建相应的预测模型。从模型的应用情况看,"有效基数预测模型"在我国应用较为广泛,其他模型大多尚处于研究阶段而未能推广应用。这些预测模型多为国内外学者于近十年来提出并加以发展的,其中的马尔柯夫链模型发展较为成熟,目前已在美国等发达国家推广应用。有效基数预测模型主要通过对蝗虫的直接野外观测进行蝗虫发生预测。

---

① SAS 是由美国北卡罗来纳州立大学 1966 年开发的统计分析软件,已被广泛开发应用。参考《SAS 统计分析从入门到精通》(作者:阮敬),2009.人民邮电出版社出版发行.
② 参见《SPSS for windows 统计分析》(卢纹岱主编),电子工业出版社,2006.
③ 参见《STATA 实用教程》(作者:王天夫),中国人民大学出版社,2008.

5.1.7.1　发生期预测

发生期预报主要根据生物体对温度的响应特性进行预报。主要有积温法和历期法预报。

(1)积温预报方法

温度对生物的影响主要有以下几个方面:致死温度(致死高温和致死低温)、滞育/停育温度(高温滞育/停育和低温滞育/停育)、发育温度(低温缓慢发育、高温缓慢发育、最适发育温度)。当环境温度处于发育温度区间蝗虫才发育,积温对发育进程的影响为:

$$N = K[1/(T - T_0)] \tag{5.13}$$

式中,N 为某发育期历经时间(d),K 为该发育期所需积温(℃·d)为常数,T 为该发育期温度(℃),T_0 为该发育期的发育起点温度(℃)。

(2)历期预报方法

在不同年份里,草原蝗虫在某个发育期都有大致相同的历期,因此,可以根据多年平均状况,结合目前所处的发育阶段进行预报。

通常在测定草地蝗虫生活史的基础上,采用期距预测法进行。可以通过饲养法与田间调查两种方法观察蝗虫生活史。其中,饲养法是从草原上采集一定数量蝗虫的卵、幼虫或蛹,在尽量接近其自然发育条件下进行人工饲养。观察统计其发育进度和历期,以及各发育阶段的平均发育进度和历期,作为期距,进行预测;田间调查是在某一虫态出现之前开始,每隔 1～5 d 在草原上调查取样一次,观察虫态发育进度和变化规律,直至蝗虫生活史终止为止。

5.1.7.2　发生量预测

在对蝗虫的分布、密度多次调查基础上,采用有效基数预测法进行。野外调查包括查卵、蛹、成虫。查卵时间在当年秋季和第二年春季进行。秋季查卵是为了摸清蝗卵的分布地点,面积和密度;春季查卵是进一步证实上年秋季蝗虫所产的卵,经过冬春两季低温、干旱气候和天敌寄生的影响,有多少可能孵化,从健康卵的密度大致推算出以后蛹的密度和面积情况。查卵的方法是,在一个单位面积上(如 1 m²),将地表 5～10 cm 深的土壤,用铁锨挖开取土。从土中寻找蝗卵,也可用筛子筛的办法检出,对蝗卵种类、好坏分别进行登记计数。查蛹一般在夏季进行,以了解蝗虫发生的种类、蝗蛹的孵化时期、发生面积、密度、龄期的变化、羽化等情况。观测蝗蛹密度一般采用方框取样法进行;龄期检查,可在典型环境中定期网捕分别登记记录,网捕检查每隔 5 d 进行一次。查成虫可以摸清当年蝗虫发生种类、雌雄比、地点、面积、密度,这是预测预报的基础。查成虫的方法与查蛹的方法相同。

在野外调查数据基础上,即可采用有效基数预测法进行蝗虫发生量预测。其公式如下:

$$P = P_0[e \cdot f/(m+f) \cdot r \cdot (1-M)] \tag{5.14}$$

式中,P 为下一代繁殖数,即次年蝗虫发生数量;P_0 为当年秋季调查的成虫基数(部分晚发蝗种不能羽化为成虫,不计入基数);e 为每头雌虫产卵数;$f/(m+f)$ 为雌虫在种群中的比率,其中 m 为雄虫数,f 为雌虫数;r 为雌虫产卵率(一般为 90%);M 为从当年秋季的健康蝗卵到次年成虫阶段的总死亡率(一般为 58%);$1-M$ 为总存活率(一般为 42%;决定于卵的孵化率、若虫成活羽化率、成虫产卵前的存活率,羽化后半月内死亡者可视为性未成熟,不应计数)。各地根据实测情况可对上述公式作必要修正。

该模型形式较为简单,直接利用生物学方法计算虫口数量,应用较为简便,是蝗虫预测的较为传统并较成熟的模型,在我国广大牧区广泛采用,不仅用于蝗虫预测,而且草原毛虫、害鼠等的数量预测也采用该模型。

　　然而从实际应用情况看,该模型在预测结果的可靠性等方面仍有不少缺陷。以青海省草原总站对 1998 年草地蝗虫发生预测为例,误差达到 33%。其次,利用基数法进行蝗虫发生预测,需要进行大量的野外观测以获取模型所需的参数——孵化率、死亡率、羽化率等。野外监测费时费力且监测结果的可靠性直接影响到预报精度。而事实上,野外监测具有很大的随机性,其结果可比性差。如虫卵调查,采用挖卵方法进行,本身就有很大难度:成虫密度调查又受到天气影响,如下雨或阴天,许多蝗虫都不活动,捕捉到的蝗虫数量不能代表实际情况,甚至在同一天的不同时段(如早上与中午)捕捉数量也可能相差较大。此外,受野外监测的时间限制,虫情预测不能及时进行。

　　最后,在实际应用中,对于空间位置的概念较淡薄。蝗虫的发生区一般是根据野外调查结果勾绘到地图上,并据此计算危害面积、各区域的危害程度。这些区域一般面积较大,区域内部的数量分布及差异往往被"平均"掉,仅采用平均密度及最高、最低密度代替发生区内的情况。因此,危害面积、等级的可靠性均不高。由于野外工作时缺乏 GPS 等精确定位手段,所勾绘的发生区也较为粗略,不易成图。

5.1.8　野外调查法

　　野外调查法是运用非常广泛的方法,也是最为直接的方法。该方法需要经常在野外并且间隔一定时间获取样方,包括调查成虫、幼虫、种类、发生面积等。如每年从 4 月中旬开始至 10 月底,每隔 10 d 用 50 cm×50 cm 方框取样器按"Z"形随机取 40~50 个样方,样距 10~15 m,按种类分成虫和蝗蝻密度登记,换算为 1 m² 的头数,并记录样区草地类型或优势植物类型,要求记录准确细致。该方法缺点是耗费人力物力,选点的随机性较强,没有精确定位,不利于为 GIS 图像提供信息。由于各地不能同时进行调查,所以不能对今后的遥感监测模型提供大量的有效信息,不利于实时监测。

5.1.9　灾变理论

　　灾变论是 20 世纪中后期才初步发展起来,用于描述那些通常情况下连续但又展示不连续性事件的非线性数学理论。它的提出,为理解现实世界中所难以解释的扰动现象提供了新的曙光。这种非线性数学理论,对近代物理学、化学、工程学乃至生物学领域都产生了极为深刻的影响,昆虫种群动态学也是其重要应用方面之一。

　　灾变论用于描述在一个包含有 n 个状态变量和 m 个控制变量的特定系统中的不连续性,并可对系统事件进行建模。

　　模型建立有两个前提假设:

　　(1)进行建模的系统仅处于少数几个变量控制之下,这类控制变量的个数一般不超过 5 个。这是因为,如果一个系统同时受到 5 个以上变量控制,且系统内的动态过程又不是完全连续的,那么即使采用其他数学方法,也很难为此建立一个有意义的模型。因此,实际应用中的灾变模型通常只考虑 4 个或更少的控制变量,对那些于系统内的不连续过程影响不大的变量则不予考虑,此时发生灾变的可能数目不超过 7 个。

　　(2)系统在其动态变化过程中可能偏离平滑位势,即系统变化在梯度意义上不一定连续,它总体上能够服从偏微分方程或极限循环,而不必符合常微分方程。

为了说明一个系统中灾变发生的过程,我们以折叠灾变(Fold Catastrophe)形式为例:

折叠灾变中仅有一个控制变量 u,设其势函数为:

$$V(x) = x^3 + ux$$

式中,x 为状态变量,u,v 为控制变量。随着控制变量的变化,状态变量横截平衡面。一旦越过歧点边缘,它就会突然跳到该平衡面的另一叶上。由于位势函数是 4 阶,因此,位相空间为 3 维,由势面方程求导获得歧点面方程:

$$4x^3 + 2ux + v = 0$$

该歧点面如图 5.1 所示。随着 u,v 的变化,状态变量在歧点面上沿一轨迹运动,如图中的 A1B1 及 A2B2。这里 A1B1 在经过 $P1$ 点时发生突然上跳,从下叶面跳到上叶面;而 A2B2 过程中在经过 $P2$ 时发生突然下跳。在整个变化过程中,u,v 是连续变化的,在同一叶面内,状态变量 x 也是连续变化的。但在不同叶面间,状态变量 x 的变化存在不连续性。

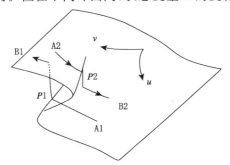

图 5.1　折叠灾变的歧点面分析

从上述说明可以初步理解歧点灾变所具备的 5 个基本性质:

(1)突然跳,即状态变量的不连续性;

(2)滞后,即向上跳与向下跳并不一定发生在相同的地点,如图中的 $P1$、$P2$;

(3)不可达性,即在平衡面的某些区域,系统状态是极不稳定的,状态变量不会停留在这些区域,而是以某种方式跳到其他稳定区域。如图中 $P1$、$P2$ 连线所构成的折叠区域;

(4)分叉,即当两条就近的轨线在状态变量的位置上最终产生不同结果时,就出现这种分叉轨线(同样的控制变量,可产生不同的系统状态);

(5)双稳态,即一组特定数值的控制变量可以导致多种不同的稳定状态。

国外部分生物学研究者发现草地蝗虫的种群变化也大致具有上述歧点灾变的性质,因此开始尝试利用该模型来解释蝗虫种群变化的原因,进而进行蝗虫预测。他们的基本思路是:首先根据前人的有关成果,选择影响蝗虫发生的最主要的控制变量,目前主要选择的是关键生长期(孵化期)的气温、降水,然后根据灾变模型建立平衡面方程,并利用多年的历史资料(状态变量——蝗虫发生状况,控制变量——气象资料)进行统计,获得平衡面方程的系数并绘制平衡面;在此基础上,根据前一年的变量数据,在平衡面上利用矩量[①]等方法进行歧点估计,根据歧点估计参数判定发生灾变(如由发生向不发生这类的状态变化)的可能性。

利用灾变模型进行蝗虫测报的研究,目前还是很初步的,但已取得一些很有价值的研究成

① 矩量法由哈林顿(Harrington)1968 年提出,是求解电磁场边界值问题的一种数值方法。矩量法将积分方程转化为差分方程,或将积分方程中积分化为有限求和,从而建立代数方程组。矩量法主要用于计算电磁学领域。

果,有助于解释蝗虫种群变化规律。如 Lockwood 等(1993)在美国 Wyoming 州利用 1960—1984 年的 81 个站的气象资料及虫情资料,采用歧点灾变模型,在预测蝗虫种群的暴发与崩溃上取得较大成功,并获得与前人的模型和观测相符的结果,即早春天气状况对调节蝗虫种群数量最为重要。他们利用 4—5 月气温、降水数据作为模型中的控制变量时,所预测的灾变事件(暴发或崩溃)的准确率可达 84% 以上。

尽管灾变论模型有助于对系统中的突然扰动进行模型化,然而从其实现过程看,如用于我国草地蝗虫测报,该模型还存在一些不足之处:

(1)模型结果的精度还有待提高;

(2)在近几年的研究中,蝗虫密度被较粗地划分为三、四个等级,如 Lockwood 等采用三个密度等级:无危害(<3.6 头$/m^2$)、有危害($3.6\sim9.6$ 头$/m^2$)、暴发(>9.6 头$/m^2$),这种划分也必然影响预测结果的精度;

(3)模型需要采用较多年份的历史资料以便建立平衡面方程,这对我国广大牧区来说是不实际的,因为大部分地区缺乏长期、连续、系统和定位精确的蝗虫观测资料;

(4)像马尔柯夫模型一样,该模型不是蝗虫发生机理的驱动模型,仍然可以看作一种统计学模型。尽管其中考虑到利用气温、降水等作为控制变量,但控制变量的选择有一定人为性,对变量个数也有限制。

5.1.10　神经网络法

人工神经网络是近年来迅速发展起来的一门集神经科学、信息科学、计算机科学于一体的交叉、边缘学科,是生物神经网络(Biology Neural Network)在结构、功能及某些基本特性方面的理论抽象、简化和模拟而构成的一种信息处理系统。神经网络具有分布式信息存储方式、并行式信息处理方式、强大的容错性,自组织、自学习、自适应能力和非线性处理能力。正是因为具有上述特点以其对众多学科的包容性使得人工神经网络在众多领域的应用中获得了引人注目的成果,已被用于模式识别、鉴别分析、系统控制等领域。

人工神经网络是抽象、简化与模拟大脑生物结构的计算模型,是一种大规模并行处理和自学习、自组织非线性动力学系统。人工神经络(Artificial Neural Network,简称 ANN),简称神经网络。它通过采用物理可实现的器件或采用现有的计算机来模拟生物体中神经网络的某些特征与功能,并反过来应用于工程与其他领域。就其本身性质来看,神经网络属于基于案例学习的模型,它模拟人类神经网络结构来构造人工神经元。

人工神经网络的特点:

(1)分布存储和容错性:信息按内容分布在整个网络上,网络某处不只是存储一个外部信息,而每个神经元存储多种信息的部分内容。网络的每部分对信息的存储有等势作用。这种分布式存储方式是存储区与运算区合为一体的。获得知识的过程则采用"联想"的办法。这种存储方式的优点在于如果信息不完整或者丢失或者损坏甚至有错误的信息,它仍能恢复出原来正确的完整的信息,系统仍能运行。也就是说网络具有容错性和联想记忆功能,呈现出较强的鲁棒性(robustness)。

(2)大规模并行处理:人工神经元网络在结构上是并行的,而且网络的各个单元可以同时进行类似的处理过程。即网络中的信息处理是在大量单元中平行而有层次地进行,运算速度快,大大超过传统的序列式运算的数字机。

(3)自学习、自组织和自适应性:学习和适应要求在时间过程中系统内部结构和联系方式有改变,神经元网络是一种变结构系统,恰好能完成对环境的适应和对外界事物的学习能力。神经元之间的连接有多种多样,各单元之间连接强度具有一定的可塑性,这样,网络可以通过学习和训练进行自组织以适应不同信息处理的要求。

神经元网络是大量神经元的集体行为,并不是各单元行为的简单相加,而表现出一般复杂非线性动态系统的特征。如不可预测性、不可逆性、有各种类型的吸引子和出现混沌现象等。

神经元可以处理一些环境信息复杂、知识背景不清楚和推理规则不明确的问题。如语音识别、手写体识别,医学诊断以及市场估计等,都具有复杂非线性和不确定性对象的控制。

通过对以上特征的分析,可知人工神经网络具有以下优点(钟义信等,1992):

(1)实现了并行处理机制(网络内各个神经元或层内各个神经元之间都可以并行工作或调整),从而可以提供高速处理的能力。

(2)信息是分布式存储的(存储在各个人工神经网元的权值上),从而提供了联想与全息记忆的能力;

(3)由于它的连接强度可以改变,使得网络的拓扑结构具有非常大的可塑性,从而具有很高的自适应能力;

(4)通常人工神经网络是包含巨量的处理单元和超巨量的联接关系,形成高度的冗余,因而具有高度的容错能力和坚韧性(Robustness);

(5)人工神经元的特性(输入输出关系)都是非线性的,因此,ANN 是一类大规模的非线性系统,这就提供了系统的自组织和协同的潜力;

(6)人工神经网络可以用数字方式实现也可用模拟的方式实现,而且,它通常是数模共存的,这更接近于人脑神经网络的工作方式。

迄今,神经网络的研究已经获得多方面的新进展和新成果。提出了大量的网络模型,发展了许多学习算法,对神经网络的系统理论(如非线性动力学理论、自组织理论、混沌理论等)和实现方法(如 VLSI 方法、光学方法、分电子学方法等)进行了成功的探讨和实验。ANN 还在模式分类、机器视觉、机器听觉、智能计算、机器人控制、信号处理、组合优化问题求解、联想记忆、编程理论、医学诊断、金融决策等许多领域获得了卓有成效的应用。近年来,在图像、语言、文字识别、天气预报、经济预测、管理决策、自动控制等领域也有大量关于神经网络的应用报道。

人工神经网络与经典统计方法相比,可以弥补传统统计方法的不足,具有很多优越性:人工神经网络不需要精确的数学模型,没有任何对变量的假设(如正态性、独立性等)要求,适用范围广;学习速度快,计算的复杂性和计算量也均低于一般统计方法;能通过模拟人的智能行为处理一些复杂的、非线性的问题,且具有一定的容错性。这无疑为那些关系复杂的大型数据,无先验知识的资料,资料不全、用传统统计方法无法解决或解决效果不好的问题,提供了一个全新而有效的解决途径。因此,在农业气象病虫害监测中有进一步推广应用的价值。

1986 年 RumeI Hart,Hinton 和 Williaus 完整而简明地提出一种人工神经网络的误差逆传播训练算法,即 Back-propagation 算法(简称 BP 算法),系统地解决了多层网络中隐含单元连接权的学习问题,BP 算法具有理论依据坚实、推导过程严谨、及通用性好等优点,使它至今是前馈网络学习的主要算法,建立在 BP 算法基础上的前馈神经网络,称为 BP 人工神经网络。BP 神经网络是人工神经网络中理论较成熟、应用广泛的一种网络,它也是前馈网络的核心部分,并体现了人工神经网络最精华的部分,也是本研究中要讨论的神经网络模型。

预测模型在昆虫学中的应用,是与昆虫生态学的研究密切相关的。1838 年 Verhulst 提出逻辑斯蒂曲线(Logistic Curve)、1925 年 Lotka 和 Volterra 分别提出种间竞争模型,到 20 世纪 60 年代生态学的定量研究获得了长足的发展。随着昆虫生态学的深入研究,人类对昆虫种群数量发生发展规律认识日益清晰,60 年代初,我国应用电子计算机与组建的种群动力学模型、多元统计模型等相结合,进行了东亚飞蝗中长期数量预测。

5.1.11　灰色理论及其在预测预报中的应用

1982 年,中国学者邓聚龙教授创立的灰色系统理论,是一种研究少数据、贫信息不确定性问题的新方法。灰色系统理论以"部分信息已知,部分信息未知"的"小样本"、"贫信息"不确定性系统为研究对象,主要通过对"部分"已知信息的生成、开发,提取有价值的信息,实现对系统运行行为、演化规律的正确描述和有效监控。社会、经济、农业、工业、生态、生物等许多系统,是按照研究对象所属的领域和范围命名的,而灰色系统却是按颜色命名的。在控制论中,人们常用颜色的深浅形容信息的明确程度,如艾什比(Ashby)将内部信息未知的对象称为黑箱(BlackBox),这种称谓已为人们普遍接受。我们用"黑"表示信息未知,用"白"表示信息完全明确,用"灰"表示部分信息明确、部分信息不明确。相应的,信息完全明确的系统称为白色系统,信息未知的系统称为黑色系统,部分信息明确、部分信息不明确的系统称为灰色系统(邓聚龙,1990,1993)。

灰色系统理论经过 20 年的发展,已基本建立起一门新兴学科的结构体系。其主要内容包括以灰色朦胧集为基础的理论体系,以灰色关联空间为依托的分析体系,以灰色序列生成为基础的方法体系,以灰色模型(GM)为核心的模型体系,以系统分析、评估、建模、预测、决策、控制、优化为主体的技术体系。灰色朦胧集、灰色代数系统、灰色方程、灰色矩阵等是灰色系统理论的基础,从学科体系自身的优美、完善出发,这里有许多问题值得进一步研究。灰色系统分析除灰色关联分析外,还包括灰色聚类和灰色统计评估等内容。灰色序列生成通过序列算子的作用来实现,序列算子主要包括缓冲算子(弱化算子、强化算子)、均值生成算子、级比生成算子、累加生成算子和累减生成算子等。灰色模型按照五步建模思想构建,通过灰色生成或序列算子的作用弱化随机性,挖掘潜在规律,经过灰色差分方程与灰色微分方程之间的互换实现了利用离散的数据序列建立连续的动态微分方程的新飞跃。灰色预测是基于 GM 模型作出的定量预测,按照其功能和特征可分为数列预测、区间预测、灾变预测、季节灾变预测、波形预测和系统预测等几种类型。

灰色决策包括灰靶决策、灰色关联决策、灰色统计、聚类决策、灰色局势决策和灰色层次决策等。灰色控制的主要内容包括本征性灰色系统的控制问题和以灰色系统方法为基础构成的控制,如灰色关联控制和 GM(1,1)预测控制等。灰色优化技术包括灰色线性规划、灰色非线性规划、灰色整数规划和灰色动态规划等(邓聚龙,1990)。

传统的灰色模型 GM(1,1)主要适用于预测时间短,数据资料少,波动不大的系统对象,其预测趋势都是一条较为平滑的曲线,对于随机波动性较大的数据序列拟合较差,预测精度较低。周青等(2005)用灰色理论预测了安阳市的棉铃虫的发生趋势。丁世飞等(1998)用灰色系统模型对棉铃虫第二代进行了灾变性预测的研究,对一个县进行了 5 年的预测,结果相符。但在蝗虫预测中却未见报道。而在马尔柯夫链理论中,转移概率 P_{ij} 可以反映随机因素的影响程度,因此适用于预测随机波动大的动态过程。这恰恰可以预测对象要求具有马氏链和平稳过程等均值的特点,而客观世界中的预测问题大量是随时间变化或呈某种变化趋势的非平稳过程。如若采用灰色 GM(1,1)模型对预测预测的时序数据进行拟合,找出其变化趋势,则可以弥补马氏柯夫预测模型的局限。因此,将 GM(1,1)模型与马尔柯夫预测模型有机地结合,既可优势互补,又克服了两者的不足。

5.2　预报内容

5.2.1　发生面积预报

发生面积是指达到 5%的发生量,即达到防治指标的条件。通常据此评定发生的等级,从而采取相应的防治对策。较多采用的是统计预报、野外调查、遥感监测等。

遥感监测预报常用的有以下参数:

植被指数(Vegetalionindex,简称 Vl)是遥感领域中用来表征地表植被覆盖和生长状况的一个简单、有效的度量参数(郭铌,2003)。植被指数的建立是基于植被在红色和近红外波段反差较大的光谱特征,其本质是在综合考虑各有关光谱信号的基础上,把多波段反射率做一定的数学变换,使得在增强植被信息的同时,使非植被信号最小化。

植被叶面积指数(Leaf Area Index,简称 LAI)是植被的一项重要生态学参数,一般等于水平地表单位面积上植被总的叶面积的一半。LAI 常用于分析在不同生长期和不同环境条件下植被冠层发育和冠层结构的差异以及植被冠层的动力扰动机理。由于 LAI 与植被生态系统的生产力之间存在很高的相关性。因此,通过遥感手段准确获取 LAI 数据对全球变化研究有着重要意义。

与传统的观测方法相比,遥感技术不仅可以及时获取植被信息的时空变化情况,而且可以大大节省人力、物力和时间,从而为大面积、实时、动态监测蝗虫栖息地的植被生长状况提供了可能。通过对飞蝗生境的植被特征参数的遥感反演,建立适宜的蝗虫发生数据与植被特征参数数据之间的模拟模型,进而阐明各种植被特征参数与飞蝗发生的关系机理,有助于对东亚飞蝗的发生、成灾进行监测和预测。

进行了 LAI 与飞蝗发生面积的相关分析,发现两者呈负相关,并在此基础上建立了飞蝗发生面积的预测模型,即:$ALO=-a\times\ln(LAI)+b$,其中,a、b 为调节系数;建立了以 NDVI 为参数的蝗虫发生概率的判别模型(参见 5.4.3.6(3)),随着 NDVI 的减小,该地蝗虫发生的可能性增大。

据不完全统计,2000 年全国蝗虫重灾区的面积逾 $553.3\times10^4\,hm^2$,其中新疆约 $233.3\times10^4\,hm^2$、内蒙古 $226.6\times10^4\,hm^2$、华北农区 $93.3\times10^4\,hm^2$,总的发生危害面积近 $0.13\times10^4\,hm^2$。主要蝗灾区可分为华北农区、蒙甘新草原牧区、青藏高原牧区、四川竹蝗发生区等。2001 年,仅东亚飞蝗夏蝗发生面积就超过 $100\times10^4\,hm^2$,其中达防治指标面积 $80\times10^4\,hm^2$,发生面积和防治面积分别比去年同期增长 42%和 80%;此外,发生程度和密度也比去年高,一般密度为 50~500 头/m²,最高密度达 3000 头/m² 以上;草原蝗虫在新疆、内蒙古、甘肃、青海等地的发生危害也比去年重,仅新疆就超过 4000 万亩;农区的上蝗发生面积达 1 亿亩,需要防治的面积达 5000 万亩。

在新疆,主要是意大利蝗与亚洲飞蝗成灾危害。这两种蝗虫混合发生成灾的重灾面积达 $106.6×10^4 hm^2$,一般密度为每平方米上千头。是新疆地区近十年来的第四次大规模蝗灾,特别是去年和今年连续暴发成灾。在内蒙古草原,是以亚洲小车蝗为主的多种蝗虫混合发生灾区。成灾面积为 $26.1×10^4 hm^2$。其中最为严重的是锡林郭勒盟,所到之处一片枯黄、类似无烟的火灾在扩散、蔓延。

徐张芹(2006)根据蝗虫的产卵初、盛、末期分期进行分析,夏蝗产卵期比较集中,只需要两次检查;秋蝗因生殖期较长,应查三次,划定残蝗面积,确定有卵面积后,再根据历次查残的结果。并参考当地蝗虫的生殖力(平均每头雌蝗虫一生所产卵块数)来算出不同环境的有卵密度。公式为:

$$每次卵块的总数 = 往次的残蝗面积 × 残蝗密度 × 雌虫百分比 × 产卵雌虫百分比$$
$$× 每头雌虫已产出的卵块数 \tag{5.15}$$

求出平均卵块密度后,再预测下一代的发生量(发生密度):

$$下一代发生密度 = 残蝗产下的平均卵块密度 × 每块卵平均卵块数 × 估计的蝗卵成活率$$
$$(可根据实际调查或历年的观察结果来估计) \tag{5.16}$$

5.2.2　虫口密度/发生量预报

虫口密度/发生量预测目前所采用的方法包括有效基数预测法、生物气候图预测法、经验指数预测法及相关预测法等。其中使用最普遍的是有效基数预测法(冯今,2004),其他方法因不成熟或技术上尚难实现而很少应用,处于研究阶段。

5.2.3　成虫产卵量预报

预测预报的目的是在灾害发生前,掌握其将要发生的情况,提前做好防治准备。要做好蝗虫的预测预报,首先应建立虫情测报小组。从蝗卵开始孵化起一直到整个防治期间,测报小组在自己的责任区域内随时调查虫害的发生情况,做到早发现、早报告、早防治。生产上通常采用长期、中期和短期三种测报形式。

长期预测预报秋季(9—10月)查蝗卵存留量,预测翌年夏季蝗虫发生种类、面积和密度,为决策部门提供科学的决策依据。根据单位面积的存卵密度和不同地块的自然条件,制定出相应的防治预案,平均有卵 0.5 块/m^2 为防治指标。

中期预测预报春季(4—5月)查蝗卵存活量,在秋季蝗卵存留量达到防治指标的重点地块,测查蝗卵存活数量,如果冬季雨雪少,气温偏低,天敌存活量大,蝗卵存活数量就很可能比上年秋季的数量少。如果蝗卵存活数量低于防治指标(少于 15 粒/m^2),就可建议决策部门暂时不防治;如果蝗卵存活数量下降较多,可以建议决策部门调整防治预案,将高密度的化学防治调整为生物防治或农作措施防治。

短期预测预报5月下旬至7月中旬期间,在长期预测预报和中期预测预报蝗卵存活数量达到防治指标(15头以上/m^2)的地块,定期、全面地开展蝗卵孵化期、幼蝻龄期的密度调查,并根据单位面积的虫口密度和幼蝻发育时期,制定出具体的防治方案,将蝗虫消灭在 3 龄以前。

5.2.4　发生趋势预报

通常是指蝗虫的发生等级,即发生程度的大小。通常都是根据经验结合往年的数据预测

年内的趋势，

根据上述的综合分析，选取温度、降水、土壤相对湿度等做指标，可以对未来蝗虫的发生情况进行预警。蝗灾预警指数表达式为：

$$Hci = \Delta T_l + \Delta T_2 - E_1 + E_2 - h_1 + h_2 - \Delta Ts \qquad (5.17)$$

式中，Hci 代表蝗灾预警指数，ΔT_1 是 1 月气温距平，ΔT_2 是胚胎发育成熟期(4 月下旬至 5 月上旬)的气温距平，ΔTs 是终霜期气温距平，E_1 是秋季降水距平百分率，E_2 是冬季降雪距平百分率，h_1 是封冻前(10 月下旬至 11 月上旬)的土壤相对湿度，h_2 是胚胎发育期(4 月中旬至 5 月上旬)的土壤相对湿度。Hci 越大，则蝗虫大暴发的可能性也越大。根据各地历年的相关气象资料及蝗虫发生情况，可以确定当地蝗虫发生的临界指标，并决定蝗灾的等级(陈素华、李警民，2009)。

5.2.5　迁移趋向预报

按生活习性蝗虫分为两类：一类是具有成群远距离迁飞习性的大型蝗虫叫飞蝗；第二类是只能近距离迁移的中小型蝗虫叫土蝗。目前对于飞蝗的迁移有些研究，对土蝗的迁移未见报道。王磊等(2006)研究了吉木乃县入境飞蝗与气象因子的关系，发现飞蝗迁飞多发生在午后到 20 时，以顺风飞入为主，风向 WNW，NW，风速≥3.3 m/s，其他风向时风速较小也可迁飞入境，而对于蝗虫迁飞距离却没有报道，以此，可用根据蝗虫起飞地点、蝗虫发育期、一日内时间、阴晴状况、风向、风速、食物状况等进行迁移趋向预报。

5.2.6　最佳防治期预报

由于草地蝗虫孵化日期不一致，发育阶段差异较大，种群中虫龄结构也就很复杂，卵的孵化日期长短也不一致，这给防治带来的很大的困难。一般情况下要开始于优势种蝗蝻大部分出土，结束于 3 龄之前；实际工作中一般控制在成虫之前结束防治，对于不同的种类，防治适期是不一样的。高明文等(2007)研究了最佳防治期的相关因子，发现在土壤温度达到 22℃ 以上，含水量达到 5.4％RH 以上时是草地蝗虫孵化盛期；根据各类型草地蝗虫虫龄发育情况和虫口密度变化规律，确定阿鲁科尔沁旗蝗虫最佳防治时间为 7 月 9 日至 8 月 12 日。防治期很长是因为多种蝗虫发育差异造成的。因此，确定一个地区的蝗虫最佳防治期首先要确定其种类，然后确定其孵化日期，结合相关的土壤温度和含水量最终确定最佳防治期。

5.2.7　发生期预报

发生期预报的主要目的，是为了确定蝗虫的防治适期。我国广大草原地区的蝗虫由于受气候制约，一年只发生一代，从幼虫期开始危害牧草，因此，其防治适期一般在 3 龄蝗蝻以前。发生期预测，可在测定生活史基础上采用期距预测法进行。对蝗虫的生活史观察一般采用饲养法与田间调查法结合进行，观察和统计虫态发育进度与历期，以各发育阶段的平均发育进度和历期作为期距去进行预测。

甘肃夏河县甘加发生时期(柳小妮等，2007)的野外系统调查表明，草地蝗虫一年发生 1 代，以卵在土中越冬，根据发生时期的不同，蝗虫的发生可分为三种类型。

(1)早期发生种类：这类蝗虫通常在 4 月下旬至 5 月上旬开始孵化出土，主要有宽须蚁蝗、东方雏蝗等。宽须蚁蝗通常在 4 月下旬开始孵化出土，5 月上旬末至下旬为孵化出土盛期。

成虫 6 月中旬开始羽化,羽化盛期在 6 月下旬至 7 月上旬。7 月上旬成虫开始交配产卵,7 月中旬至下旬为产卵盛期。

（2）中期发生种类:此类蝗虫通常在 5 月中旬至下旬孵化出土,主要包括红翅皱膝蝗、鼓翅皱膝蝗、各种痂蝗、华北雏蝗、红腹牧草蝗等。红翅皱膝蝗通常在 5 月中旬开始孵化出土,6 月上旬至中旬为孵化出土盛期。7 月上旬始见成虫,7 月下旬至 8 月上旬开始产卵,8 月中、下旬进入产卵盛期。

（3）晚期发生种类:此类蝗虫通常在 6 月上旬至 7 月上旬孵化出土,主要包括狭翅雏蝗、小翅雏蝗、白纹雏蝗、夏氏雏蝗、亚洲小车蝗等。狭翅雏蝗通常年份在 6 月上旬开始孵化出土,6 月中旬至下旬为孵化出土盛期。7 月下旬始见成虫,8 月中旬进入羽化盛期。成虫羽化后即可交尾产卵,8 月下旬达到产卵盛期。

5.2.8　发育期预报

草原蝗虫的发育期主要包括产卵期、越冬期、孵化期、幼虫—成虫期。做好发育期的预报有助于积极防治。郭安红等（2009）对其发育期的相关气象因子做了分析,构建了草原蝗虫发生发展的气象适宜度指数,通过气象等级预测预报蝗虫的发生等级。

刘长仲和冯光翰（2000）对草原蝗虫进行了野外单体饲养实验,取得了不同种的发育历期,野外单体饲养结果表明,同一虫龄在不同蝗虫种类之间发育历期差异较大,同种蝗虫的不同虫龄发育历期（见表 5.2）也有差异。在 6 种主要蝗虫中,以早期发生的种类宽须蚁蝗的蝗蝻期最长,共 72.5 d;晚期发生的小翅雏蝗发育历期最短,仅 55.3 d。成虫寿命也以晚期发生的狭翅雏蝗和小翅雏蝗最短,分别为 42.4 d 和 43.9 d。从孵化到成虫死亡所经历的时间以晚期发生的种类最短。

表 5.2　几种蝗虫的发育历期（d）（刘长仲等,2000）

| 种类 | 若虫 | | | | | | 成虫 | 一生 |
	1 龄	2 龄	3 龄	4 龄	5 龄	全年期		
宽须蚁蝗	15.3±0.9	16.5±3.3	16.5±2.7	15.7±3.1	17.0±1.4	72.5±11.8	49.6±11.6	122.1
邱氏异爪蝗	11.5±1.2	9.5±2.4	15.8±5.2	14.2±5.2	18.4±2.7	59.4±13.3	60.4±11.8	129.8
红翅皱膝蝗	18.6±4.4	15.6±2.1	16.1±3.8	20.0±3.2		70.2±13.1	47.2±9.2	117.4
鼓翅皱膝蝗	20.4±4.5	15.9±2.2	18.1±5.5	17.9±2.3		72.3±12.4	54.8±13.8	127.0
狭翅雏蝗	18.1±5.4	15.9±5.4	14.6±4.9	17.2±5.8	13.2±6.4	70.5±15.8	42.4±13.5	112.8
小翅雏蝗	15.3±8.9	12.9±3.7	12.8±3.7	14.3±1.9		55.3±9.9	43.9±12.2	99.2

注:宽须蚁蝗仅雌性有 5 龄期,狭翅雏蝗仅有约 23% 的蝗蝻有 5 龄期,计算蝗蝻历期时分别按比例折算。

这为防治提供了有效的时间。温度偏高将导致发生期提前,这在防治过程中应当注意。

对于越冬期的预报,主要考虑是气温对蝗卵越冬的影响。蝗虫将卵产在地表以下 2.5～3.5 cm 的土壤中。受土壤层的保护,这些卵可以在 −30℃ 以上的低温下安全越冬。但是如果冬季过于严寒,越冬卵的冻死率增大,草原蝗虫大暴发的几率就会降低,即暖冬有利于蝗灾的发生。气温是对蝗卵孵化影响最大的气象要求。春季低温对蝗虫的发生有制约作用,尤其是进入孵化阶段的胚胎卵对低温更敏感。例如,1976 年是暖冬,4 月下旬受强冷空气影响,大部地区平均气温比常年偏低 3～4℃,锡林郭勒草原最低气温均低于－15℃,此时正值胚胎发育阶段的蝗虫卵被大量冻死,以致该年蝗灾明显减轻。内蒙古草原蝗虫的生存温度是 0～40℃,－5℃和 45℃是蝗虫的致死温度极限。内蒙古大部分地区气温日较差年平均达 14～16℃。早期出土的蝗蝻,所经历的气温日变化区间是 0～3℃到 17～19℃,常会受到终霜冻的威胁。在内蒙古草原区 5 月下旬终霜才结束,某些可延至 6 月上旬。而此时,那些早中期出土的蝗蝻都还处于 3 龄期以前,在强冷空气袭来时,往往缺乏抗御能力而死亡。像 1962 年、1971 年、1981 年、1982 年、1987 年、1989 年、1992 年、1995 年和 1998 年偏晚的终霜,都对草原蝗虫产生了较大的制约作用。所以终霜偏晚的年份,蝗虫大暴发的几率小。6 月以后,随着夏季的到来,蝗蝻逐渐羽化为成虫,它们已学会了在植株叶片下、背风处躲避风雨和骄阳。通常 4 龄以上蝗虫对不利气候条件已具有了一定的抗御能力。此时,越冬历春成长起来的蝗虫也到了显现其危害的阶段了(陈素华,2009)。

　　总之,蝗虫生物学特性预测,首先弄清楚优势种蝗虫生活史和生物学特性。预测预报相关的工作包括在弄清楚蝗虫生活史的基础上,组建蝗虫生命表,测定生殖力,测定蝗卵、蝗蝻起点发育温度及有效积温;调查卵越冬死亡率;在显微镜下观察蝗卵胚胎发育的情况;根据春查卵孵化期和孵化率确定治期;进行蝗虫发生面积的调查和密度调查,确定防治标准;防治完成后,调查防效、残蝗密度、漏治漏防区残余成虫数量、面积等,为来年制定防治策略提供依据;核实实际防治面积。

　　在清楚掌握蝗虫发生发展与气象条件关系的基础上,通过气象模拟预测发生面积、密度、龄期可为准确及时防治提供科学依据。

5.3　草原蝗虫灾害等级和气象适宜度等级划分与预报

　　各地的草原面积、危害品种不同,故各地的草原蝗虫灾害等级标准也有所差异。

　　根据《青海省草地灭鼠治虫实施暂行办法》、《青海省草地鼠虫害防治应急预案》中有关蝗虫防治面积标准(表 5.3 和表 5.4)以及蝗虫灾害发生与气象条件的关系,确定蝗虫灾害发生的气象预报服务等级(表 5.5)。

表 5.3　草地蝗虫危害密度等级

级别	名称	平均密度(头/m²)
1 级	基本不发生危害级	≤24
2 级	轻度危害级	25～60
3 级	中度危害级	61～96
4 级	重度危害级	97～132
5 级	极重度危害级	≥133

　　注:参考《青海省草地灭鼠治虫实施暂行办法》中规定,蝗虫防治后残虫允许量和验收标准是≤4 头/m²,防治标准是≥25 头/m²。

表 5.4　草地蝗虫危害面积等级

级别	名称	发生面积百分率(%) (占省、地、县)	发生面积 (全省、万亩)
1 级	基本不发生危害级	≤5	≤20
2 级	轻度危害级	6～15	20～100
3 级	中度危害级	16 ～ 25	101～500
4 级	重度危害级	26 ～ 35	501～2000
5 级	极重度危害级	≥36	≥2000

表 5.5　草地蝗虫发生气象预报等级

级别	适宜性	对应草地蝗虫 危害密度等级	对应草地蝗虫 危害面积等级
1 级	气象条件不适宜蝗虫灾害发生	1	1
2 级	气象条件较适宜蝗虫危害发生	2	2
3 级	气象条件适宜蝗虫危害发生	3	3
4 级	气象条件很适宜蝗虫危害发生	4	4
5 级	气象条件极适宜蝗虫危害发生	5	5

5.4　草原蝗虫预报实例

草原蝗虫预报主要进行以下工作:收集大量资料,包括蝗虫种类、发育期、生活史、地面气象资料、高空环流资料、发生区、发生面积、严重受害面积、有限区域最大密度、发生背景等,并且分析蝗虫发生的内在和环境因素,建立数据库,研制预报指标和预报模型,进行预报,并发布服务产品。

5.4.1　内蒙古草原蝗虫预报

5.4.1.1　内蒙古草原蝗虫宜区划分

以内蒙古为例,阐述草原蝗虫宜区划分模型和方法。由于决定草原蝗虫栖境选择的因素有许多,包括:栖境的气候条件、生态特性、蝗虫本身的特性、食物的有效性、捕食和竞争等因素,但在内蒙古天然大草原上气候条件往往是蝗虫栖境选择的决定性因素。以气候条件作为栖境的主要指标,基于信息论中 Jaynes 最大信息熵原理,提出了一种新的蝗虫宜区划分的评价模型-灰色评价的熵模型,研究气候条件对、群落变化的影响。

设有 m 项评价指标的 n 个环境样本组成参考数列:

$$x_j = \{x_j(i) \mid i=1,2,\cdots,m; j=1,2,\cdots,n\}$$

以及草原环境指标质量评价标准组成的比较数列:

$$x_h = \{x_h(i) \mid h=1,2,\cdots,t; j=1,2,\cdots,m\} \tag{5.18}$$

$$\Delta_h(i) = \big| x_j(i) - x_h(i) \big|$$

则 x_j 与 x_h 第 i 个指标的差异用灰色关联系数 $\xi_i(x_j, x_h)$ 表示为：

$$\xi_i(x_j, x_h) = \frac{\overset{\min}{h} \overset{\min}{i} \Delta_h(i) + \rho \overset{\max}{h} \overset{\max}{i} \Delta_h(i)}{\Delta_h(i) + \rho \overset{\max}{h} \overset{\max}{i} \Delta_h(i)} \tag{5.19}$$

式中，$\overset{\min}{h} \overset{\min}{i} \Delta_h(i)$ 为两极最小差，其中 $\overset{\min}{i} \Delta_h(i)$ 为第一级最小差，它表示在 x_h 曲线上，各相应点与 x_j 各相应点距离的最小值；$\overset{\min}{h} \overset{\min}{i} \Delta_h(i)$ 表示在各曲线找出的最小差的基础上，再按 $h = 1, 2, \cdots, t$ 找出所有曲线中最小差的最小值。称 $\overset{\max}{h} \overset{\max}{i} \Delta_h(i)$ 为两极最大差，其意义与两极最小差类似。$\rho(0 < \rho < 1)$ 称为分辨系数，一般取 $\rho = 0.5$ 时具有较高的分辨率。

由于关联系数过多，信息分散，不便于比较，为此，将其集中在一起得到关联度。且通常用指标权重来反映各指标重要程度不同。

设个指标权重分别为 $w_1, w_2, \cdots, w_m$，且满足条件：

$$\sum_{i=1}^{m} w_i = 1 \quad 0 \leqslant w_i \leqslant 1 \tag{5.20}$$

则关联度计算公式为：

$$r_h(x_j, x_h) = \sum_{i=1}^{m} w_i \xi_i(x_j, x_h) \tag{5.21}$$

将样本 j 与第 h 级标准间的相似程度用以样本与各标准的差异度 u_{hj} 为权的加权广义距离来表示，即

$$d(x_j, x_h) = u_{hj} \Big[\sum_{i=1}^{m} w_i \xi_i(x_j, x_h) \Big] \tag{5.22}$$

$$d(x_j, x_h) = u_{hj} \Big[\sum_{i=1}^{m} w_i \frac{\overset{\min}{h} \overset{\min}{i} \Delta_h(i) + \rho \overset{\max}{h} \overset{\max}{i} \Delta_h(i)}{\Delta_h(i) + \rho \overset{\max}{h} \overset{\max}{i} \Delta_h(i)} \Big] \sum_{h=1}^{t} u_{hj} = 1 \tag{5.23}$$

由于监测值的统计波动性以及草原蝗虫生境质量分级本身具有模糊性，u_{hj} 得确定具有不确定性，为了描述这种不确定性，可将 u_{hj} 理解为第 j 个样本属于第 h 级的"概率"，这样不确定性可用信息熵表示：

$$H_j = - \sum_{h=1}^{t} u_{hj} \ln u_{hj} \tag{5.24}$$

$$\sum_{h=1}^{t} u_{hj} = 1 \quad u_{hj} \geqslant 0, j = 1, 2, \cdots, n \tag{5.25}$$

草原蝗虫生境质量评价的目的，就是要求按照草原蝗虫生境标准确定一个合理的生境质量分级（即"概率"分配），另一方面使全体样本与各地草原蝗虫生境质量之间的广义距离之和最小，即

$$\min d = \sum_{j=1}^{n} \sum_{h=1}^{t} u_{hj} \sum_{i=1}^{m} w_i \xi_i(x_j, x_h) \tag{5.26}$$

$$\text{s.t.} \quad \sum_{h=1}^{t} u_{hj} = 1, \quad u_{hj} \geqslant 0 \quad j = 1, 2, \cdots, n \tag{5.27}$$

另一个方面，应消除由于随机性和不确定的影响。根据 Jaynes 最大熵原理，在一定的约束条件下，使系统信息熵最大的分布就是使离差最小的"最佳"分布。即

$$\max_{u_{hj}} H = \sum_{j=1}^{n} \left(-\sum_{h=1}^{t} u_{hj} \ln u_{hj} \right) \tag{5.28}$$

$$\text{s.t.} \quad \sum_{h=1}^{t} u_{hj} = 1, \quad u_{hj} \geqslant 0 \quad j = 1,2,\cdots,n \tag{5.29}$$

因此,求最优分级既是一个双目标优化的问题,构造复合目标函数:

$$\min \left\{ \sum_{j=1}^{n} \sum_{h=1}^{t} u_{hj} \left[\sum_{i=1}^{m} w_i \xi_i (x_j, x_h) \right] + \frac{1}{B} \sum_{j=1}^{n} \sum_{h=1}^{t} u_{hj} \ln u_{hj} \right\} \tag{5.30}$$

$$\text{s.t.} \quad \sum_{h=1}^{t} u_{hj} = 1, \quad u_{hj} \geqslant 0 \quad j = 1,2,\cdots,n \tag{5.31}$$

其中,正参数 B 用来对两个目标进行平衡,可根据实际问题本身预先给定。

根据式(5.31)构造拉格朗日函数:

$$L(u_{hj}, \lambda) = \left\{ \sum_{j=1}^{n} \sum_{h=1}^{t} u_{hj} \left[\sum_{i=1}^{m} w_i \xi_i (x_j, x_h) \right] + \frac{1}{B} \sum_{j=1}^{n} \sum_{h=1}^{t} u_{hj} \ln u_{hj} \right\} - \lambda \left(\sum_{h=1}^{t} u_{hj} - 1 \right) \tag{5.32}$$

式中,λ 为拉格朗日乘数。分别对变量 λ,u_{hj} 求偏导,并令其为 0,有

$$\frac{\partial L}{\partial \lambda} = \sum_{h=1}^{t} u_{hj} - 1 = 0 \tag{5.33}$$

$$\frac{\partial L}{\partial u_{hj}} = \sum_{i=1}^{m} w_i \xi_i + \frac{1}{B} (\ln u_{hj} + 1) - \lambda = 0 \tag{5.34}$$

由式(5.34)得

$$u_{hj} = \exp \left[-B \sum_{t=1}^{tm} w_i \xi_i + B\lambda - 1 \right] \tag{5.35}$$

代入式(5.33)得

$$\exp \left[-(1-B) \right] = 1 \Big/ \left[\sum_{h=1}^{t} \exp \left(-B \sum_{i=1}^{m} w_i \xi_i \right) \right] \tag{5.36}$$

代回(5.35 式得)

$$u_{hj} = \exp \left[-B \sum_{i=1}^{m} w_i \xi_i \right] \Big/ \sum_{h=1}^{t} \exp \left[-B \sum_{i=1}^{m} w_j \xi_i \right] \tag{5.37}$$

式(5.37)即为基于熵极大原理的草原蝗虫生境的灰色评价模型,待评价样本应归入 u_{hj} 为最小所对应的级别。

基于熵极大原理的草原蝗虫生境的灰色评价结果如图 5.2 所示。

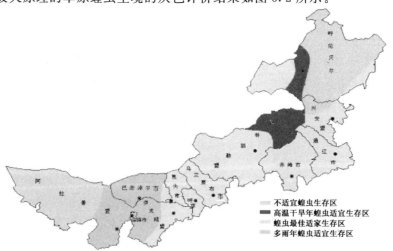

图 5.2   内蒙古草原蝗虫生存区分布图

5.4.1.2　内蒙古草原蝗虫预报步骤

(1)关键因子分析筛选

根据国内外发表的蝗虫存活繁殖和温度、湿度、降雨等气象条件以及寄主植物关系的研究结果和蝗虫发生生态的专业知识,分析内蒙古草原蝗虫的发生情况数据和相应的气象条件的对应关系,分析筛选影响蝗虫各发生阶段存活和繁殖的关键因子,作为构建内蒙古草原蝗虫预测的备选因子。

以内蒙古 117 个气象观测站,1951—2005 年资料,按上一年 12 月至当年 2 月为冬季,3—5 月为春季,6—8 月为夏季,9—11 月为秋季生成单站逐旬序列气象资料作为预报因子,以草原蝗虫发生面积和发生期作为预报目标,计算采用 Pearson 相关系数,计算方法如表达式(5.38):

$$r_{xy} = \frac{\sum_{i=1}^{n}(x_i - \bar{x})(y_i - \bar{y})}{\sqrt{\sum_{i=1}^{n}(x_i - \bar{x})^2 \sum_{i=1}^{n}(y_i - \bar{y})^2}} \qquad (5.38)$$

式中,$\bar{x}$,$\bar{y}$ 分别为预报因子 x 和预报目标 y 的平均值。x_i,y_i 分别是 x,y 的第 i 个观测值。$i = 1, 2, 3, \cdots, n$ 为样本数。

相关系数采用双尾 t 检验,t 值的计算公式为:

$$t = \frac{\sqrt{n-2} \cdot r}{\sqrt{1-r^2}} \qquad (5.39)$$

取相关系数 r 通过 0.05 显著性水平检验的因子进行分析与建模。

(2) 预报模型的建立及检验

运用筛选出的相关系数通过 0.05 显著性水平检验的因子,借助统计分析软件 SPSS(Statistical Package for the Social Science)10.0 for windows,采用逐步回归法,建立内蒙古草原蝗虫发生面积和发生期的预报模型。所选因子进入模型的条件为该因子的方差贡献通过 F 值 0.05 显著性水平检验,因而模型中各因子都为对预报量有显著影响的因子。然后对模型进行检验与国际标准预测模型检验法"后验差(P, C)"检验,挑选出检验合格的预报模型作为最终的预报模型。

建模原理及对模式检验步骤如下:

1)最小二乘法

$$Q = \sum(\hat{y}_i - b_0 - b_1 x_{1i} - b_2 x_{2i} - \cdots - b_k x_{ki})^2 = \text{最小} \qquad (5.40)$$

b_0,b_1,b_2,$\cdots$,b_k 为偏回归系数,x_{ki} 为自变量,$\hat{y}$ 为 y 值的估值,其求极值原理:

$$\begin{cases} \dfrac{\partial Q}{\partial b_0} = 0 \\[2mm] \dfrac{\partial Q}{\partial b_1} = 0 \\[1mm] \vdots \\[1mm] \dfrac{\partial Q}{\partial b_k} = 0 \end{cases} \qquad (5.41)$$

2)方差分析

采用方差分析方法对多元回归方程进行检验,检验的假设是总体的回归系数均为 0 或不都为非 0。它是对整个回归方程的显著性检验。使用统计量 F 对复相关系数进行检验。

$$R = \sqrt{1 - \frac{\sum (y_i - \hat{y})^2}{\sum (y_i - \bar{y})^2}} \tag{5.42}$$

$$F = \frac{R^2}{1 - R^2} \cdot \frac{N - k - 1}{k} \tag{5.43}$$

R 为复相关系数,N 为样本数,k 为自变量个数。

如果 F 计算值$>F_{0.01}$,则否定原母体复相关为 0 的假设,肯定复相关是显著、回归效果较好,回归方程有意义;若 F 计算值$<F_{0.01}$,则回归效果差,回归方程无意义。

"后验差(P,C)"检验不仅能对模型误差进行严格检验,同时能对小误差概率的分布进行检验,用经过检验合格的模型进行预报,可显著提高预报准确率(陈永林,2000;宝柱,1999)。具体检验方法步骤如下:

(1)计算 i 时刻的残差:$\varphi(i) = Y(s) - Y(m)$　　($Y(s)$ 为实测值,$Y(m)$ 为预测值)

(2)计算残差均值:$\varphi(j) = \sum \varphi(i)/n$

(3)计算残差方差:$S1 = \{\sum [\varphi(i) - \varphi(j)]^2\}/n$

(4)计算实测值均值:$Y(j) = \sum Y(s)/n$

(5)计算实测值方差:$S2 = \{\sum [Y(s) - Y(j)]^2\}/n$

(6)计算后验差比值:$C = \sqrt{S1}/\sqrt{S2}$

(7)计算小误差概率:$P = P \times \{|\varphi(i) - \varphi(j)| < 0.6745 \times \sqrt{S2}\}$ 　　(5.44)

小误差概率为残差与残差均值方差小于给定值 $0.6745\sqrt{S2}$ 的概率。

通过以上步骤计算出"P"、"C"值,根据表 5.6 检验模型是否合格。

表 5.6　"后验差(P,C)"检验表

等级	P 值	C 值
好	≥0.95	≤0.35
较好	≥0.80	≤0.50
合格	>0.70	<0.65
不合格	≤0.70	≥0.65

5.4.1.3　内蒙古草原蝗虫发生面积预测指标和模型

根据影响草原蝗虫生存与繁衍的气象要素的综合分析,用 1995—2005 年 11 年的蝗虫发生面积资料与气象资料进行逐步回归,得出表 5.7 所列的内蒙古自治区部分草场类型草原蝗虫发生面积预测模型(为了与盟市蝗虫调查资料相匹配,草场类型区域也以盟市为代表)。

草原蝗虫发生面积均与上一年度草原蝗虫发生面积有关,这是因为上一年度草原蝗虫发生面积越大,草原蝗虫越冬基数越多,下一年蝗虫发生的可能性越大。

由于不同盟市具有不同的草原生态类型、不同气候条件和不同的优势蝗虫种群,模型中所选因子也不同。对模型进行国际标准预测模型检验法"后验差(P,C)"检验,结果模型全部合格。

表 5.7　内蒙古自治区部分草原蝗虫发生面积预测模型

草场类型 （盟市）	模式	因子说明	R	F	Sig
荒漠草原	$Y = Y_0 + 79.4 + 0.95415X_1 + 0.6432X_2 + 0.257X_3 - 0.362X_4 + 0.374X_5$	Y_0:上年度发生面积 X_1:4月下旬至5月中旬降水量 X_2:12月下旬至2月上旬温度距平 X_3:入秋后首次寒潮出现日数（以9月1日为1,2日为2,依此类推） X_4:春季末次寒潮出现日数（以5月1日为1,2日为2,依此类推） X_5:5月份平均气温距平	0.618	22.352	0
典型草原	$Y = Y_0 + 44.4 + 1.26X_1 + 1.7X_2 + 1.3X_3 + 10.9X_4 + 0.457X_5 - 0.386X_6$	Y_0:上年度发生面积 X_1:2月中旬平均气温 X_2:1月下旬温度距平 X_3:4月上旬至4月中旬温度距平 X_4:3月下旬至5月下旬降水量 X_5:入秋后首次寒潮出现日数（以9月1日为1,2日为2,依此类推） X_6:春季末次寒潮出现日数（以5月1日为1,2日为2,依此类推）	0.782	16.896	0
草甸草原	$Y = Y_0 + 27.813 - 1.7813X_1 + 0.5246X_2 + 0.54X_3 + 0.336X_4 - 0.442X_5$	Y_0:上年度发生面积 X_1:4月中旬至4月下旬降水量 X_2:1月下旬温度距平 X_3:4月上旬至4月下旬温度距平 X_4:秋季首次寒潮出现日数（同上） X_5:春季末次寒潮出现日数（同上）	0.742	18.006	0

　　利用表 5.7 模型对蝗虫发生面积进行拟合,误差在±6％的拟合准确率荒漠草原和草甸草原分别达到 7/11,误差在±15％的拟合准确率达到 9/11 以上,典型草原误差相对偏高,误差在±6％的拟合准确率为 6/11,但误差在±15％的拟合准确率也达到 9/11。对 2006 年进行试报,结果与实况基本吻合。说明气象因子是影响内蒙古草原蝗虫发生的关键因素。

　　在荒漠草原,草原蝗虫发生面积与 4 月下旬至 5 月中旬降水量成正比,这是因为此时正值蝗卵胚胎发育阶段,必须保持一定的土壤湿度,才能保障胚胎的正常发育,如果土壤过于干燥,出现了含水量小于或等于凋萎湿度的情况,那么与之接触的蝗卵便会发生"倒渗透"现象,即蝗卵体内的水分渗向土壤,导致蝗卵干瘪,影响蝗蝻出土;一般当土壤相对湿度 ≤ 30％,便会出现这种情况;内蒙古荒漠草原历史上 4 月下旬至 5 月中旬最大降水量不足 50 mm,土壤相对湿度 ≤ 30％的情况占相当大的比例,只有当 4 月下旬至 5 月中旬降雨偏多的年份,才有利于蝗虫的发生。与 12 月下旬至 2 月上旬温度距平成正比,说明冬季温度越高越有利于蝗虫的发生。与入秋后首次寒潮出现日数成正比,说明入秋后首次寒潮出现日数越晚,蝗虫卵安全越冬的可能性越大;与春季末次寒潮出现日数成反比,说明春季末次寒潮出现日数越早,对蝗卵出土的影响越小;与 5 月份平均气温距平成正比,5 月份温度越高,越有利于蝗虫出土和成长。

5.4.1.4　内蒙古草原蝗虫虫口密度指标和模型

（1）春季预报

呼盟草原：

$$d_1(呼)=35.61+0.77d_0+0.604T_{min}$$

相关系数 $R=0.846586$，其中 d_1 为平均密度预报结果；d_0 为上一年平均密度；T_{min} 为 1 月份平均最低气温。

锡盟草原：

$$d_1(锡)=102.9+0.002112M_0+3.597T_{min}$$

相关系数 $R=0.64$

式中，d_1 为平均密度预报结果；M_0 为上一年发生面积（万亩）；T_{min} 为 1 月份平均气温距平。

（2）夏初订正预报

呼盟草原：　　　　　　$d_2=56.77+0.868d_0+1.56\Delta T_4$

相关系数　　　　　　　　$R=0.8643$

锡盟草原：　　　　　　$d_2=4.8397+0.9778d_0+0.01658\Delta T_4$

相关系数　　　　　　　　$R=0.912$

式中，d_2 为平均密度预报结果；d_0 为上一年平均密度；ΔT_4 为 4 月份平均气温距平。

5.4.1.5　内蒙古草原蝗虫发生期指标和模型

气象因子对蝗虫发生期有重要影响（张洪亮等，2002；马世骏等，1965），在内蒙古地区，气象因子对草原蝗虫发生期影响的研究还处于起步阶段。2004 年 3—10 月在内蒙古的锡林浩特农牧试验站对内蒙古亚洲小车蝗龄期与气象条件进行了对比实验观测，获取了以下实验资料：幼虫 1～5 龄历时天数、龄期始期、盛期和末期，以及同期气象资料。通过对此次试验数据的整理分析，发现亚洲小车蝗龄期发育主要受温度的影响。利用逐日温度资料分析计算，研制了亚洲小车蝗龄期的预报指标，以期探讨预测该地区亚洲小车蝗主要龄期提供背景分析材料（表 5.8）。

表 5.8　亚洲小车蝗不同龄期阶段与对应的旬平均温度(℃)和积温(℃・d)

龄期	始期			末期			盛期		
		温度	≥0℃积温		温度	≥0℃积温		温度	≥0℃积温
1	中/5	14.1	472.9	中/6	16.3	966.9	下/5	15.2	640.6
2	下/5	15.1	640.6	下/6	17.9	1146.4	中/6	17.6	966.9
3	中/6	16.3	966.9	上/7	19.3	1339.4	下/6	17.8	1146.4
4	下/6	17.6	971.9	中/7	18.9	1528.7	下/6	18.0	1146.4
5	下/6	17.7	971.9	上/8	18.4	1948.4	上/7	19.3	1339.4
成虫	上/7	18.6	1339.4	中/8	16.4	2112.2	中/7	18.9	1528.7

两个虫态同一发生时期（如始见期）之间的天数为发育历期，掌握确切的发育历期是发生期预测的重要依据。用虫情资料和积温推算亚洲小车蝗蝗蝻及成虫发育历期见表 3.5。

一般地，亚洲小车蝗发育历期是理论历期与气象历期之和，理论历期基本无变化，是多年平均值;气象历期是实际历期与理论历期之差,受气象条件影响很大。因此,可以利用典型草原区 1996—2006 年亚洲小车蝗 1 龄期、3 龄期和成虫期与气象关系建立预报方程。

(1)蝗虫发生期的有效积温预报方法

不同年份的天气状况不同,亚洲小车蝗各虫态的发生时期有所变动,其各虫态的发生历期也有变化。在适宜温度范围内,亚洲小车蝗生长发育加快,反之迟缓。亚洲小车蝗发育同其他生物相同,每一虫态的发育需超过一定的发育起点温度才能进行,并且每一虫态的发育完成需一定的有效积温数量。

应用亚洲小车蝗发生期和积温的关系,即可进行各种虫态发生期预测、预报,其公式为:

$$n = K/T - C \tag{5.45}$$

式中,K 为有效积温,C 为发育起点温度,T 是气温,n 是发育天数。

(2)亚洲小车蝗各虫态发生期的气象历期预报法

以内蒙古地区 1 龄期的亚洲小车蝗为例运用气象历期预报法进行 1 龄期出现的日期预报。根据内蒙古亚洲小车蝗 1 龄期历年发生情况,以 4 月 11 日作为起点 1,将亚洲小车蝗历年 1 龄期资料转化为自然数,以多年平均值作为 1 龄理论历期,实际 1 龄期与理论期之差作为 1 龄气象历期,按气象历期与 4 月上、中下旬的旬平均气温、旬平均最高、旬平均最低气温旬降水量作相关普查,得出气象历期(Y)与 4 月上旬平均最高气温(X)关系密切,相关方程为:

$$Y = 6.8 - 0.9X$$

相关系数为 -0.82,达 0.01 极显著水平。

$$M = P + Y$$

式中 M 是以 4 月 11 日作为起点 1 的自然数,通过转换即可预报 1 龄期出现的日期;P 为 1 龄理论历期,Y 为 1 龄气象历期。

(3)有效积温和气象历期预报法比较

亚洲小车蝗发生期主要预测各虫态始见期,这对确定亚洲小车蝗危害的最佳防治时间意义重大。气象历期法和有效积温法都能预测各虫态始见期,但经过近几年的预报检验,对于 1 龄始见期预测用气象历期法比积温法效果好,这主要是由于春天温度必须升高到一定值,越冬蝗卵才孵化出土。对于亚洲小车蝗其他虫态的始见期预测,两种方法预测效果都比较理想,但积温法比气象历期法更好一些,这可能是由于亚洲小车蝗处于生长过程中,累计到一定积温才能完成某一虫态的发育。

5.4.1.6　内蒙古草原蝗虫发生趋势预报的大气环流特征量指标和模型

本节给出几个实例,借以说明大气环流特征量在草原蝗虫预报中的应用。

内蒙古蝗灾发生机制是一个十分复杂的问题,除直接受气象要素影响和制约外,大气环流在某种程度上与蝗虫发生存在直接或间接相关关系,图 5.3 表明了大气环流对内蒙古蝗虫发生的影响机制。因此,通过对内蒙古蝗灾发生年前期的环流特征进行统计分析,对于制作草原蝗虫灾害的长期预报和预警具有极其重要的意义。

相关分析表明,与内蒙古草原蝗虫发生面积相关显著的主要大气环流特征量有:上一年 12 月亚洲经向环流指数,当年 3 月亚洲区极涡强度指数,当年 5 月大西洋欧洲区极涡面积指数(4 区,30°W～60°E)和 ENSO 事件有关。表 5.9 列出了与内蒙古草原蝗虫发生面积与环流指数的相关系数,通过分析其与发生面积的关系,探究内蒙古草原蝗虫发生的大气环流影响机理。

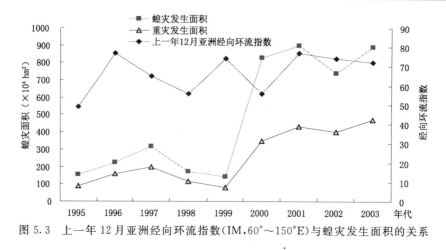

图 5.3　上一年 12 月亚洲经向环流指数(IM,60°～150°E)与蝗灾发生面积的关系

表 5.9　蝗虫发生面积与大气环流特征量相关系数

大气环流特征量	上一年 12 月亚洲经向环流指数	当年 3 月亚洲区极涡强度指数	当年 5 月大西洋欧洲区极涡面积指数(4 区,30°W～60°E)
与发生面积相关系数	0.31	0.8827**	0.19
与严重发生面积相关系数	0.3975*	0.369	0.22

注：** 达到 0.01 显著水平（双尾）；* 达到 0.05 显著水平（双尾）。

(1)上一年 12 月亚洲经向环流指数(IM,60°～150°E)与蝗灾面积的关系

通过统计研究发现,上一年 12 月亚洲经向环流指数(IM,60°～150°E)与草原蝗灾发生面积存在着正相关关系,与严重发生面积的相关系数 $r=0.3975$。从图 5.3 可以看出,2000 年 12 月亚洲经向环流指数偏高,2001 年草原蝗灾发生面积突破了历史新高,2001 年和 2002 年 12 月亚洲经向环流指数变化相对平稳,草原蝗灾发生面积尤其是严重发生面积也相对变化不大。

(2)当年 3 月亚洲区极涡强度指数与蝗灾面积的关系

从图 5.4 可以看出,当年 3 月亚洲区极涡强度指数与蝗灾发生面积存在着负相关关系,即极涡指数越强,影响内蒙古的冷空气活动越强,气温偏低,不利于蝗卵的存活,因此越不利于蝗灾的发生;极涡指数越弱,由于 3 月份冷空气活动偏弱,气温偏高,有利于虫卵的存活,因此夏季容易发生蝗灾。

常年 3 月极涡中心偏向北美一侧,而 2002 年在亚洲东北部分裂出另一个极涡中心,而且强度明显偏强,位置偏南。由 500 hPa 距平图可以看出,北美、亚欧交界附近及亚洲东北部的高纬度地区都分别对应有 80 gpm 的负距平。常年 4 月,极涡中心位于北美格陵兰岛的北部沿海一带,而 2002 年极涡中心明显偏于东半球新地岛以东,并有 80 gpm 的负距平与之配合,强度明显强于常年平均值。致使影响内蒙古的冷空气活动虽然频繁,但是路径偏西,降水主要发生在西部地区,而东北部林区的降水则偏少,温度偏低,因此蝗灾发生面积较上一年度减少。

(3)当年 5 月大西洋欧洲区极涡面积指数与蝗灾发生面积的关系

当年 5 月大西洋欧洲区极涡面积指数与蝗灾发生面积的关系呈正相关关系,尤其 1999 年以后,这种趋势近于完全吻合的状态。这是由于大西洋欧洲区极涡面积指数的强弱,直接影响内蒙古夏季冷空气的强弱,因此对夏季内蒙古的降水多少具有明显的指示作用。

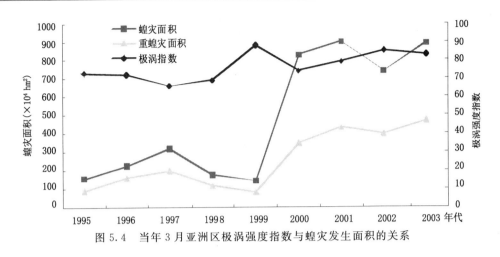

图 5.4　当年 3 月亚洲区极涡强度指数与蝗灾发生面积的关系

（4）西太平洋副高

在南北半球的副热带地区，存在着副热带高压带，西太平洋上的副热带高压简称为西太平洋副高，其西部的脊在夏季可深入我国大陆。副热带高压是大气环流的重要成员之一，是控制热带、副热带地区天气与气候的永久的大型环流系统之一，且直接控制和影响台风活动，与我国的天气气候变化有极其密切的关系。影响我国的副热带高压主要有西太平洋高压（脊）以及从属于它的在冬季出现的南海高压，另外还有自中亚伸至我国的青藏高压以及从属于它的在盛夏出现的华北高压。其中最重要的是西太平洋高压（脊）的活动，它对我国天气影响巨大，夏季旱涝与它有直接关系。为了定量表示副高活动的强弱，国家气候中心定义了五个西太平洋副高指数，包括副高强度（I_S）、北界位置（I_N）、西界（I_W）、平均脊线位置及面积指数。I_S 表示在 $110°\sim180°E$,$10°N$ 以北范围内 $\geqslant588$ dagpm 平均高度值的累计值，取 $588=1,589=2$,$590=3$，依此类推，以此表示副高的强度。I_N 表示在 $110°\sim150°E$ 范围内 588 dagpm 线北界的平均纬度值，表示副高的南北位置。I_W 表示西太平洋副高体（588 dagpm 等高线内有 2 个以上 $\geqslant588$ dagpm 的范围）最西端经度值，表示副高西缘的位置（慕巧珍，王绍武，朱锦红等，2001）。其中面积与强度都是反映副高的总强度，北界与平均脊线反映其南北位置。所以相对独立的因子只有 3 个即总强度、东西位置及南北位置。已有的研究表明，西太平洋副高是直接影响我国夏季降水的环流系统，它的状况（强度、位置）直接影响我国夏季的降水分布。对内蒙古而言，夏季西太平洋副高偏北或偏西对内蒙古大部地区的夏季降水十分有利；相反西太平洋副高在夏季偏南或偏东，造成中国雨带偏南，因此，内蒙古常常是干旱年份。2001 年的春夏连旱和蝗虫灾害的大面积发生就是很好的证明。

从表 5.10 可以看到，2001 年西太平洋副高体（$110°E\sim180°$）的变化情况（括号内为多年平均值）:6 月副高主体偏弱、偏北、略偏东，7 月副高主体偏弱、偏北、偏西,8 月偏强、偏北、偏

表 5.10　2001 年夏季西太平洋副高（$110°E\sim180°$）的变化（括号内为多年平均值）

大气环流特征值	6 月	7 月	8 月
副高面积指数	11(20)	13(19)	22(19)
西伸脊点(°E)	125(120)	120(123)	115(124)
脊线位置(°N)	23(20)	28(25)	28(27)

西。这样的副高变化有利于夏季主雨带在长江以北,但由于大陆高压脊阻挡了冷空气的南侵,冷暖空气配合不好,致使北方的雨带不明显(艾悦秀,2000)。

另外,从影响我国降水更为重要的副高西端($110°\sim130°E$)脊线位置的逐日变化看,总趋势是正常偏南,但在6月下旬至7月上旬以及7月下旬脊线位置显著偏北,在副高脊线西端偏北的时段正是贝加尔湖大陆高压脊偏弱的时间,因而也给北方带来了几次强降水过程。因此6月和7月在北方也有一个弱的多雨带,8月份副高脊线西端在正常位置附近摆动,但是,由于贝加尔湖附近长时间为大陆高压脊控制,南下的冷空气不活跃,而且路径偏东,因此,内蒙古降水偏少。

5.4.1.7　北方草原蝗虫气象适宜度预报指标

在进行草原蝗虫气象适宜度等级预报过程中,首先要确定监测预报指标。如内蒙古、青海和新疆都建立了相应的指标。利用旬温度和降水量建立了内蒙古代表区草原蝗虫预测预报指标(表5.11)。根据青海省主要蝗虫种类发生龄期与气温、降水、空气相对湿度、地面5 cm地温、≥0℃的积温等相关气象要素统计分析,≥0℃的积温与草原蝗虫发育龄期具有很好的对应关系,以此建立青海省主要蝗虫,如宽须蚁蝗、小翅雏蝗、狭翅雏蝗、红翅膝蝗、白边痂蝗、龄期定量预测指标(表5.12)。利用新疆代表站巴里坤1990—1999年蝗虫密度观测资料,找出了蝗虫发生的代表年份,分别统计了各龄期盛期气象要素与不同气象适宜度(气象等级)的对应关系,确定并验证了蝗虫发生的气象指标(表5.13)

表5.11　内蒙古代表区草原蝗虫预测预报指标

适宜度等级	适宜度意义	越冬 (1—2月)	孵化期 (4月—5月)	蝗蝻成长期 (6月)	危害期 (7—8月)	产卵期 (9月份)
1	极不适宜	某一旬 $\bar{T}$≤极值,或连续两旬 $\Delta\bar{T}$≤5℃,或连续三旬 $\Delta\bar{T}$≤4℃	某一旬 $\bar{T}$≤极值,或连续两旬 $\Delta\bar{T}$≤5℃,或连续三旬 $\Delta\bar{T}$≤4℃	某一旬极端最低气温≤0℃,或连续两旬 $\Delta\bar{T}$≤5℃,或连续三旬 $\bar{T}$≤4℃;或 $\Delta\bar{R}$%≤48%或≥52%	某一旬极端最低气温≤0℃,或连续两旬 $\Delta\bar{T}$≤5℃,或连续三旬 $\bar{T}$≤4℃;或 $\Delta\bar{R}$%≤48%或≥52%	某一旬极端最低气温小于5℃,或连续两旬 $\Delta\bar{T}$≤5℃,或连续三旬 $\Delta\bar{T}$≤4℃;或 $\Delta\bar{R}$%≤48%或 $\Delta\bar{R}$%≥52%
2	较不适宜	某一旬 $\Delta\bar{T}$≤4℃,或连续两旬 2≤$\Delta\bar{T}$≤4℃,或连续三旬 2≤$\bar{T}$≤3℃;或上年12月至当年2月降水量≤2mm	某一旬 $\Delta\bar{T}$≤4℃,或连续两旬 2≤$\Delta\bar{T}$≤4℃,或连续三旬 2≤$\bar{T}$≤3℃;或上年12月至当年2月降水量≤2mm	某一旬 $\Delta\bar{T}$≤3~4℃,或连续两旬 $\Delta\bar{T}$≤2~4℃,或连续三旬 $\Delta\bar{T}$≤2.5±0.5℃;或-10%≤$\Delta\bar{R}$%≤-50%,或30%≤$\Delta\bar{R}$%≤40%	某一旬 $\Delta\bar{T}$≤3~4℃,或连续两旬 $\Delta\bar{T}$≤2~4℃,或连续三旬 $\Delta\bar{T}$≤2~3℃;或-10%≤$\Delta\bar{R}$%≤-50%,或30%≤$\Delta\bar{R}$%≤40%	某一旬 $\Delta\bar{T}$≤3~4℃,或连续两旬 $\Delta\bar{T}$≤2~4℃,或连续三旬 $\Delta\bar{T}$≤2~3℃;或-10%≤$\Delta\bar{R}$%≤50%;或30%≤$\Delta\bar{R}$%≤40%

续表

适宜度等级	适宜度意义	越冬 (1—2月)	孵化期 (4月—5月)	蝗蝻成长期 (6月)	危害期 (7—8月)	产卵期 (9月份)
3	较适宜	各旬 $-2℃\leqslant\Delta\bar{T}$ $\leqslant2℃$	各旬 $-2℃\leqslant\Delta\bar{T}$ $\leqslant2℃$	各旬 $-2℃\leqslant\Delta\bar{T}$ $\leqslant2℃$，$-10\%\leqslant$ $\Delta\bar{R}\%\leqslant20\%$	各旬 $-2℃\leqslant\Delta\bar{T}$ $\leqslant2℃$，$-10\%\leqslant$ $\Delta\bar{R}\%\leqslant20\%$	各旬 $-2℃\leqslant\Delta\bar{T}$ $\leqslant2℃$，$-10\%\leqslant$ $\Delta\bar{R}\%\leqslant20\%$
4	适宜	连续两旬 $\Delta\bar{T}\geqslant2$ $\sim3℃$，或连续三旬 $\Delta\bar{T}\geqslant1.5\pm0.5℃$；或上年12月至当年2月 $\Delta\bar{R}\%>0$	连续两旬 $\Delta\bar{T}\geqslant2$ $\sim3℃$，或连续三旬 $\Delta\bar{T}\geqslant1\sim2℃$；或上年12月至当年2月 $\Delta\bar{R}\%>0$	连续两旬 $2℃\leqslant$ $\Delta\bar{T}\leqslant4℃$，或连续三旬 $\Delta\bar{T}\geqslant1\sim2℃$；或$-20\%\leqslant$ $\Delta\bar{R}\%\leqslant40\%$	连续两旬 $2℃\leqslant$ $\Delta\bar{T}\leqslant4℃$，或连续三旬 $\Delta\bar{T}\geqslant1\sim2℃$；或$-20\%\leqslant$ $\Delta\bar{R}\%\leqslant40\%$	连续两旬 $2℃\leqslant$ $\Delta\bar{T}\leqslant4℃$，或连续三旬 $\Delta\bar{T}\geqslant1\sim2℃$；或 $20\%\leqslant\Delta\bar{R}\%\leqslant40\%$或 $-20\%\leqslant\Delta\bar{R}\%\leqslant40\%$
5	很适宜	连续两旬 $\Delta\bar{T}\geqslant3℃$，或连续三旬 $\Delta\bar{T}\geqslant2℃$；或上年12月至当年2月 $\Delta\bar{R}\%\geqslant20\%$	连续两旬 $\Delta\bar{T}\geqslant3℃$，或连续三旬 $\Delta\bar{T}\geqslant2℃$；或上年12月至当年2月 $\Delta\bar{R}\%\geqslant20\%$	连续两旬 $\Delta\bar{T}\geqslant3℃$，或连续三旬 $\Delta\bar{T}\geqslant2℃$；或$-20\%\leqslant\Delta\bar{R}\%\leqslant20\%$	连续两旬 $\Delta\bar{T}\geqslant3℃$，或连续三旬 $\Delta\bar{T}\geqslant2℃$；或$-20\%\leqslant\Delta\bar{R}\%\leqslant20\%$	连续两旬 $\Delta\bar{T}\geqslant3℃$，或连续三旬 $\Delta\bar{T}\geqslant2℃$；$-20\%\leqslant\Delta\bar{R}\%\leqslant20\%$

注：表中：$\Delta\bar{T}$ 表示气温距平；$\Delta\bar{R}\%$ 表示降水量距平百分率，$\Delta\bar{R}\%=\dfrac{R-\bar{R}}{\bar{R}}\%$。

表 5.12　青海优势种蝗虫龄期及其积温指标(℃·d)

品种	龄期	始期		盛期		末期	
		时间	$\geqslant0℃$积温	时间	$\geqslant0℃$积温	时间	$\geqslant0℃$积温
宽须蚁蝗	1	上/5	51.1	中/5	104.7	中下/5	140.1
	2	下/5	175.6	上/6	256.7	上中/6	302.1
	3	中/6	347.5	下/6	455.3	下/6、上/7	500.2
	4	上/7	555.0	中/7	673.7	中下/7	742.3
	5	下/7	810.9	上.中/8	985.5	下/8	985.5
小翅雏蝗	1	下/5	175.6	上/6	256.7	上中/6	302.1
	2	中/6	347.5	下/6	455.3	下/6、上/7	500.2
	3	上/7	555.0	中/7	673.7	中下/7	742.3
	4	下/7	810.9	上/8	933.2	中/8	1037.9
	5	上/9	1224.7	中/9	1230.7	中下/9	1258.3

品种	龄期	始期		盛期		末期	
		时间	≥0℃ 积温	时间	≥0℃ 积温	时间	≥0℃ 积温
狭翅雏蝗	1	下/5	175.6	上/6	256.7	上中/6	302.1
	2	中/6	347.5	下/6	445.3	下/6、上/7	500.2
	3	上/7	555.0	中/7	673.7	中下/7	742.3
	4	下/7	810.9	上/8	933.2	中/8	1037.9
	5	上/9	1224.7	中/9	1230.7	中下/9	1258.3
红翅皱膝蝗	1	中/5	104.7	下/5	175.6	下/5、上/6	216.2
	2	上/6	256.7	中/6	347.5	中下/6	396.4
	3	下/6	445.3	上/7	555.0	中下/7	742.3
	4	下/7	810.9	上/8	933.2	中/8	1037.9
	5	下/8	1137.5	上/9	1224.7	中下/9	1258.3
白边痂蝗	1	上/5	51.1	中/5	104.7	中下/5	140.1
	2	下/5	175.6	上/6	256.7	上中/6	302.1
	3	中/6	347.5	下/6	445.3	下/6、上/7	500.2
	4	上/7	555.0	中/7	673.7	下/7	810.9
	5	上/8	933.2	中/8	1037.9	中下/8	1087.7

表 5.13　新疆优势种蝗虫龄期及其积温指标

发育阶段	发生程度	1 级	2 级	3 级
	代表年份	1993	1990	1997
孵化期盛期 (5 月中旬)	地温(℃)	12.7	17.8	16.9
	气温(℃)	7.5	12.6	11.2
	降水(mm)	6.0	5.5	5.2
	湿度(%)	38	42	46
	≥0℃积温(℃·d)	312.5	365.9	580.3
三龄期盛期 (6 月中旬)	地温(℃)	23.1	25.2	25.4
	气温(℃)	16.3	18.3	18.7
	降水(mm)	12.9	5.0	13.4
	湿度(%)	41	47	37
	≥0℃积温(℃·d)	641.2	730.9	915.5

续表

发育阶段	发生程度	1 级	2 级	3 级
	代表年份	1993	1990	1997
产卵期盛期 (7月中旬)	地温(℃)	19.8	23.5	22.1
	气温(℃)	17.0	18.1	18.6
	降水(mm)	44.3	17.8	20.5
	湿度(%)	66	58	52
	≥0℃积温(℃·d)	999.4	1093.3	1307.4

5.4.1.8　东亚季风对内蒙古草原蝗虫的影响分析

东亚季风是指海地相互作用下,在近地面层冬、夏盛行风向接近相反且气候特征迥异的现象。形成风向的季节性变化,在冬季,西伯利亚冷,为高压,太平洋热,为低压,便形成冬季风;在夏季,西伯利亚热,为低压,太平洋冷,为高压,便形成夏季风。为了研究东亚季风对我国降水的影响,许多专家提出了西南季风面积(Asw)和强度(Isw)指数;东南季风面积(Ase)和强度(Ise)指数;偏北季风面积(AN)和强度(IN)指数(陈隆勋,张博,张瑛,2006)。研究表明,在夏季东亚季风偏强对内蒙古地区的降水有利,偏弱则不利。2001 年的夏干旱和蝗虫灾害的大面积发生就是很好的证明。

2001 年亚洲东亚夏季风 6 月偏弱(0.82),7 月偏强(1.07),8 月偏弱(0.70),总体偏弱。对应 6 月主雨带偏南,7 月北方出现强降水,8 月雨带偏南,与雨带的配置较好。因此,东亚夏季风偏弱仍然是影响 2001 年夏季北方偏旱、主要雨带偏南的因子之一。

综上所述,上一年 12 月亚洲经向环流指数(IM,60°~150°E)、当年 3 月亚洲区极涡强度指数、当年 5 月大西洋欧洲区极涡面积指数、副热带高压、东亚季风等与内蒙古草原蝗虫的发生面积具有明显的相关性,尤其在发生趋势上相关密切,可以利用这些环流因子制作草原蝗虫的长期预报,因此,选择有关的环流因子作为预报模型参数,为草原蝗灾的预报提供了有利的技术支撑。

5.4.2　新疆草原蝗虫预报实例

5.4.2.1　建立新疆地区蝗虫资料库

包括新疆地区历年蝗虫发生面积(1986—2006),巴里坤蝗区历年蝗虫发生密度(1990—1999),主要蝗虫种类及生活史,与蝗虫生活史密切相关的历史逐日气象资料,包括相对湿度、气温、降水、0 cm 地温等。

5.4.2.2　新疆草原蝗虫发生面积预报指标和模型

用环流特征量、气象等资料建立全疆蝗虫发生面积预报模式。

(1)新疆全疆蝗虫发生总面积的大气环流特征量预报模型

本区的蝗虫发生面积是指蝗虫发生平均密度在≥5 头/m² 时的发生面积。

以 74 项大气环流特征量为预报因子,先通过计算 1985—2003 年逐月大气环流特征量分别与蝗虫发生面积(1986—2003)的相关系数,初步找出相关因子。再从初步找出的相关因子中选出一些对当地天气气候有影响的大气环流特征量,明确被选出因子的天气气候意义和该因子在当地的天气气候作用。用逐步回归方法,建立以大气环流特征量为因子的统计模型。其预报模型为:

$$y = -473.862 - 1.049x_1 + 11.474x_2 + 8.423x_3 + 1.277x_4 + 0.234x_5$$
$$- 23.264x_6 + 3.349x_7 + 0.143\ x_8 + 0.456x_9 - 19.959\ x_{10}$$

(注:y 的单位为万 hm^2;$R = 0.9755$,通过 $\alpha = 0.01$ 显著性检验;各因子见表 5.14。)

表 5.14   蝗虫发生面积预报模型中的大气环流因子

因子	大气环流特征量	相关系数
x_1	当年 3 月印度副高脊线($65°\sim95°$E)	-0.5104^*
x_2	当年 5 月北非副高北界($20°$W$\sim60°$E)	0.56145^{**}
x_3	当年 5 月北非大西洋北美副高北界($110°$W$\sim60°$E)	0.73214^{**}
x_4	当年 4 月亚洲纬向环流指数(IZ,$60°\sim150°$E)	0.48735^*
x_5	当年 2 月亚洲经向环流指数(IM,$60°\sim150°$E)	0.4563^*
x_6	当年 4 月冷空气	-0.42736^*
x_7	上一年 7 月太平洋副高北界($110°$E$\sim115°$W)	0.66244^{**}
x_8	上一年 8 月亚洲区极涡面积指数(1 区,$60°\sim150°$E)	-0.6529^{**}
x_9	上一年 11 月北非副高北界	0.67343^{**}
x_{10}	上一年 12 月冷空气	-0.6864^{**}

注:* 为通过 0.05 显著性检验;** 为通过 0.01 显著性检验。

然后用 2004—2006 年的相关大气环流特征量对上述预报模型进行回代,预测 2004—2006 年蝗虫的发生面积,并与实际发生面积比较验证其准确率。经检验:3 年预报结果的准确率≥85%。

(2)利用气象资料预报新疆草原蝗虫发生总面积

$$S_1 = 455.2299 - 0.9299X_1 + 1.5006X_2 - 18.1418X_3 + 4.8530X_4$$
$$+ 12.6008X_5 + 21.9882X_6$$

$$(R = 0.7285,通过 \alpha = 0.05 显著性检验)$$

式中,S_1 为新疆蝗虫发生面积,单位为$\times10^4\ hm^2$;X_1、X_2、X_3、X_4、X_5、X_6 分别为昭苏、乌鲁木齐、呼图壁、巴里坤、巴音布鲁克、库车的 1 月平均地温,单位为℃。

5.4.2.3   新疆草原蝗虫发生密度预测指标和模型

利用气象资料,建立巴里坤蝗区 3 龄期蝗虫密度预测模型(表 5.15)。

表 5.15   巴里坤地区蝗虫主要龄期发生密度(头/m²)预报模式

序号	预报模式	因子	R 值	检验水平	预报期
1	$Y = 55.80776 + 1.99721T$	1 月最低气温(T:单位℃)	0.589827	0.05	孵化期
2	$Y = 48.09846 + 2.807545T$	2 月平均温度(T:单位℃)	0.648037	0.05	三龄期
3	$Y = -32.9723 + 1.001933E$	5 月空气相对湿度(RH:单位%)	0.762207	0.01	成虫期

利用表 5.15 中的模型 2 和 2008 年 2 月巴里坤的平均气温气象资料,对巴里坤蝗虫三龄期的发生密度进行预测,结果为 23 头/m²。

5.4.2.4 新疆草原蝗虫气象适宜度预测指标

利用巴里坤 1990—1999 年蝗虫密度观测资料,分析了不同程度灾害年份各生育期的气象要素对蝗虫的影响,根据以发生密度为对象确定的蝗虫发生程度气象适宜指数(气象等级)(见表 5.16),分别统计了不同等级对应代表年份各龄盛期的气象指标(见表 5.13)。

表 5.16 蝗虫发生程度气象适宜指数(气象等级)

发生密度		牧草啃食损失率(%)	危害程度	气象适宜度
等级	实际密度 D(头/m²)			
1	$0 \leqslant D < 15$	1~10	未—轻微	很不适宜
2	$16 \leqslant D < 25$	11~15	轻	较不适宜
3	$26 \leqslant D < 60$	16~35	中	适宜
4	$61 \leqslant D < 100$	36~60	较重	较适宜
5	$D \geqslant 100$	≥61	严重	很适宜

5.4.2.5 巴里坤蝗区蝗虫各龄期气象指标

表 5.17 是巴里坤蝗区蝗虫各龄期发生发展气象指标。

表 5.17 巴里坤蝗区蝗虫各龄期发生发展气象指标

发育期	时间	适宜气象条件	关键气象条件与发生等级的关系
产卵期	头年 7 月中旬至 8 月中旬	5 cm 地温 22~28℃,平均气温 20~25℃;空气相对湿度 50%~60%。	5 cm 地温 25℃左右时,发生气象等级较高
越冬期	头年 11 月至当年 3 月	冬季及早春气温较常年偏高,且有适量降水(雪)。	冬季及早春气温较常年偏高 0.6~4℃,冬季有 11~20 mm 降水时,发生气象等级较高
孵化期	4—5 月	4—5 月平均气温较常年偏高,土壤相对湿度 30%~60%。	4—5 月平均气温较常年偏高 1℃以上时,发生气象等级较高
三龄期	6 月	6 月平均气温较常年偏高,有适量的降水。	6 月平均气温较常年偏高 1℃以上时,有 24~30 mm 降水时,发生气象等级较高

5.4.3　青海省草原蝗虫预报实例

5.4.3.1　气象条件与青海草原蝗虫发生的关系

据调查统计,青海省草地平均蝗虫总面积为 $107.3 \times 10^4 \text{hm}^2$,其中危害面积 $50.5 \times 10^4 \text{hm}^2$,而环湖地区的草地蝗虫发生面积 $75.668 \times 10^4 \text{hm}^2$,危害面积 $44.98 \times 10^4 \text{hm}^2$,占全省蝗虫为害总面积的 89.07%,因此,环湖地区草地蝗虫是重灾和频发区。通过对气温和降水量因子与蝗虫发生密切程度的显著性检验,有利于环青湖地区草地蝗虫灾害发生的关键气温因子为当年 5 月平均气温偏高(信度为 0.01);其次为上一年 8 月和当年 3 月平均气温偏高(信度为 0.025);再次为当年 6 月和 7 月气温偏高和上年 11 月和 12 月气温偏低(信度为 0.075)。关键降水量因子为 1 月降水量偏多和 6 月降水量偏少(信度为 95%),11 月降水偏多(信度为 92.5%)。其他时段的气候条件与蝗虫灾害发生的关系都通不过显著性检验。将关键气候因子与活动在该地区的主要蝗虫的生命周期相比较可知,上年 8 月为蝗虫产卵期,如果气候温暖可以使蝗虫成虫顺利产卵,当年 5 月为蝗卵孵化出土期,温度偏高能够使土温快速回升,有利于蝗虫的孵化。当年 6 月和 7 月的气温偏高可能利于晚发种(6—7 月孵化出土的蝗虫)的孵化和早发种(5 月及以前出土的蝗虫)的取食。之所以上年 11 月和 12 月气温偏低较有利于蝗虫灾害的发生,可能跟该段时间的降雪有关,因为该地区的降雪主要是因为冷空气活动造成,较多的降雪会在地面形成雪盖,对地面形成一个保护层,使冬季地温较高,有利于蝗卵安全过冬。从降水因子也可以看出这种可能,比如上年 11 月和 1 月降水偏多也是该地区蝗虫灾害发生的有利条件。当年 6 月该地区各种蝗虫都陆续出土,并且处于不同的生命期,干暖的气候条件能使各种蝗虫正常发育,并且取食活跃,易造成该地区大范围的蝗灾暴发。

5.4.3.2　青海省蝗虫灾害预测预报指标体系

根据草原蝗虫发生面积预报模型、密度预报模型、遥感技术预报预报模型和灾害等级划分等研究结果,建立青海省蝗虫灾害预测预报指标体系,用于青海省蝗虫灾害预警服务系统,见表 5.18 和表 5.19。

表 5.18　青海省蝗虫灾害面积预测预报指标体系

地区	因子	不宜发生	适宜发生	极易发生
黄南州	尖扎县上年 8—9 月空气相对湿度(%)	＞32	32～11	＜11
海南州	同德县上年 11 月至当年 1 月 20 cm 平均地温(℃)	＜−2.2	−2.2～2.4	＞2.4
	贵德县 5 月降水量(mm)	＜94.0	94.0～117.3	＞117.3
	贵德县 6 月空气相对湿度(%)	＞38	38～10	＜10
	同德县上年 11 月至当年 1 月 0 cm 平均地温(℃)	＞−14.2	−14.2～−16.0	＜−16.0
	同德县上年 11 月 5 cm 地温(℃)	＞−5.9	−5.9～−10.0	＜−10.0
海北州	刚察上年 12 月降水量(mm)	＜3.3	3.3～16.0	＞16.0
	刚察 3 月气温(℃)	＜−7.0	−7～10.0	＞10.0
泽库	上年 8—9 月空气相对湿度平均(%)	＞77	77～73	＜73
	上年 11—12 月空气相对湿度平均(%)	＜60	60～93	＞93

续表

地区	因子	不宜发生	适宜发生	极易发生
尖扎	上年 8 月空气相对湿度(%)	≥63	63~57	≤56
同德	上年 11—12 月平均气温(℃)	<−12.9	−12.9~−9.7	>−9.7
	上年 10 月 10 cm 地温(℃)	>1.6	1.6~−5.0	<−5.0
贵南	贵南县 1 月气温(℃)	≤−5.1	−4.8~−3.4	≥−3.3
兴海	1 月 20 cm 地温(℃)	>−6.0	−6.0~−10.0	<−10.0
	上年 11 月至当年 1 月空气相对湿度(%)	<48	48~80	>80
	3 月 0 cm 地温(℃)	<2.1	2.1~10.0	>10.0
贵德	4 月空气相对湿度(%)	>48	48~10	<10
	上年 9 月空气相对湿度(%)	>66	66~46	<46
	6 月空气相对湿度(%)	>65	65~23	<23
刚察	上年 8 月降水量(mm)	<95.2	95.2~150.0	>150.0
	上年 9 月空气相对湿度(%)	>69	69~54	<54
	3 月降水量(mm)	<7.0	7.0~22.0	>22.0
	5 月 5 cm 地温(℃)	<9.4	9.4~11.0	>11.0
祁连	托勒上年 10 月降水量(mm)	>6.2	6.2~0.1	无降水
	托勒 3 月空气相对湿度(%)	>40	40~14	<14
	托勒 6 月 5 cm 地温(℃)	<11.9	11.9~14.1	>14.1

注:省级面积预报模式采用环流指数因子预报,没有气象要素的指标体系。

表 5.19 青海省蝗虫灾害密度预测预报指标体系

地区	因子	不宜发生	适宜发生	极易发生
全省	刚察 1 月降水量(mm)	>7.0	7.0~0.1	无降水
	尖扎上年 9 月降水量(mm)	>116.5	116.5~0.1	无降水
	刚察上年 9 月降水量(mm)	>193.0	193.0~0.1	无降水
海南州	贵德上年 12 月降水量(mm)	<1.3	1.3~3.4	>3.4
	贵德上年 11 月空气相对湿度(%)	>33	33~1	0
海北州	刚察上年 8 月降水量(mm)	>154.3	154.3~0.1	无降水
	刚察上年 9 月空气相对湿度(%)	>59	59~48	<48
	刚察 3 月空气相对湿度(%)	<25	25~80	>80
	刚察 5 月空气相对湿度(%)	<44	44~62	>62
黄南州	尖扎 1 月降水量(mm)	≥0.2	0.2~0.1	0.0
	泽库 5 月 0 cm 地温(℃)	<9.6	9.6~12.7	>12.7

续表

地区	因子	不宜发生	适宜发生	极易发生
尖扎	上年 12 月至当年 2 月降水量(mm)	>1.1	1.1～0.5	<0.5
	5—6 月 15 cm 平均地温(℃)	<19.4	19.4～20.8	>20.8
	2 月降水量(mm)	>0.2	0.2～0.1	无降水
泽库	上年 10 月 0 cm 地温(℃)	>1.4	1.4～0.2	<0.2
	3 月 15 cm 地温(℃)	<-0.7	-0.7～0.5	>0.5
贵德	上年 9 月空气相对湿度(%)	>63	63～47	<47
	上年 12 月降水量(mm)	<0.8	0.8～2.0	>2.0
同德	3—5 月空气相对温度(%)	<53	53～71	>71
贵南	4 月 0 cm 地温(℃)	<26	26～40	>40
兴海	上年 9—10 月平均气温(℃)	<7	7～10	>11
刚察	8 月降水量(mm)	>79.4	79.4～1.0	0
	上年 9 月空气相对湿度(%)	>68	68～58	<58
	10 月 0 cm 地温(℃)	>2.7	2.7～-0.4	<-0.4
	3 月空气相对湿度(%)	<47	47～72	>72
祁连	上年 9 月气温(℃)	<5.9	5.9～6.7	>6.7
	1 月气温(℃)	≥-9.5	-9.5～-13.0	<-13.0
	6 月空气相对湿度(%)	>41	41～17	<17

5.4.3.3　青海省草原蝗虫优势品种龄期预测指标

根据青海省主要蝗虫种类发生龄期与气温、降水、空气相对湿度、地面 5 cm 地温、≥0℃的积温等相关气象要素统计分析,≥0℃的积温与草原蝗虫发育龄期具有很好的对应关系,以此建立青海省主要蝗虫龄期预测指标并进行预测(如表 5.20 至表 5.24)。

表 5.20　宽须蚁蝗龄期及其积温指标(℃·d)

龄期	始期		盛期		末期	
	时间	≥0℃积温	时间	≥0℃积温	时间	≥0℃积温
1	上/5	51.1	中/5	104.7	中下/5	140.1
2	下/5	175.6	上/6	256.7	上中/6	302.1
3	中/6	347.5	下/6	455.3	下/6、上/7	500.2
4	上/7	555.0	中/7	673.7	中下/7	742.3
5	下/7	810.9	上.中/8	985.5	下/8	985.5

表 5.21　小翅雏蝗龄期及其积温指标(℃·d)

龄期	始期		盛期		末期	
	时间	≥0℃积温	时间	≥0℃积温	时间	≥0℃积温
1	下/5	175.6	上/6	256.7	上中/6	302.1
2	中/6	347.5	下/6	455.3	下/6、上/7	500.2
3	上/7	555.0	中/7	673.7	中下/7	742.3
4	下/7	810.9	上/8	933.2	中/8	1037.9
5	上/9	1224.7	中/9	1230.7	中下/9	1258.3

表 5.22　狭翅雏蝗龄期及其积温指标(℃·d)

龄期	始期		盛期		末期	
	时间	≥0℃积温	时间	≥0℃积温	时间	≥0℃积温
1	下/5	175.6	上/6	256.7	上中/6	302.1
2	中/6	347.5	下/6	445.3	下/6、上/7	500.2
3	上/7	555.0	中/7	673.7	中下/7	742.3
4	下/7	810.9	上/8	933.2	中/8	1037.9
5	上/9	1224.7	中/9	1230.7	中下/9	1258.3

表 5.23　红翅膝蝗龄期及其积温指标(℃·d)

龄期	始期		盛期		末期	
	时间	≥0℃积温	时间	≥0℃积温	时间	≥0℃积温
1	中/5	104.7	下/5	175.6	下/5、上/6	216.2
2	上/6	256.7	中/6	347.5	中下/6	396.4
3	下/6	445.3	上/7	555.0	中下/7	742.3
4	下/7	810.9	上/8	933.2	中/8	1037.9
5	下/8	1137.5	上/9	1224.7	中下/9	1258.3

表 5.24　白边痂蝗龄期及其积温指标(℃·d)

龄期	始期		盛期		末期	
	时间	≥0℃积温	时间	≥0℃积温	时间	≥0℃积温
1	上/5	51.1	中/5	104.7	中下/5	140.1
2	下/5	175.6	上/6	256.7	上中/6	302.1
3	中/6	347.5	下/6	445.3	下/6、上/7	500.2
4	上/7	555.0	中/7	673.7	下/7	810.9
5	上/8	933.2	中/8	1037.9	中下/8	1087.7

5.4.3.4 青海省草原蝗虫发生面积预报指标和模型

（1）模型建立

运用 Excel 软件，排查青海省蝗虫发生的影响因子，筛选出对青海省蝗虫发生面积有重要影响的因子。通过 SPSS 统计软件建立蝗虫发生面积趋势、临近预报模型（表 5.25）。用北半球极涡强度指数等大气环流特征量建立全省蝗虫发生面积；用气温、降水量、地温、空气相对湿度等气候资料建立青海省重点蝗虫发生州、县面积预报模型，包括黄南州泽库、尖扎 2 县，海南州贵南、同德、兴海、贵德 4 县，海北州刚察和祁连 2 县。

表 5.25 青海省蝗虫发生面积预报模式

序号	预报模式（$F > F_{0.05}$）	相关系数	F 值	预报期
1	$S_{qs1} = 236.673 + 6.8203 h_{214}$	0.907	46.39	4 月
2	$S_{qs2} = 864.345 + 1.32 h_{214} + 4.08 h_{521} - 2.865 h_{548} - 1.38 h_{655}$	0.978	74.622	7 月
3	$S_{hun} = 734.181 - 10.630 \bar{U}_{jz(8-9)}$	0.789	14.833	4 月
4	$S_{hn1} = 364.266 + 67.365 \bar{D}_{td\,20(11-1)}$	0.823	20.932	4 月
5	$S_{hn2} = 516.670 + 105.355\ \bar{D}_{20td\,(11-1)} + 2.323 R_{gd5} - 5.021 U_{gd6} - 24.947 \bar{D}_{0td(11-1)} - 22.519 D_{5td11}$	0.993	83.208	7 月
6	$S_{hb1} = -6.537 + 27.085 R_{gc12} - 29.875 T_{gc3}$	0.687	4.019	4 月
7	$S_{hb2} = -381.7590 - 4.048 T_{gc3} - 1.501 R_{gc5} + 44.545 D_{5gc6}$	0.873	8.507	7 月
8	$S_{zk} = 1430.227 - 19.553 \bar{U}_{zk(8-9)} + 2.508 \bar{U}_{zk(11-12)}$	0.989	86.193	4 月
9	$S_{jz} = -118.58 + 9157.410 / U_{jz8}$	0.798	15.78	4 月
10	$S_{gn} = -39.633 - 851.048 / T_{gn1}$	0.761	13.731	4 月
11	$S_{td} = 233.821 + 18.838 \bar{T}_{td\,(11-12)} - 9.062 D_{10td10}$	0.999	909.277	4 月
12	$S_{zh1} = -102.071 - 14.047 D_{20zh1} + 2.375 \bar{U}_{zh(11-1)}$	0.978	66.647	4 月
13	$S_{zh2} = -80.916 - 12.946 D_{20zh1} + 1.920 \bar{U}_{zh(11-1)} + 9.183 \bar{D}_{0zh3}$	0.994	148.088	7 月
14	$S_{gd1} = 193.98 - 1.185 U_{gd4} - 1.725 U_{gd9}$	0.870	17.512	4 月
15	$S_{gd2} = 243.450 - 0.675 U_{gd4} - 1.965 U_{gd9} - 0.960 U_{gd6}$	0.928	16.442	7 月
16	$S_{gc1} = 615.1654 + 0.211 R_{gc8} - 8.462\ U_{gc9} + 0.797\ R_{gc3}$	0.904	11.988	4 月
17	$S_{gc2} = 443.0371 + 0.262\ R_{gc8} - 7.148\ U_{gc9} + 0.720\ R_{gc3} + 7.835\ D_{5gc5}$	0.914	8.824	7 月
18	$S_{ql1} = 383.2102 - 3.700 R_{tl10} - 6.639 U_{tl3}$	0.849	15.542	4 月
19	$S_{ql2} = 177.9299 - 2.611 R_{tl10} - 6.554 U_{tl3} + 14.497 D_{5tl6} + 0.224 U_{tl6}$	0.885	9.073	7 月

表 5.25 中，预报期为 4 月的模式是趋势预报模式，预报期为 7 月的模式是临近预报模式。

表 5.25 中 1～2 式为省级蝗虫发生面积预报模式，单位为万亩。S_{qs1}、S_{qs2} 分别为 4 月、7 月预报模型预报量。

表 5.25 中式 3～7 为州级蝗虫发生面积预报模式，S_{hun}、S_{hni}（i 为预报月份，$i = 1$ 为 4 月预

报,$i=2$ 为 7 月预报)、S_{hbi}($i=1$ 为 4 月预报,$i=2$ 为 7 月预报)分别为黄南州、海南州、海北州蝗虫发生面积合计,单位为万亩。

表 5.25 中式 8～19 为县级蝗虫发生面积预报模式,S_{jz}、S_{zk}、S_{gn}、S_{td}、S_{xhi}($i=1$ 为 4 月预报,$i=2$ 为 7 月预报)、S_{gdi}($i=1,2$ 分别为 4 月、7 月预报)、S_{gci}、S_{qdi}($i=1,2$ 分别为 4 月、7 月预报)分别为尖扎、泽库、贵南、同德、兴海、贵德、刚察、祁连等县蝗虫发生面积,单位为万亩。

式 1～2 中,S_{qsi} 为蝗虫发生面积,万亩,h_{214} 为 2 月份北非大西洋北美副高强度指数(110° W～60°E)、h_{521} 为 5 月份北美大西洋副高强度指数(110°W～20°W)、h_{548} 为 5 月份北美区极涡面积指数(3 区,120°～30°W)、h_{655} 为 6 月份北半球极涡强度指数(5 区,0°～360°)[①]。

气象资料的定义方法为:降水量为合计,其余为平均值。空气相对湿度 U(%)、气温 T(℃)、降水 R(mm)、地温 D(℃)的下标命名方法为县名第一个字母简称加月份,地温下标命名法为深度加县名加月份。如:

$\overline{U}_{jz(8-9)}$ 为尖扎县上年 8～9 月平均空气相对湿度;

$\overline{D}_{td\,20(11-1)}$ 为同德县上年 11 月至当年 1 月 20 cm 平均地温,R_{gd5} 为贵德县 5 月份降水量,U_{gd6} 为贵德县 6 月空气相对湿度,$\overline{D}_{0td(11-1)}$ 为同德县上年 11 月至当年 1 月 0 cm 平均地温,D_{5td11} 为同德县上年 11 月份 5 cm 地温;

R_{gc12} 为刚察县上年 12 月份降水量,T_{gc3} 为刚察县 3 月份气温,D5gc6 为刚察县 6 月 5 cm 地温;

$\overline{U}_{zk(8-9)}$ 为泽库县上年 8—9 月份空气平均相对湿度,$\overline{U}_{zk(11-12)}$ 为泽库县上年 11 至 12 月份平均空气相对湿度;

U_{jz8} 为尖扎县上年 8 月份空气平均相对湿度;

T_{gn1} 为贵南县 1 月份气温;

$\overline{T}_{td(11-12)}$ 为同德县上年 11—12 月平均气温,D_{10td10} 为同德县上年 10 月 10 cm 地温;

D_{20xh1} 为兴海县 1 月份 20 cm 地温,$\overline{U}_{xh(11-1)}$ 为兴海县上年 11 月至当年 1 月份平均相对湿度,$\overline{D}_{0xh3}$ 为兴海县 3 月 0 cm 地温;

U_{gd9} 为贵德县上年 9 月平均相对湿度,U_{gd4} 为贵德县 4 月份平均相对湿度,U_{gd6} 为贵德县上年 6 月份空气相对湿度;

R_{gc8} 为刚察县上年 8 月降水量,U_{gc9} 为刚察县上年 9 月份平均相对湿度,R_{gc3} 为刚察县 3 月降水量,D_{5gc5} 为刚察 5 月 5 cm 地温;

R_{tl10} 为托勒站上年 10 月降水量,U_{tl3} 为托勒 3 月份平均相对湿度,D_{5tl6} 为托勒站 6 月 5 cm 地温,U_{tl6} 为托勒站 6 月份平均相对湿度。

(2)回代检验

将建成的模式进行回代检验,可以看出:

1)各种面积预报模式历年回代值与实际监测值的平均误差均比较小,说明模式的预报精度较高;

2)用环流指数预报全省蝗虫发生面积拟合效果好于气象模式预报的面积;

3)趋势预报模式的平均误差在 5.11%～18.79%,误差范围为 0～90 万亩;临近预报模式的平均误差在 2.17%～12.81%,误差范围为 0～54 万亩,临近预报模式的效果好于趋势预报模式的预报结果。

---

① 大气环流特征量指数范围由国家气候中心气候诊断预测室给出。

表 5.26 也给出同样的不同级别面积模式回代检验结果。

表 5.26　不同级别面积模式回代检验情况统计(万亩、%)

模式级别	历年平均	趋势预报模式			临近预报模式		
		预报平均	平均误差	误差范围	预报平均	平均误差	误差范围
全省	391.83	391.83	10.89	4～88	393.16	7.29	2～49
海南州	161.83	161.82	10.19	0～90	161.85	5.59	0～22
海北州	144.33	144.32	17.60	0～88	143.91	8.79	0～54
黄南州	60.27	61.59	20.66	0～66			
刚察县	54.75	54.68	14.29	1～49	55.62	15.55	0～36
祁连县	88.34	88.29	8.54	0～58	88.35	6.30	0～45
兴海县	72.00	71.94	5.11	0～8	71.98	2.17	0～4
贵德县	25.83	26.17	18.79	0～10	25.55	12.81	1～9

5.4.3.5　青海省草原蝗虫发生密度预测指标和模型

(1)建立模式

运用 Excel 软件,排查青海省蝗虫发生的影响因子,筛选出对青海省蝗虫发生密度有重要影响的因子。通过 SPSS 统计软件建立蝗虫发生密度趋势、临近预报模型(表 5.27)。用气温、降水量、地温、空气相对湿度等气候资料建立青海省重点蝗虫发生州、县密度预报模型,包括黄南州泽库、尖扎 2 县,海南州贵南、同德、兴海、贵德 4 县,海北州刚察和祁连 2 县。

表 5.27　青海省蝗虫发生密度预报模式

序号	预报模式	相关系数	F 值	预报期
1	$d_{qs}=67.263-2.768R_{gc1}-0.279R_{jz9}-0.134R_{gc9}$	0.972	45.016	4 月
2	$d_{hun1}=75.8282e^{-1.427R_{jz1}}$	0.869	24.67	4 月
3	$d_{hun2}=204.269-1380.0/D_{0zk5}$	0.886	29.28	7 月
4	$d_{hn}=68.617+17.305R_{gd12}-0.586U_{gd11}$	0.903	19.967	4 月
5	$d_{hb1}=19.268+0.045R_{gc8}-0.682U_{gc9}+1.559U_{gc3}$	0.727	2.997	4 月
6	$d_{hb2}=150.3696-0.099R_{gc8}-3.214U_{gc9}+0.352U_{gc3}+2.054U_{gc5}$	0.801	3.126	7 月
7	$d_{jz1}=98.866e^{-0.446\Sigma R_{jz(12-2)}}$	0.722	8.72	4 月
8	$d_{jz2}=-401.874+24.842\overline{D}_{15jz(5-6)}-18.621R_{jz2}$	0.879	11.841	7 月
9	$d_{zk}=140.644-28.534D_{0zk10}+21.005D_{15zk3}$	0.973	36.061	4 月
10	$d_{gn}=4.291(D_{0gn4}^{0.812})$	0.692	9.186	4 月
11	$d_{td}=-40.264+1.907\overline{U}_{td(3-5)}$	0.969	61.877	4 月
12	$d_{xh}=7.229(\overline{T}_{xh(9-10)}^{1.101})$	0.758	9.48	4 月
13	$d_{gd}=181.710-2.212U_{gd9}+27.400R_{gd12}$	0.820	9.251	4 月

序号	预报模式	相关系数	F 值	预报期
14	$d_{gc} = 297.3879 - 0.267\,R_{gc8} - 3.567\,U_{gc9} - 11.290\,D_{0gc10} + 1.440U_{gc3}$	0.858	4.896	4 月
15	$d_{ql1} = -104.290 + 0.063\exp(T_{tl9}) - 8.0675T_{tl1}$	0.811	7.693	4 月
16	$d_{ql2} = -56.6413 + 0.076\exp(T_{tl9}) - 10.061\,T_{tl1} - 1.470U_{tl6}$	0.826	4.997	7 月

注:①各模式中,具有下标"1"的为趋势预报模式,具有下标"2"的为临近预报模式;②1 式为省级蝗虫发生平均密度预报模式,d_{qs} 为全省蝗虫发生平均密度,头/m²;③2～6 式为州级蝗虫发生平均密度预报模式,d_{hun}、d_{hn}、d_{hb} 分别为黄南州、海南州、海北州蝗虫发生平均密度,头/m²;④7～16 式为县级蝗虫发生平均密度预报模式,d_{jz}、d_{zk}、d_{gn}、d_{td}、d_{xh}、d_{gd}、d_{gc}、d_{ql} 分别为尖扎、泽库、贵南、同德、兴海、贵德、刚察、祁连等县蝗虫发生平均密度,头/m²。⑤气象资料的定义与表 5.26 相同。

R_{gc1} 为刚察县上年降水量,R_{jz9}、R_{gc9} 分别为尖扎、刚察县上年 9 月降水量;

R_{jz1} 为尖扎县 1 月份降水量,D_{0zk5} 为泽库县 5 cm 地温;

R_{gd12} 为贵德县上年 12 月份降水量,U_{gd11} 为贵德县上年 11 月份平均相对湿度;

R_{gc8} 为刚察上年 8 月份降水量,U_{gc9} 为刚察上年 9 月份平均相对湿度,U_{gc3} 刚察 3 月份平均相对湿度,U_{gc5} 刚察 5 月份平均相对湿度;

$\sum R_{jz(12-2)}$ 为尖扎县上年 12 月至当年 2 月降水合计,$\overline{D}_{15jz(5-6)}$ 为尖扎县 5—6 月 15 cm 地温,R_{jz2} 为尖扎县 2 月降水量;

D_{0zk10} 为泽库县上年 10 月 0 cm 地温,D_{15zk3} 为泽库县 3 月 15 cm 地温;

D_{0gn4} 为贵南县 4 月份 0 cm 地温;

$\overline{U}_{td(3-5)}$ 为同德县 3—5 月平均空气相对湿度;

$\overline{T}_{xh(9-10)}$ 为上年 9—10 月份平均气温;

U_{gd9} 为贵德县上年 9 月份平均相对湿度,R_{gd12} 为贵德县上年 12 月降水量;

R_{gc8} 为刚察县上年 8 月份降水量,U_{gc9} 刚察县上年 9 月份平均相对湿度,D_{0gc10} 为刚察县上年 10 月 0 cm 地温,U_{gc3} 为刚察县 3 月份平均相对湿度;

T_{tl9} 为托勒站上年 9 月份气温,T_{tl1} 托勒站 1 月份气温,U_{tl6} 为托勒站 6 月份平均相对湿度。

(2)模型检验

将建成的模式进行回代,可以看出:

1)各种密度预报模式历年回代值与实际监测值的平均误差均比较小,说明模式的预报精度较高;

2)全省、海南、祁连县、兴海县、同德县的密度预报效果较好,误差范围在 15 头/m² 以下;海北州、刚察县的密度预报效果次之,误差在 30 头/m² 以下;黄南州、尖扎县的密度预报效果最差,误差在 0～54 头/m²;

3)趋势预报模式的平均误差在 1.78～24.96 头/m²,误差范围为 0～54 头/m²;临近预报模式的平均误差在 1.74～14.11 头/m²,误差范围为 0～33 头/m²,临近预报模式的效果明显好于趋势预报模式的预报结果。

表 5.28 给出了不同级别面积模式回代检验结果。

表 5.28　不同级别面积模式回代检验情况统计(头/m²)

模式级别	历年平均	趋势预报模式			临近预报模式		
		预报平均	平均误差	误差范围	预报平均	平均误差	误差范围
全省	43.90	43.90	1.78	0~4			
海南州	40.55	40.55	2.04	0~4			
黄南州	51.35	48.98	16.68	2~39	51.35	10.54	1~20
海北州	43.96	43.90	11.49	0~29	43.92	10.26	0~25
刚察县	42.78	42.84	11.48	1~19	42.89	9.53	1~17
祁连县	48.20	48.26	11.80	2~15	48.16	11.49	3~14
同德县	43.47				43.8	1.74	1~3
兴海县	43.78	43.5	4.36	2~11	43.71	2.79	0~6
尖扎县	59.77	53.05	24.96	1~54	59.76	14.11	1~33

5.4.3.6　基于卫星遥感和 GPS 技术的青海草原蝗虫种群密度监测预测指标和模型

由于蝗虫灾害是世界性的自然灾害,在许多国家都造成了极大的危害,因此西方国家早就运用 RS,GIS 技术进行蝗虫灾害预测、预报,并已有成功的范例。例如 Schell 与 Lockwood (1995)开发了 Wyoming Grasshopper Information System,简称 WGIS(怀俄明州蝗虫信息系统),利用 GIS 技术对地形(高程)、土壤及降水和潜在蒸发蒸腾等与蝗虫发生有关的参数进行了综合分析,目的是发现应优先考虑进行蝗虫防治的地点。由于该系统对蝗虫潜在发生的地点和范围能做出估计,因而具有很高的实用价值。另一个较为成熟的用于沙漠蝗预测的 GIS 系统,是 FAO(联合国粮农组织)的 Magor 与 Pender (1997)研制的沙漠蝗虫预普管理系统(SWARMS),它可对全球或大区域尺度的沙淇蝗的动态做出预测。再如澳大利亚国家蝗虫灾害委员会(APLC)针对澳大利亚四个州建立的蝗虫治理决策支持系统,其蝗虫相关数据通过 GIS 的信息采集、GPS 的蝗虫灾害定位信息获取,灾害信息由高频无线传输,其分析模型主要考虑降雨量、气温、蝗虫栖息环境数据等,决策模型对蝗虫灾害进行预测、评估等。

这些系统开发的成功模式,即在 RS、GIS 技术支持下实现蝗虫灾害预测的方法,值得学习和借鉴。

国内对于蝗虫灾害的预测研究,主要集中在从生物学角度来探讨蝗虫灾害的发生规律,即主要从蝗虫的生活史着手研究。研究内容包括蝗虫发生规律及其成灾机制;蝗虫发生的时间、地点和数量变动规律及其与环境因子的关系;蝗虫发生动态与人类经济活动的关系;异常气候对蝗虫发生动态及蝗区生态条件与环境变化的影响;蝗灾地理分布规律及其区划等。近年来,随着 RS、GIS 技术的广泛应用,已有学者开始研究通过蝗虫灾害的监测减轻和控制蝗灾,最大限度地挽回经济损失;建立蝗虫区域性地理信息系统数据库,综合应用"3S"技术全面调查和重新评估蝗虫发生地的景观特征及其影响的关键因子,尝试建立适用于全国的蝗虫实时监测及预替网络系统;对不同生态地理区成灾蝗虫的种类、发生期、发生量及发生程度进行系统监测,以研究成灾蝗虫的中长期测报技术及防治适期;研制实用的预预报模型,包括不同时空尺度、种群及不同发育阶段的时空动态模型、生境适宜性评估模型、成灾蝗虫的物候学模型等,为蝗虫的迁飞、定向以及发生趋势、范围等做出精确预测提供科学依据。

巩爱歧(1999)、王杰臣(2001)、倪绍祥(2002)、张军(2003)、邓自旺(2005)等建立蝗虫灾害的多级模糊综合评判方法,即分别从空间上和时间上对蝗虫生境适宜性进行评价,利用评价结果反映未来蝗虫发生的潜在可能性以及从影响蝗虫发生的关键因子入手,提出地形、气候以及遥感指标是影响草地蝗虫发生的主要因子,并在 GIS 支持下,建立了草地蝗虫发生测报模型。

(1)利用遥感技术预报草原蝗虫的准备工作

为建立环湖地区草地蝗虫遥感监测模型,需进行实地调查。以青海湖地区草原蝗虫遥感监测模型构建过程为例,对遥感监测草原蝗虫发生情况进行分析。2008 年 6 月 26—27 日,对环湖的刚察县、海晏县进行了实地考察,调查结果见表 5.31。邀请当地农业部门的相关专业人员一起布设样点近 30 个,了解了蝗虫种类、分布、生活习性、历年发生与防治、危害等方面的相关情况。

表 5.29 是 2008 年 6 月 26—27 日对环湖的刚察县、海晏县进行实地考察获取的结果。

表 5.29　2008 年 6 月下旬环湖蝗虫考察资料

海拔高度(m)	纬度(°N)	经度(°E)	蝗虫密度(头/m²)	植被状况
3230	37.241296	99.842084	63	70 kg/亩,盖度 40%
3221	37.238743	99.853443	40	80 kg/亩,盖度 40%
3210	37.229904	99.852998	30	70 kg/亩,盖度 35%
3346	37.220081	100.622143	12～15	—
3208	37.218941	99.849574	10～15	盖度 40%,无芨芨草处 30 kg/亩
3215	37.2107	99.829063	10～15	盖度 50%,80 kg/亩
3362	37.205587	100.655728	12～15	1996 年 7 月下旬至 8 月上旬极严重,220 kg/亩
3192	37.197356	99.831266	青海湖水位	—
3327	37.189419	99.724675	12	80 kg/亩
3252	37.189395	100.551383	4	草丛高 30 cm 左右
3259	37.1893	100.491086	5	盖度 70%,100 kg/亩
3256	37.185661	99.701533	7	盖度 50%,110 kg/亩
3273	37.183369	99.704292	12	盖度 70%,90 kg/亩
3253	37.181406	99.695588	20	盖度 50%
3244	37.180331	99.732841	40～50	盖度 50%,50 kg/亩
3241	37.179114	99.698346	22	盖度 80%
3233	37.174446	99.706729	13	盖度 65%,85 kg/亩
3277	37.161081	100.538219	10	—
3276	37.156562	100.540821	4	—

续表

海拔高度（m）	纬度（°N）	经度（°E）	蝗虫密度（头/m²）	植被状况
3370	37.103348	100.66672	4～5	盖度60％，产量100 kg/亩
3259	37.090973	100.579943	10	—
3442	37.057707	100.704068	15	—
3435	37.00961	100.807107	20	—
3188	37.00961	100.807107	20	产量150～200 kg/亩
3104	37.003835	101.01586	5(2007年13头/m²)	190 kg/亩
3082	36.986054	101.017561	8(2007年30头/m²)	100 kg/亩
3070	36.97501	101.016839	10(2007年70～80头/m²)	200～250 kg/亩
3066	36.970593	101.01655	20	150 kg/亩
3063	36.968384	101.016405	23	200 kg/亩
3052	36.963855	101.018972	20(2007年130～149头/m²)	70 kg/亩
3249	36.8809	100.873409	20	—
3240	36.880792	100.876262	10	100 kg/亩
3295	36.850886	100.788601	15	盖度较差
3052	36.016093	101.017124	30	80 kg/亩

通过查阅文献或参考书，对环湖地区蝗虫与蝗虫测报研究的目的与进展、环湖地区的生态环境与草地蝗虫概况、环湖地区草地蝗虫的生境、生境因子与草地蝗虫发生的关系、环湖地区草地蝗虫生境的遥感分类与评价、遥感与GIS支持的环湖地区草地蝗虫测报方法等有了明确的认识与掌握。

（2）NDVI等植被指数的求算

表5.29为2008年6月下旬考察资料，其余年份及月份的蝗虫资料要根据收集的蝗虫发生资料、牧草长势状况进行推算。

为建立遥感监测模型，选取Modis影像作为信息源。选用2006年、2007年、2008年6月下旬、7月中旬、8月下旬的250 m的Modis影像，分别求30个样点的NDVI，建立NDVI与蝗虫密度（GD）之间的关系。

以下为9幅图像的NDVI（表5.30）。

表5.30　2008年6月下旬—8月下旬NDVI值对比

海拔高度（m）	纬度（°N）	经度（°E）	0808下	0807中	0806下	0708下	0707中	0706下	0608下	0607中	0606下
3230	37.2413	99.842084	0.3475	0.2727	0.2748	0.3302	0.3272	0.3169	0.3935	0.4053	0.2554
3221	37.2387	99.853443	0.3144	0.4118	0.4262	0.4695	0.5256	0.4887	0.592	0.4279	0.2411
3210	37.2299	99.852998	0.5463	0.318	0.3107	0.3855	0.4451	0.2766	0.4247	0.6434	0.2971
3346	37.2201	100.62214	0.5891	0.5089	0.5375	0.6086	0.6705	0.5738	0.7127	0.3422	0.2341
3208	37.2189	99.849574	0.3006	0.3184	0.3417	0.4057	0.4238	0.5507	0.4755	0.3779	0.4066

续表

海拔高度(m)	纬度(°N)	经度(°E)	0808 下	0807 中	0806 下	0708 下	0707 中	0706 下	0608 下	0607 中	0606 下
3215	37.2107	99.829063	0.1396	0.3119	0.3537	0.3672	0.3992	0.3428	0.364	0.3077	0.209
3362	37.2056	100.65573	0.6526	0.4481	0.4648	0.5585	0.6059	0.5599	0.711	0.5818	0.3739
3192	37.1974	99.831266	0.2138	0.3192	0.3137	0.3333	0.3765	0.3582	0.4235	0.3698	0.3812
3327	37.1894	99.724675	0.3587	0.3721	0.4417	0.4598	0.4553	0.3077	0.4426	0.398	0.2657
3252	37.1894	100.55138	0.165	0.3333	0.3747	0.4964	0.5353	0.3793	0.5175	0.3643	0.3741
3259	37.1893	100.49109	0.615	0.1966	0.325	0.3411	0.3827	0.3626	0.4082	0.3613	0.2579
3256	37.1857	99.701533	0.4712	0.3611	0.3798	0.385	0.4052	0.3074	0.4295	0.3788	0.281
3273	37.1834	99.704292	0.4828	0.4314	0.4411	0.467	0.4724	0.3149	0.4156	0.3808	0.2952
3253	37.1814	99.695588	0.5702	0.4414	0.4531	0.4707	0.4728	0.3184	0.3947	0.4072	0.2798
3244	37.1803	99.732841	0.1836	0.308	0.3569	0.3766	0.387	0.2852	0.473	0.3907	0.2944
3241	37.1791	99.698346	0.5839	0.4028	0.4286	0.4337	0.4634	0.3068	0.4605	0.3856	0.3021
3233	37.1744	99.706729	0.5639	0.3971	0.4167	0.3798	0.4105	0.2805	0.4227	0.3907	0.2957
3277	37.1611	100.53822	0.4249	0.3278	0.2881	0.3547	0.3757	0.3468	0.3846	0.3921	0.243
3276	37.1566	100.54082	0.3254	0.3475	0.3366	0.1132	0.485	0.3587	0.425	0.4253	0.3317
3370	37.1033	100.66672	0.7199	0.347	0.3971	0.3928	0.5073	0.4641	0.5873	0.3969	0.2886
3259	37.091	100.57994	0.6348	0.2886	0.2698	0.0827	0.3911	0.3234	0.4129	0.3245	0.2298
3442	37.0577	100.70407	0.6217	0.1242	0.6368	0.6626	0.7165	0.6142	0.7177	0.6927	0.4839
3435	37.0096	100.80711	0.6321	0.5518	0.5688	0.6	0.6827	0.4262	0.7035	0.6286	0.5798
3188	37.0096	100.80711	0.6321	0.5518	0.5688	0.6	0.6827	0.4925	0.7035	0.7094	0.5798
3104	37.0038	101.01586	0.3654	0.5077	0.4492	0.6535	0.6707	0.4925	0.675	0.7089	0.4421
3082	36.9861	101.01756	0.64	0.4829	0.5313	0.5915	0.6328	0.3585	0.6623	0.5086	0.4187
3070	36.975	101.01684	0.6923	0.4926	0.5549	0.6127	0.6696	0.3092	0.6478	0.5101	0.4451
3066	36.9706	101.01655	0.7305	0.5487	0.5622	0.6134	0.6701	0.3227	0.6393	0.5082	0.4356
3063	36.9684	101.01641	0.7363	0.4936	0.5622	0.5893	0.6036	0.3152	0.6014	0.5211	0.4347
3052	36.9639	101.01897	0.7019	0.5277	0.5696	0.6136	0.6112	0.3166	0.5917	0.5109	0.3936
3249	36.8809	100.87341	0.6876	0.5565	0.5938	0.6276	0.6403	0.3002	0.5172	0.6901	0.4988
3240	36.8808	100.87626	0.6906	0.5272	0.5867	0.5099	0.6403	0.2796	0.4524	0.6821	0.5194
3295	36.8509	100.7886	0.6902	0.2823	0.1252	0.0915	0.3679	0.3067	0.433	0.2983	0.3153
3052	36.0161	101.01712	0.5434	0.1867	0.2311	0.2477	0.2195	0.2904	0.3314	0.314	0.2146

（3）青海草原蝗虫的遥感预测模型

借助 SPSS 软件，寻求 NDVI 与蝗虫密度 GD、草场类型等之间的关系，但模型的检验效果并不理想，故结合自己建立的模型同时采用或参考已有的研究成果，初步确定以下测报模型。

（i）发生预测模型

依据环青海湖地区草地蝗虫的生活习性、草地类型、气候概况等建立环青海湖地区草地蝗虫的 Logistic 回归方法的"发生预测模型"，用来判断蝗虫是否会发生。

$$P = 1/(1 + \exp(-Y))$$

$$Y = 20.323 + 4.046 \times NDVI - 0.008 \times \text{elevation} + 0.117 \times \text{slope}$$
$$+ 0.076 \times K_{5x} + 0.023 \times K_{6x} + 1.724 \times HI_{567} - 1.854 \times HI_8$$

式中,P 为草地蝗虫在某一特定地点'发生'的概率。输出的概率值的范围为 0～1。Y 为 Logistic 方程的指数,也是自变量的加权线性组合;elevation 是栅格的海拔高度值;slope 是栅格的坡度值;K_{5x} 是草地蝗虫发生当年 5 月下旬 0℃以上的积温;K_{6x} 是当年 6 月下旬 0℃以上的积温;HI_{567} 是当年 5—7 月的湿润指数;HI_8 是上年 8 月的湿润指数;$NDVI$ 为归一化植被指数,计算公式为:

$$NDVI = (b_2 - b_1)/(b_2 + b_1)$$

根据多年来环青海湖地区草地蝗虫发生的实况,将"发生预测模型"的阈值确定为 $P < 0.6$ 为不发生,$P \geqslant 0.6$ 为发生。

如果草场类型为苁苁草,据调查其蝗虫密度一般 <10 头/m²。

(ⅱ)$NDVI$ 和 BVI、气候指数综合模型

此模型属于蝗虫发生判识模型,BVI 为褐色植被指数。同时满足以下条件时,监测区域为蝗虫灾害发生区域:

$$\text{Elevation} < 3600 \text{ m}, 0.2 < NDVI < 0.5, 75 < BVI < 110$$
$$NDVI = (b_2 - b_1)/(b_2 + b_1) \tag{5.46}$$
$$BVI = (b_6 + b_7)/2 \tag{5.47}$$

指标 1:$T_{5-6} > 7.5$℃,即 5—6 月平均气温大于 7.5℃;

指标 2:$R_{5-6} < 60\text{mm}$,表示 5—6 月平均降水量小于 60 mm/月,即 5—6 月总降水量小于 120 mm。

草地蝗虫发生意义是指密度 <24 头/m² 为"不发生"和草地蝗虫密度 ≥25 头/m² 为"发生"。

(ⅲ)Logistic 回归方法的"灾害监测模型"

灾害监测模型为:

$$P = 1/(1 + \exp(-Y))$$
$$Y = 20.567 - 7.13 \times RIG - 0.005 \times \text{elevation} + 0.041 \times \text{slope} + 0.025 \times K_{5x}$$
$$+ 0.033 \times K_{6x} + 0.979 \times HI_{567} - 1.631 \times HI_8$$

式中,P 为草地蝗虫在某一特定地点'发生'的概率. 输出的概率值的范围为 0～1。Y 为 Logistic 方程的指数,也是自变量的加权线性组合;elevation 是栅格的海拔高度值;slope 是栅格的坡度值;K_{5x} 是草地蝗虫发生当年 5 月下旬 0℃以上的积温;K_{6x} 是当年 6 月下旬 0℃以上的积温;HI_{567} 是当年 5—7 月的湿润指数;HI_8 是上年 8 月的湿润指数;RIG 是一种认为可以反映蝗虫危害区与邻近的蝗虫非危害区差异的遥感指数。

$$RIG = (b_2 + b_7)/b_{31} \tag{5.48}$$

根据多年来环青海湖地区草地蝗虫发生的实况,将"发生预测模型"的阈值确定为 $P < 0.6$ 为不发生,$P \geqslant 0.6$ 为发生。

如果草场类型为苁苁草,据调查其蝗虫密度一般 <10 头/m²;

(ⅳ)$NDVI$ 值变化灾害监测模型

每隔 10 d 左右计算一次 $NDVI$,结合 $NDVI$ 每天的平均减少程度和野外调查的蝗虫灾害区以及蝗虫密度,建立 $NDVI$ 每天平均变化值和蝗虫密度之间的线性回归模型:

$$Y = 725.184\Delta X + 11.781$$

ΔX 表示 $NDVI$ 每天的平均变化值。

$$NDVI = (b_2 - b_1)/(b_2 + b_1)$$

Y 为蝗虫密度(头/m^2),相关系数为 0.799,F 检验后显著性水平为 0.03。

灾害等级分为五级,具体标准见表 5.31。

表 5.31　草地蝗虫为害密度等级

级别	灾害程度	平均密度(头/m^2)
1 级	基本不发生危害	≤24
2 级	轻度危害	25～60
3 级	中度危害	61～96
4 级	重度危害	97～132
5 级	极重度危害	≥133

说明:参考《青海省草地灭鼠治虫实施暂行办法》中规定,蝗虫防治后残虫允许量和验收标准是≤4 头/m^2,防治标准是≥25 头/m^2。

(v)蝗虫灾害定量评估

利用高时间分辨率的 MODIS 数据反演出的产草量,用于监测因蝗虫灾害而造成的产草量的降低情况。选用了如下计算公式:

$$W = 162.65RVI - V - 86.9 \tag{5.49}$$

相关系数 $r=0.966$

RVI 为比值植被指数;

$$RVI = b_2/b_1 \tag{5.50}$$

式中,W 为产草量;V 为牲畜采食量,通过一定时间段牧草产量与放牧强度计算。

所以,可以根据产草量的变化来计算产草量的减少的千克数量再乘以每千克鲜草的价格,就可以计算出因蝗灾而损失的直接经济损失。在结合行政区划图、农牧业经济和社会、生态环境等背景资料得出各区域具体的经济损失值,将蝗虫灾害评估由定性评估转变为定量评估。在业务服务中涉及牲畜采食等情况可以借助 $NDVI$ 的变化速度等综合判断。

(vi)模型检验

将密度遥感监测模型中参数 Δx 代入回归模型进行回代检验,可以看出:(i)各种密度监测模式历年回代值与实际监测值的平均误差均比较小,说明模式的预报精度较高,预测准确率可达到 85% 左右;(ii)用遥感监测预报环湖蝗虫发生密度拟合效果接近于气象模式预报的密度;(iii)海南、祁连县的密度预报效果较好,误差范围在 10 头/m^2 以下;刚察县、海晏县的密度预报效果次之,误差在 18 头/m^2 以下;黄南州的密度预报效果最差,误差在 0～32 头/m^2;

研究结果表明,用 Modis 遥感影像可以较好地监测草地蝗虫的发生,通过遥感影像提取的反映植被覆盖程度、生长状况的各种指数对草地蝗虫发生地的定位都有一定的指示性。

在 $NDVI$ 为中等大小(0.2～0.5),BVI 也为中等大小(80～110)的地方是蝗虫容易发生的区域。这是因为,与 $NDVI$ 这一范围对应的植被盖度为 65～85,而 $NDVI$ 与盖度、优良牧草量以及总生物量是正相关的。盖度为中等时,既能够保证充足的食物,又能提供干燥温暖的小气候环境,有利于蝗虫的生长发育。而当 $NDVI$ 偏小,说明草地盖度较低,蝗虫食物不足,而且,由于缺乏植被覆盖,地表温度变化剧烈,这显然不利于蝗虫的生存。在研究区内,$NDVI$很大的地方,一般是高寒草甸、湖边及河边湿地,前者由于温度偏低,1年里的积温不够,蝗虫自然难以生存,而后者则由于下垫面过于潮湿,白天温度回升缓慢,另外冬季容易形成冻土,不适于蝗虫产卵。因此 $NDVI$ 为中等大小的地方是蝗虫易发生的地方。但 $NDVI$ 值为中等的地方,也有许多样本点的 GD 比较小,甚至无蝗虫发生。这有几方面的原因,其中一个重要原因是蝗虫的食性问题,蝗虫并不是什么草都吃,由于草场退化,一些地方杂毒草横行,在这些地方,植被盖度虽较高,或居于中等盖度,但由于没有适当的食物,蝗虫也难以生存。遥感信息并不能将它们与优良牧草区分开来,$NDVI$ 为中等大小的区域也可能主要是蝗虫不喜食的草类,在这些区域 GD 偏小也就不难理解。温度高低也是一个重要原因,在海拔高度高的地方,温度偏低,即便植被盖度较高,但干湿程度等其他条件都适合也不会有蝗虫发生。另外还有土壤类型、酸碱度等因子也会影响蝗虫的发生。BVI 指数,在一定程度上可以将湿地与干旱草原区分开,湿地较干旱草原 BVI 值小,因此,BVI 对 $NDVI$ 起到补充作用。由于研究区蝗虫资料收集不全面,样本数量较少,空间分布不均匀,缺乏系统详细的蝗虫生态资料,所能得到的辅助资料精度和尺度也欠理想。另外,害虫生态与地理环境的复杂性等局限因素的影响,也大大妨碍了利用遥感开展害虫空间分布研究的定量和定位预测。

影响蝗虫种群动态变化的因素很多,如前一年的虫口数、产卵数量的多少、是否进行了化学防治、长期的气候背景、天敌种群状况、牧草长势、植被盖度、土壤类型、放牧情况等。因此,在模型建立时应均给予考虑。

遥感监测预测草原蝗虫是一个复杂的系统工程,目前,尽管做了大量尝试,但这项工作还处于起步阶段,所取得的研究成果也多数是探讨性研究,今后,还有很多工作需要进一步探索和研究。这里,只是提出一些思路,供读者参考。

第 6 章　草原蝗虫气象监测预报服务系统

　　草原蝗虫气象监测预报服务系统(简称 GLFS)利用 GIS 平台,对草原蝗虫发生面积、最大密度、气象适宜度、龄期、迁移等内容进行监测预测,并对结果进行显示和打印输出。该系统具有数据导入、数据编辑、产品浏览、保存、打印输出等功能。其界面由菜单栏、工具栏、状态栏和工作区等部分组成,界面友好,操作简便。

6.1　环境要求

　　(1)硬件环境
　　CPU:2GHZ 以上。
　　内存:1GB 以上,建议 2GB。
　　硬盘:30GB 以上。
　　(2)软件环境
　　操作系统:Windows 2000/XP。
　　数据库系统:SQL Server 2000 或以上版本。
　　数据访问引擎:ADO 2.5 或以上版本。
　　GIS 平台:ARCGIS ENGINE RUNTIME 9.2 及空间分析模块。

6.2　系统安装与删除

6.2.1　系统安装

　　将安装光盘放入 CD-ROM 驱动器,进入安装状态,显示系统安装程序界面见图 6.1。

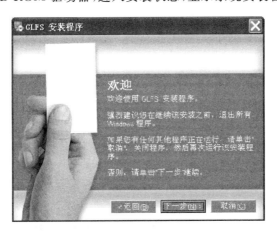

图 6.1　系统安装程序界面

点击"下一步",出现"许可证协议",点击"接受",进入"下一步",显示"用户信息",输入用户名等信息(图 6.2)。

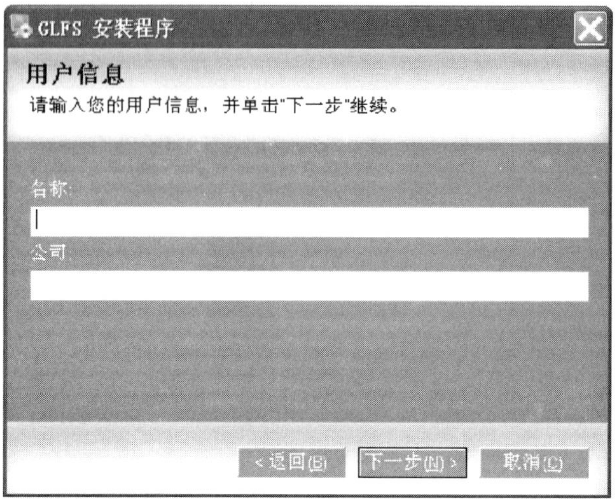

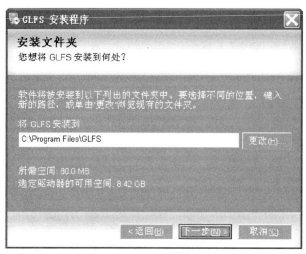

图 6.2　用户信息

点击"下一步",进入"安装文件夹"选择,选择您要安装到的目录,点击"下一步",直至文件安装完成(图 6.3)。

图 6.3　系统安装程序路径

将安装文件夹的 MDB 目录下的数据文件附加到 SQL Server 数据库中,安装 ARCGIS ENGINE RUNTIME 9.2 及空间分析模块。

6.2.2　系统删除

卸载"GLFS"时,在开始菜单"程序组——GLFS"下有对应的卸载程序,或进入"控制面板",利用"添加/删除"进行卸载操作。

对于数据库部分,可以在 SQL Server 数据库的"企业管理器"中将数据库文件卸载。如果本机不需要再使用 SQL Server 数据库管理功能,可以使用其相应的卸载程序进行卸载即可。

如果不再使用 ARCGIS ENGINE RUNTIME 9.2 及空间分析模块,可以使用其相应的卸载程序进行卸载。

然后,重新启动计算机。

6.3　系统启动与退出

点击"开始",在"程序"中,选择"北方草原蝗虫气象监测预测服务系统(GLFS)",点击即可启动系统,进入系统主界面(图 6.4)。

图 6.4　北方草原蝗虫气象监测预测服务系统主界面

退出系统:点击菜单中"退出",即可退出系统。

6.4　系统界面与功能介绍

6.4.1　菜单栏

主要包括:数据库管理(数据库的连接配置、数据库的备份和恢复操作)、数据管理(包括气象数据资料和蝗虫数据资料的导入、导出、编辑、修改等功能)、北方草原蝗虫监测预测(北方地区发生密度气象适宜度等级监测预测)、省级蝗灾评估预测(内蒙古、青海和新疆三省的蝗灾发生面积、密度、龄期、气象适宜度等级监测预测等)、产品浏览、帮助、退出系统等。

6.4.2　工具栏

主要包括： 数据库配置， 数据库备份， 数据库恢复， 气象数据管理、 蝗虫数据管理、 北方草原蝗虫监测预测， 省级蝗灾评估预测， 浏览产品， 帮助， 退出系统。

6.4.3　状态栏

包括两部分：系统的状态提示，当前日期。

6.5　系统操作

本系统对数据进行分省管理。

6.5.1　数据导入

(1)以内蒙古地区气象资料为例，单击"数据管理\气象数据\内蒙古气象数据"下相应的菜单项，即可进入对应的数据管理窗口，单击界面中的"追加气象数据"按钮，在弹出的文件选择对话框中选择相应的数据文件路径和文件名，即可导入(图 6.5)。

图 6.5　数据导入界面(以内蒙古模块为例)

(2)以新疆大气环流资料的导入为例，大气环流资料的导入可以通过功能窗口将标准的环流数据文件导入到数据库中。单击"数据管理\气象数据\新疆气象资料\大气环流资料\导入资料"，进入下面的界面，按提示导入数据(图 6.6)。

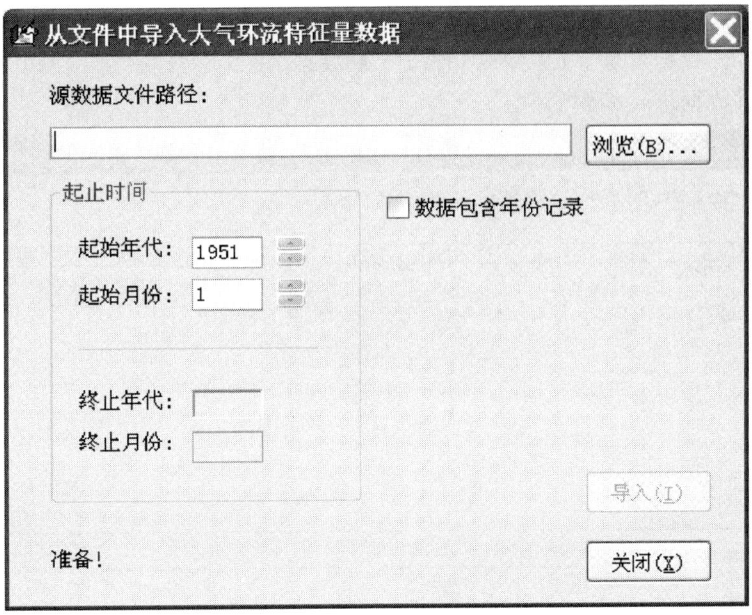

图 6.6 从文件导入数据（以新疆模块为例）

6.5.2 数据编辑

（1）以内蒙古地区蝗虫资料为例，单击"数据管理\蝗虫数据\内蒙古蝗虫数据\资料编辑"，直接进入图 6.7 所示的界面进行数据的追加、编辑和修改。还可以对数据进行整体的对比浏览。

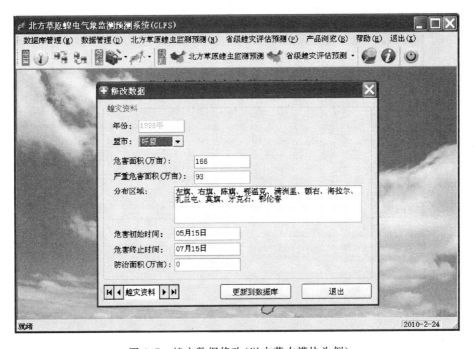

图 6.7 蝗虫数据修改（以内蒙古模块为例）

（2）以青海月气象资料编辑为例，在数据管理窗口中，可以实现月气象资料的浏览、录入及查询等操作，单击"数据管理\气象数据\青海气象数据\月气象资料"进入图 6.8 所示的窗口，可以很方便地对数据进行编辑管理。

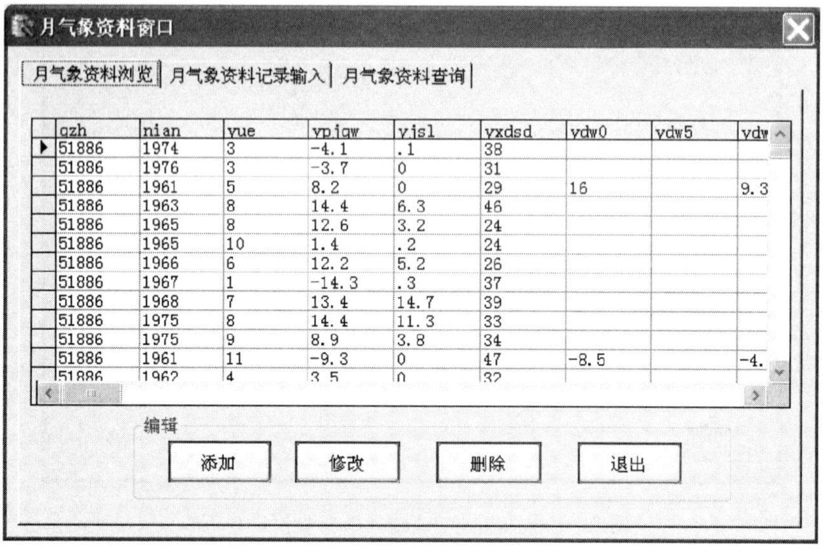

图 6.8　气象数据编辑（以青海模块为例）

（3）以青海蝗虫资料管理为例，分州、县两级对蝗灾的发生面积、发生密度及最高密度进行管理。单击"数据管理\蝗虫数据\青海蝗虫数据\州发生面积、密度"，进入州级蝗虫数据管理窗口（图 6.9）。

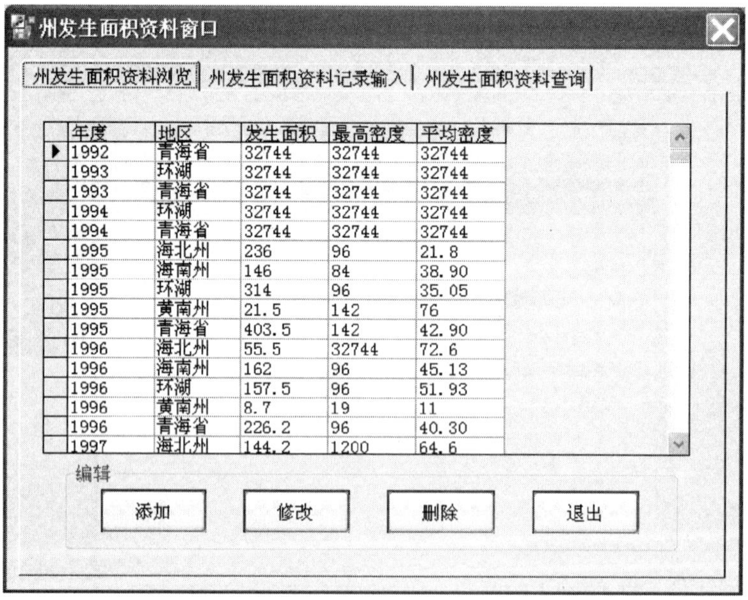

图 6.9　州蝗虫数据管理（以青海模块为例）

（4）以新疆蝗虫各龄期资料为例，龄期指标编辑窗口主要实现对蝗虫各龄期相应要素数据的管理。单击"数据管理\蝗虫资料\新疆蝗虫资料（龄期指标）"，进入管理界面（图 6.10），对龄期数据进行编辑。

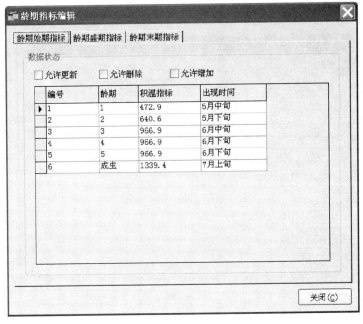

图 6.10　龄期数据编辑(以新疆模块为例)

6.5.3　草原蝗虫预测实例

6.5.3.1　发生面积预测

在"省级蝗灾评估预测"菜单下是各省级的蝗灾预测,包括"蝗虫发生面积预测",可以选择各省的"蝗虫发生面积预测"功能,进行省级的发生面积预测。

以新疆发生面积预测为例,单击"省级蝗灾评估预测\新疆预测\全区面积预测"进入界面(图 6.11)。

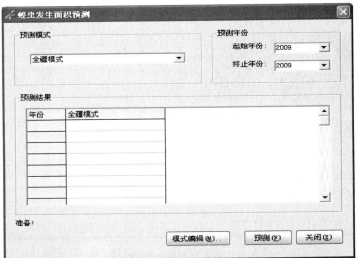

图 6.11　新疆蝗虫发生面积预测区域、年份选择界面

选择年份(可以预测多年),输入起始年份和终止年份(2003—2009),单击"预测"按钮,输出各年预测的发生面积(图6.12)。

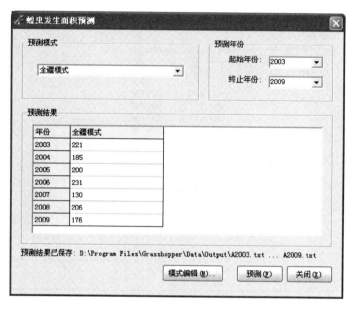

图 6.12　新疆蝗虫发生面积预测结果显示界面

以内蒙古蝗虫发生面积预测为例,单击"省级蝗灾评估预测\内蒙古预测\气象适宜度预测\危害面积",进入各盟市和全区预测结果显示界面(图6.13)。

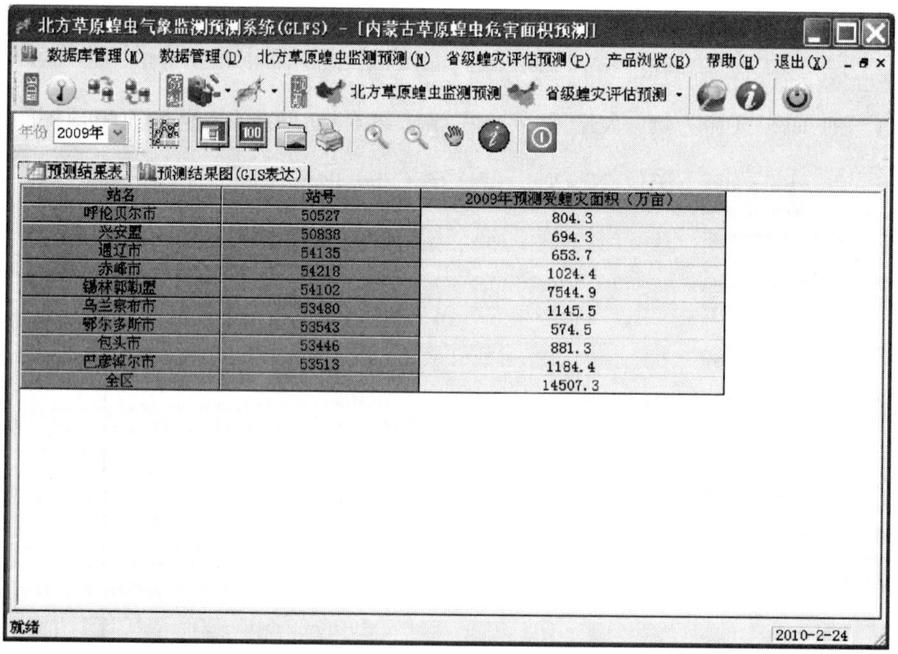

图 6.13　内蒙古蝗虫发生面积预测结果显示界面

　　类似操作,可以选择青海的发生面积预测功能,得到青海的发生面积预测结果显示界面(图 6.14)。

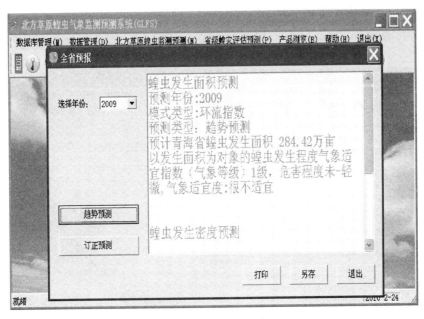

图 6.14　青海蝗虫发生面积和气象适宜度等级预测结果显示界面

6.5.3.2　发生密度预测

　　在"省级蝗灾评估预测"菜单下的各省级的蝗灾预测中,还包括"蝗虫发生密度预测",可以选择各省的"蝗虫发生密度预测"功能,进行省级的发生密度预测。

　　如,内蒙古的蝗虫发生密度预测结果显示界面如图 6.15 所示。

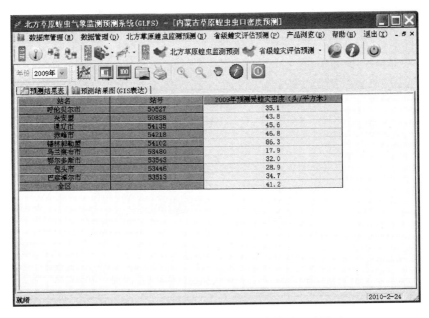

站名	站号	2009年预测受蝗灾密度（头/平方米）
呼伦贝尔市	50527	35.1
兴安盟	50838	43.8
通辽市	54135	45.6
赤峰市	54218	46.8
锡林郭勒盟	54102	86.3
乌兰察布市	53480	17.9
鄂尔多斯市	53543	32.0
包头市	53446	28.9
巴彦淖尔市	53513	34.7
全区		41.2

图 6.15　内蒙古蝗虫发生密度预测结果显示界面

6.5.3.3　气象适宜度等级评估

在"北方草原蝗虫监测预测"或"省级蝗灾评估预测"菜单下,可以选择不同省份及整个北方地区进行"气象适宜度等级评估"功能,以内蒙古的气象适宜度等级评估图显示界面为例,如图 6.16 所示。

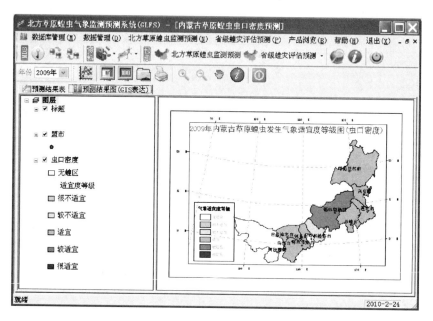

图 6.16　内蒙古的气象适宜度等级评估图显示界面

北方草原蝗虫发生的气象适宜度等级评估图显示界面如图 6.17 所示。

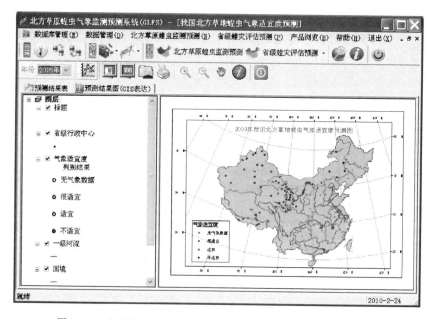

图 6.17　北方草原蝗虫发生的气象适宜度等级评估图显示界面

6.5.4　产品浏览

产品浏览是服务系统的主要功能之一。单击"产品浏览"按钮，可以在屏幕上浏览预测或评估结果，如图 6.18 所示。

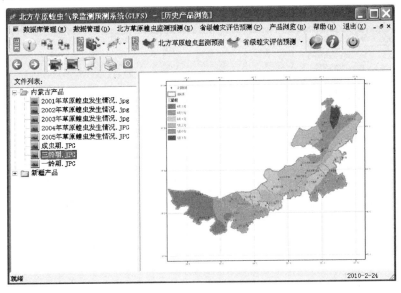

图 6.18　产品浏览

6.5.5　结果保存

单击相应评估产品界面上的"导出"按钮，可以将预测的结果以图片文件形式导出（图 6.19），以便进行产品的制作。

图 6.19　结果保存

6.5.6　打印输出预测、评估结果

　　通过当前窗口工具栏中的"打印"按钮,选择打印机后,即可将预测和评估结果打印输出,用于研制预报产品,进行业务服务(图 6.20)。

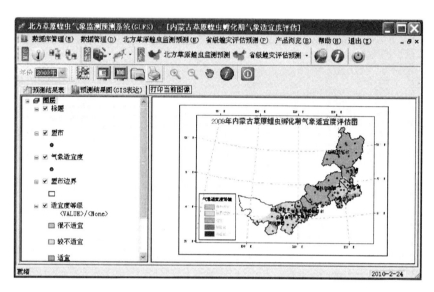

图 6.20　打印输出

第 7 章　我国北方草原蝗虫的防御对策

草原蝗虫是农牧业上的世界性大害虫,也是严重威胁我国草地畜牧业生产的重要害虫。

草原是我国面积最大的陆地生态系统,是畜牧业发展的重要物质基础和农牧民赖以生存的基本生产生活资料。然而,自 20 世纪 60 年代以来,出现了大面积草地退化、沙化与盐碱化,草地退化和沙化使得裸露土地越来越多,为蝗虫的产卵和繁殖创造了有利条件,导致蝗虫大面积发生。2003 年,我国西部的内蒙古、新疆、青海、西藏和甘肃等地,草原蝗虫面积约 110×10^4 hm²,严重威胁到天然草原保护和植被恢复,破坏了草原生态系统,制约了西部经济发展,影响了牧民生活。蝗虫品种多,分布广,仅草原上有害蝗虫就有 20 多种。在草原蝗灾的治理中,目前最主要的防治手段是化学防治,这种防治方法虽然具有快速、高效、使用方便等优点,但是随着化学农药品种及数量的增加以及无限制地使用农药,已导致一系列难以解决的问题,如蝗虫抗药性、农药效能降低、蝗虫天敌被杀、生态平衡破坏、产生残毒等。为此,广大科研和生产人员在多年的生产科研实践中总结、积累大量的试验结果和生产防治的经验,还提出了生物、生态(农业防治)、物理防治、综合防治及在预测预报基础上的防治对策等,下面简要介绍几种主要的防治技术、防治标准和最佳防治时间。

7.1　防治方法

7.1.1　化学防治

化学防治是目前草原蝗虫防治的主要手段之一。运用高效、低毒、低残留的化学毒剂进行防治,具有杀虫效果好、作用迅速、操作简便、处理费用相对较低的特点。

目前主要使用的农药以 4.5％高效锐劲特为主。它是一种特效农药。此外,还经常使用菊酯类农药如 4.5％高效氯氢菊酯、25％辛氰乳油、45％马拉硫磷乳油、4.5％高效菊马乳油、25％虫胆胃乳油及 4.5％虫必净乳油。此外,快杀灵、卡死克这些都是常用杀虫药,常用剂量为 $525 \sim 1500$ ml/hm²,施用方法为超低容量喷雾和常量喷雾,如大面积发生将进行飞机治蝗。

主要机械有悬挂式气力喷雾机,机动弥雾喷粉机、背式喷雾器和农用飞机等。不同药物采用不同的方法:

(1)喷雾

50％西维因可湿性粉剂 $300 \sim 500$ 倍液。

(2)地面超低容量喷雾

常用药剂有:50％马拉松乳油,40％乐果乳油,5％稻丰散乳油等。几种药剂的每公顷有效用量为:乐果 $300 \sim 450$ g,稻丰散 $300 \sim 450$ g,马拉松 $450 \sim 695$ g。

(3)飞机超低容量喷雾

可供选用制剂有,20％～30％马拉松＋二线油,20％稻丰散＋二线油。各种制剂的喷洒量每公顷 $1.5 \sim 2.2$ kg。

(4)药效检查的方法

①方框取样器检查法:在防治区不同类型环境中,防治前后分别取样调查其密度,计算死亡百分率。

②笼测法:防治前,捕捉主要优势同种蝗虫,每一养虫笼 100 头,饲以新鲜饲料,放在非防治区内作对照。喷药后,在另一组养虫笼内放采自喷药区的蝗虫 100 头,并供饲喷过药的牧草,逐日检查与对照组的死亡情况,连续观测 3 d,然后求出死亡率。

7.1.2　微生物防治

化学药品特别是有机磷农药的长期使用致使蝗虫对农药产生抗药性造成了施药量加大、防治成本增加、杀伤蝗虫天敌污染生态环境等一系列难以解决的问题。为探索一种安全、经济、有效地防治草原蝗虫的新型农药,改进防治技术,实现草原蝗虫的综合治理,加之可持续发展准则的提出,使得对于防治蝗虫的研究转移到生物防治上,但由于起步较晚,被利用的生物介质并不多。下面主要介绍几种微生物防治方法。

7.1.2.1　蝗虫微孢子虫

蝗虫微孢子虫,是一种专寄生于蝗虫等直翅目昆虫体的单细胞真核原生动物。将微孢子虫与麦麸配制的饵料被蝗虫取食后,可引起蝗虫感病死亡,存活残虫的体内产生大量孢子,健康虫与其相互蚕食后,微孢子虫又可在蝗群中传播,也可通过病虫产的卵传给下一代。随着对蝗虫天敌的研究发现,许多病原微生物可作为蝗虫生物防治的介质,具有一定的开发价值。国内研究得比较早、比较成功的蝗虫致病微生物是蝗虫微孢子虫(*Nosema locustae Canning*),它是 Canning 从非洲飞蝗(*Locusta migratoria migratorioides*)体内分离并命名的。Henry 用双带黑蝗[*Melanoplus bivittatus*(Say)]做替代寄主增殖孢子,用来防治草原蝗虫取得了显著成效,后来发展成为第一个商品化的微孢子虫杀虫剂。

1986—1993 年在新疆、内蒙古、青海、甘肃等省(区)草地示范推广 11.6×10^4 hm²,1994—1995 年推广 17.1×10^4 hm²,1996—2000 年推广 33.3×10^4 hm²。当年虫口减退率在 55% 以上,感染率 30%～40%。蝗虫微孢子虫防治草原蝗虫的成本比化学防治降低成本 1/3～1/2,且对人、畜安全,不污染环境,操作简便,喷雾、撒饵均可。

不同浓度微孢子虫药液防治效果如表 7.1 所示。

表 7.1　2002 年不同浓度微孢子虫药液处理草原蝗虫的效果(只/m²)

处理	防前	防后 2 周	防后 3 周	防后 4 周	防后 6 周
I(7.5×10^9 个/hm²)	32.9 ± 2.9^a	15.9 ± 5.1^a	5.1 ± 1.7^a	2.2 ± 0.8^a	3.0 ± 1.0^a
II(1.5×10^{10} 个/hm²)	31.5 ± 5.3^a	15.7 ± 4.2^a	4.5 ± 1.9^a	4.3 ± 1.8^a	2.1 ± 0.4^a
III(7.5×10^{10} 个/hm²)	37.2 ± 5.8^{ab}	17.0 ± 5.3^a	5.4 ± 1.9^a	2.7 ± 2.0^a	1.9 ± 0.8^a
CK	28.9 ± 1.6^a	38.7 ± 5.1^b	41.0 ± 5.2^b	42.1 ± 2.4^b	49.3 ± 6.3^b

注:表中数据为平均值±标准差,其后的小写字母表示($P < 0.05$,即 5% 显著水平下)时差异显著性,相同重叠字母为两处理差异不显著,不同字母为两处理差异显著。

蝗虫微孢子虫可感染蝗虫 20 种左右,据新疆、青海、内蒙古等地在草地上试验表明,每公顷按 7.5 ml 微孢子虫浓缩液(每毫升含孢量 1×10^9 个)和 1.5 kg 麦麸拌匀配制的毒饵撒播在蝗区,4 周后混合种群的校正虫口减退率为 55％,存活蝗群中 33％～35％的个体感染上了微孢子虫病。3 年后在试验区调查,其中心地带的虫口密度远低于防治指标,存活蝗群中有62.68％个体感染了螺虫微孢子虫病。感病的雌成虫产卵量比健虫下降 52.2％。

7.1.2.2　蝗虫致病真菌

在所有的病原微生物中真菌可能在蝗虫种群自然调控中最起作用,真菌在经过引进后可广泛流行从而大量杀死害虫种群。常用的蝗虫病原真菌包括丝孢类的白僵菌(*Beauveria bassiana*)、黄绿绿僵菌(*Metarhizium flavoviride*)、小团孢属(*Sorosporella sp.*)以及结合菌类的蝗噬虫霉(*Entomophaga gylli*)等,在这些致病真菌中,使用半知菌类孢子作为真菌杀虫剂具有快捷、有效的前景。其中关于绿僵菌治蝗的报导较多应用的面也较广。

绿僵菌为 Metarhizium 属,到目前为止该属共有 12 个种和变种。国外于 20 世纪 90 年代初开始绿僵菌治蝗的试验,并在随后几年在非洲进行大面积田间推广试验,取得不错的效果。我国在 20 世纪 90 年代中期开始绿僵菌防治蝗虫田间试验。据甘肃草原总站刘宗祥的介绍,绿僵菌(*Metarhizium flavoviride*)作为生物杀虫剂,既能迅速控制高密度蝗虫种群,又可实现长期控制蝗虫种群密度在经济受害水平以下。Bateman 报道,田间运用绿僵菌防治蝗虫灭效可达 90％以上,Piece 等用绿僵菌防治褐蝗(*Locutana pardalina*),每公顷用 $2×10^{12}$ 个绿僵菌孢子,3 周后田间笼罩效果达 98％,绿僵菌作为生物杀虫剂,既能迅速流行控制高密度蝗虫种群,又可实现长期传播控制蝗虫种群密度在经济受害水平以下,控制效果至少可以持续 5 年。虽然绿僵菌对环境的相对湿度有较高要求,但其油剂在空气相对湿度达到 35％时,即可感染蝗虫致其死亡。

内蒙古 1999 年应用绿僵菌油剂防治亚洲小车蝗的田间防治效果表明,在 20 hm^2 草地上喷洒绿僵菌油剂后,亚洲小车蝗的死亡率随时间的延长而逐渐增高,8 d 时的虫口减退率为50.8％,防效达 48％,12 d 时的虫口减退率达 89.2％,防效达 88.1％;新疆 2000 年应用绿僵菌饵剂防治意大利蝗虫,7 d 时的防效达 74.3％,30 d 时的防效达 88.7％,应用绿僵菌油剂防治意大利蝗虫,30 d 时的防效达 82.4％。

甘肃于 2001 年 8 月在祁连山山地进行了绿僵菌防治蝗虫效果试验。结果显示,在8333.3 hm^2 的草地中喷洒绿僵菌油剂后,祁连山痂蝗(*Bryodema qilianshanenensis*)等几种蝗虫的死亡率随着时间的延长而逐渐增高,7 d 时的平均虫口密度由 37.5 头/m^2 降至 9.4 头/m^2,防效达 76.0％,12 d 时降至 5.6 头/m^2,防效达 84.6％;在 373.3/m^2 的草地中匀撒饵后,雏蝗(*Chorthippus fieb*)等几种蝗虫的死亡率随着时间的延长而逐渐增高,3 d 时的平均虫口密度由防前的 52 头/m^2 降至 24 头/m^2,防效为 53.9％。7 d 时的平均虫口密度降至 17.6 头/m^2,防效为 66.3％。12 d 时的平均虫口密度降至 11.8 头/m^2,防效为 76.7％;与受试蝗虫处于同一环境中的其他昆虫如蚂蚁、蟑螂、金龟子、蜂、苍蝇、蝴蝶等在施药后 1 d,3 d,7 d,12 d的活动如常,同施药前;鸟类、鼠类、蛇等进出觅食行为正常,同施药前;草地植物的芽、叶、茎无灼伤感。

2002 年 7 月,甘肃在绿僵菌防治蝗虫试验地就绿僵菌的两种剂型对草原蝗虫的持续控制效果进行了调查。对照区平均虫口密度 43.6 头/m^2;大面积防治区域:月牙泉等地绿僵菌油剂防治区蝗虫平均虫口密度 18 头/m^2,歧路沟绿饵防治区平均虫口密度 12.4 头/m^2,试验区:绿僵菌油剂试验区的蝗虫平均虫口密度 12 头/m^2,绿僵菌饵剂试验区蝗虫平均虫口密度 8

头/m²。从调查结果看,试验区绿僵菌油剂和饵剂对草原蝗虫的持续控制效果,在施药后第2年防治有效率分别达到了72.6%和81.6%。因此绿僵菌作为防治草原蝗虫的专性生物制剂,具有推广价值。

7.1.2.3 蝗虫痘病毒

据报道,蝗虫痘病毒是1966年在国外首次从黑血蝗(*Melanoplus sanguinipes*)体内分离得到的,1981年黄传贤等在国内新疆西伯利亚蝗体内首次发现蝗虫痘病毒,并命名为西伯利亚蝗痘病毒(*Comphoceru sibiricns* EPV),此后国内有相继发现亚洲小车蝗痘病毒(*Oedaleus asiaticus* EPV)、意大利蝗虫痘病毒(*Comphoceru sibiricns* EPV)等5种蝗虫痘病毒。研究表明,新疆、内蒙古等地蝗虫痘病毒自然资源丰富,且有流行病的自然发生,感染率高达60%～70%。此后,有对蝗虫痘病毒的形态、生物学特性、毒力作用等方面进行了较为深入的研究,在内蒙古的田间测试结果表明喷药后蝗虫虫口减退率达到72.9%～73.3%。对亚洲小车蝗效果很明显,采用7.5×10^9 OBS、7.5×10^8 OBS、7.5×10^7 OBS和1.5 kg/hm²麦麸的毒饵剂,在蝗虫3龄若虫时施撒,虫口分别减少58.0%、42.0%和32.7%。随着研究的深入蝗虫痘病毒制成杀虫剂成为控制蝗虫危害的有效手段之一。

7.1.2.4 蝗虫致病细菌

苏云金芽孢杆菌是目前国际上生产量最大、应用最广的微生物杀虫剂,但用于防治草原蝗虫及内地蝗虫,国内报道很少。

苏云金芽孢杆菌(Bacillus thuriugieusis Bt),是Berliner1915年从地中海粉螟中分离出的一种芽孢杆菌,因这种菌在德国苏云金地区被发现,故而就以它横式种定名为苏云金芽孢杆菌。自发现以来,苏云金芽孢杆菌这一类型的细菌杀虫剂已成为微生物防治害虫的主要手段之一,在害虫防治中发挥了很大作用。它具有化学杀虫剂所不可比拟的优点,如不产生抗药性,无残毒,不污染环境,不杀伤害虫的天敌,具有成本低,药效持久,杀虫速度快,杀虫谱广等众多优点。经初步统计,在我国利用苏云金芽孢杆菌已经试验或防治的鳞翅目、双翅目、鞘翅目害虫多达40多种。

朱文等(1995)从32株苏云金芽孢杆菌亚种中筛选到一株对青海、四川草原优势种蝗虫具有较强致死作用的菌株Bt7,以3750 ml/hm²的剂量对草地3龄蝗虫的大面积防效可达70%;同时,他们就草地蝗虫感染苏云金芽孢杆菌后其组织和细胞的病理变化进行深入细致的研究,为进一步推广运用Bt防治草地蝗虫提供了理论依据。尽管苏云金芽孢杆菌用于防治草原蝗虫的工作起步时间不长,但是随着相关研究的不断具体和深入,苏云金芽孢杆菌的应用范围将进一步扩大,它必将为草原蝗虫的生物防治开辟一条新的途径,在草原蝗虫的防治中具有重要的推广应用价值。

7.1.2.5 印楝素生物制剂

印楝素是成都绿金生物科技有限责任公司研制生产的杀治蝗虫生物制剂,2003—2005年在新疆、内蒙古、青海、河北进行了草原蝗虫防治药效试验,并分别与化学制剂4.5%高效菊酯、4.5%高效氯氰菊酯、20%虫必克、45%虫毙净、4.5%高效顺反氯氰菊酯进行了对比,其对比结果如表7.2和表7.3。

表 7.2　0.3%印楝生物制剂防治草原蝗虫小区试验结果

地点	药品	处理 （ml/hm²）	重复 次数	校正虫口、自然虫口减少率（%）				$P_{0.05}$
				第 1d	第 3d	第 7d	第 15d	第 7d
青海	印楝素	60	4	43.7	52.1	62.6	59.8	C
		105	4	46.3	78.6	76.2	86.5	B
		150	4	74.8	89.9	88.6	89.8	A
	虫毙净	300	4	77.2	82.6	90.8	87.1	A
	空白		4	−17.5	−22.6	−13.2	−21.1	
河北	印楝素	90	4	40.1	84.1	88.0		A
		150	4	54.2	91.4	94.4		A
		210	4	75.9	92.1	95.0		A
	虫必克	600	4	71.3	90.8	90.0		A
	空白		4	−3.8	−11.7	−10.3		

注：表中最后一列相同字母为差异不显著，不同字母为差异显著（$P<0.05$）。

表 7.3　0.3%印楝素生物制剂防治草原蝗虫大面积试验结果

地点	药品	处理 （ml/hm²）	面积 （hm²）	取样数	防治效果（%）	
					第 3d	第 7d
新疆	印楝素	80	130	50	96.4	99.0
		120	130	50	97.1	98.8
		150	130	50	96.9	98.6
		210	260	100	92.8	98.5
内蒙古	印楝素	75	100	18	89.2	95.2
		120	100	18	96.3	98.2
		255	100	18	92.6	97.6
	高效氯氰菊酯	600	100	18	95.6	
	空白		100	18	−7.2	−23.8
青海	印楝素	150	350	25	77.9	94
	高效氯氰菊酯	300	15	25	97.3	
	空白		1.0	15	−0.03	

注：内蒙古、青海虫口减少率均为校正虫口减少率。

　　施药后经试验区观察，0.3%印楝素生物制剂在用药量 75 ml/hm²、120 ml/hm² 时，能有效保护瓢虫等有益生物，在用药量 255 ml/hm² 时，对其有一定影响，但其影响远小于各试验区所用的化学对照药品。由此表明 0.3%印楝素生物制剂在有效防治草原蝗虫的剂量范围内，对天敌等生物是较为安全的。0.3%印楝素生物制剂防治草原蝗虫不仅效果明显，而且对人、畜安全,对非靶动物干扰小,以每公顷用药量 150 mp 兑水定容,不论采用常量和超低容量喷雾,其效果与化学药制相当,因此,0.3%印楝素对维护生态系统多样性有重大意义。

7.1.3　利用家禽和鸟类防治

草原蝗虫的自然天敌有粉红椋鸟、喜鹊、灰喜鹊、乌鸦、蜥蜴、蟾蜍、食虫虻、芜菁(幼虫寄生于蝗卵)、步甲、蚂蚁、飞蝗黑卵蜂、螳螂、蜘蛛等;人工饲养的鸡、鸭等也是蝗虫的天敌。每年草原蝗虫防治季节,将育雏一定天数的雏鸡、雏鸭运至蝗害发生地牧放,通过鸡、鸭取食蝗虫,达到控制蝗虫的发生、保护草原生态环境的目的。因此,保护和利用好蝗虫天敌,对于控制草原蝗虫有重要作用。目前,新疆利用生物技术控制草原虫害比例已达 70%。在蝗灾区,使用高效低毒的农业和生物农药,保护蝗区的捕食性天敌是非常重要的。下面介绍利用牧鸡、牧鸭及利用粉红椋鸟控制蝗虫。

7.1.3.1　牧鸡、牧鸭治蝗

在有条件的蝗区,养鸡灭蝗,既能发展养鸡业,又保护了草原。草地牧鸡、鸭来灭蝗是一项环境友好型生物灭蝗新技术、它利用鸡、鸭与蝗虫之间具有食物链关系的原理,把鸡、鸭群投放到发生虫害的草地上放牧,通过鸡鸭取食蝗虫来有效控制蝗虫种群数量,使之保持在一定的种群密度之下,从而达到保护草地资源的目的。在内蒙古、青海、新疆等地都先后开展了牧鸡、牧鸭治蝗工作,取得了成功的经验,这种措施能增加农牧民经济收入,降低生产成本同时又达到了防治蝗虫的目的,试验表明,每只鸡每天可捕食蝗虫 30 只左右,一只牧鸡在有效放牧时间内,可保护 1300 m² 以上的草场面积,侯丰(1999)在天山和赛里木湖,颜生林等(2004)在青海高寒牧区进行养鸭灭蝗试验也都取得了良好的效果,牧鸡鸭各 1000 只,灭蝗时间 60 d,防治草原蝗虫面积 1477 hm²,其中鸡群防治 757 hm²,平均灭效为 96.5%;鸭群防治面积 720 hm²,平均灭效 86.3%。尽管这项技术还存在这样那样的缺陷,但在实践中不断总结完善这项技术今后在蝗虫的防治中一定会发挥重要作用。

新疆阿勒泰试验也表明牧鸡防治蝗虫效果较好。在放养期,鸡群每天每只除给带领放养的 20 g 信号粮外,均以蝗虫为食。每天每只鸡捕食蝗虫 188 头,灭蝗面积 66.6 m² 草地。经 3 年试验,不同品种的鸡,平均日增重 15~19 g。

7.1.3.2　粉红椋鸟控制蝗虫

我国蝗虫天敌资源极为丰富,其种类和数量都较多,如天敌昆虫、鸟类、爬行动物以及两栖动物等,它们对抑制蝗虫群落数量、减少群集和群集种群的增长速度、维护草原营养链平衡具有不可忽视的作用。昆虫类天敌如虎甲、拟步甲、蜘蛛、蚂蚁、芜菁类、寄生蝇类、寄生蜂类等,鸟类天敌如粉红椋鸟、百灵鸟、灰椋鸟、燕鸻、喜鹊、灰喜鹊、云雀、麻雀等,爬行类的蛇、蜥蜴等,它们都是捕食蝗虫的能手,尤其是粉红椋鸟在我国新疆草地蝗虫的控制中起到极为重要的作用。

粉红椋鸟属雀形目椋科,主要分布在新疆境内海拔 900~2300 m² 的山地草原。分布区多为荒漠、半荒漠山地和草甸草原区,这些地区是蝗虫常发区。粉红椋鸟 5 月至立秋滞留在新疆进行繁殖,此时也正是蝗虫发生期。粉红椋鸟和蝗虫存在的食物链关系,可充分发挥灭蝗的作用。一只粉红椋鸟每天可取食蝗虫 120~180 头,每年将近有 400 万只粉红椋鸟,可以控制 13 万 hm² 草原,所以粉红椋鸟治蝗效果不容忽视。

例如新疆治蝗科技人员,在充分掌握粉红掠鸟生态学的基础上,在蝗区人工修筑鸟巢和乱石堆,创造其栖息产卵的场所,招引棕鸟栖息育雏,捕食蝗虫,控制蝗害效果十分明显,一次性投资,多年受益。1981—1986 年,玛纳斯县先后在蝗区人工营巢 26 处,营巢面积 3000 余平方米,招引点覆盖面积达 1.3×10^4 hm²,营巢区蝗虫密度明显地低于未营巢区的密度。

人工筑巢招引益鸟治蝗是一项效益显著、无药物污染的好办法。除了粉红棕鸟外,还有其他一些鸟类可以捕捉蝗虫。我国鸟类资源丰富,多属益鸟,充分研究招引益鸟灭蝗,潜力很大。

7.1.4　物理防治

利用自然或人为,直接作用于各种虫体的方法。目前多采用的有人工捕杀和机械防治等方法。人工捕杀就是利用人力或简单器械,捕杀有群集性或假死性的蝗虫。如人工用扫帚拍打,人工撒网等,机械防治目前常用吸蝗机等。

如,内蒙古草原站自行设计制造的 3CXH−220 型吸蝗虫机,工作效率 1.3～1.7 hm²/小时,在草层高度 15～45 cm 的放牧地和打草地上吸捕率平均为 86.7%,其防治效果与化学防治接近,防治成本仅为化学防治的一半,且不污染环境,对益虫杀伤力小。所捕蝗虫可作为优质蛋白饲料用于畜禽养殖业和饲料工业。此法适用于地表较平坦、蝗虫密度高的地区。

7.1.5　生态防治

生态治理又叫农业防治,是指结合整个栽培管理过程,有目的地采取措施,创造不利于蝗虫生存繁殖而有利于牧草生长发育的环境,以达到控制蝗虫的方法。生态治理有两条途径:一条是增加草原生态的生物多样性,改变生态的小气候来控制蝗虫;另一条就是通过食物链机制来控制蝗虫。采用选择检疫合格、清洁健康的种子,选择抗虫品种种子,混播、飞播、补播优质牧草,种植蝗虫不喜食的牧草;定期轮作倒茬,翻耕改土;合理施肥、灌溉;选择适宜的播种期、收获期、收获方法;轮封、轮牧等生产技术措施,控制蝗虫种群数量不成灾,并达到防治的目的。

(1)兴修水利,做到旱涝无灾。

(2)做到大面积荒滩垦荒种植,改变蝗虫的栖息环境,减少发生基地的面积。

(3)植树造林,改变蝗区小气候,减少飞蝗产卵繁殖的适生场所。

(4)提高耕作和栽培技术,达到控制蝗卵的作用,因地制宜,改变作物的布局,减少蝗害。

(5)合理种植一些有利于蝗虫天敌的生存发展、不利于蝗虫的牧草。

7.1.6　其他防治方法

7.1.6.1　蝗虫生物学指标预测

首先弄清楚优势种蝗虫生活史和生物学特性。预测预报的内容包括:在弄清楚蝗虫生活史的基础上,组建蝗虫生命表,测定生殖力,测定蝗卵、蝗蛹起点发育温度及有效积温用于预测蝗虫发育始期、历期;在显微镜下观察蝗卵胚胎发育的情况,预测产卵期;根据每年春查卵孵化期预测孵化期等。

7.1.6.2　气象监测及预测

利用气象资料和蝗虫发生面积、最大密度、龄期和发生趋势的调查资料和实验数据,进行统计分析,建立气象条件对蝗虫发生发展的影响关系模型,经过理论和实际检验和验证,确保达到一定的可信度。利用该模型进行蝗虫发生面积、发生区域、最大密度、龄期、危害期和发生趋势等预测,为准确及时防治草原蝗虫提供科学依据。

7.1.6.3　综合防治

综合防治是根据各种类型草原蝗区的特点,结合草原建设,因地制宜地采取各种综合措施,改变蝗虫发生的生态环境。

从生物、生态、环境、持续发展出发,本着预防为主、安全、有效、经济、操作简单易行为指导思想,因地制宜,综合采用预测预报生态、生物、化学、物理等方法防治蝗虫使其控制在不足危害水平,以达到生态环境健康,人、畜健康,草原生产力提高的目的。综合防治是未来蝗虫防治的根本方法。

例如,植树造林,草原灌溉与施肥,建立人工或半人工草地,种植多年生牧草,草地飞播、补播优良品种牧草,划区轮牧,合理利用草原等措施,都可以改变蝗虫发生基地的植被、土壤、小气候等条件,从而不利其发生。

7.2　防治技术标准和最佳防治时间

目前,我国由于各地种类和个体取食量的差异,草原蝗虫防治标准也有所不同,应该针对具体问题作具体分析。

7.2.1　防治技术标准

一般小型蝗虫每平方米 25 头以上、中型蝗虫 15~25 头/m² 以上为防治标准。农田蝗虫比草原蝗虫体型大、食量大、危害重,农牧混交区防治标准一般在 5~10 头/m² 以上。为了合理利用资金,提高防治经济效益,一般达到防治指标时才进行防治。近年来,草原退化和沙化十分严重,即使虫口数量未达到上述防治标准,但已经对草原构成了威胁,所以,在实际操作时,建议可适当降低防治标准,有利于防蝗、治灾、草场生态恢复。

邱星辉(2004)对内蒙古主要蝗虫的防治经济阈值进行了研究,认为其防治经济阈值为16.9 头/m²,李广等(2007)计算了科尔沁草原亚洲小车蝗防治指标为 20.6 头/m²。张泉等(2001)测定了三龄期前的意大利蝗牧草损失量与虫口密度数据(表 7.4),并建立了蝗虫虫口密度与造成牧草损失量的关系式。

表 7.4　野外罩笼测定的意大利蝗取食牧草量(g)(张泉等,2001)

虫口密度(头/m²)	8	16	32	64	128
牧草损失量(g)	13.5084	27.9828	36.6992	42.2344	42.5868

意大利蝗虫口密度与造成牧草损失量的关系:

$$Y = 60/(1 + 116675e - 0101371x)$$

$$(r = 0.7556, F = 359.781 > F_{0.01} = 21.2)$$

根据干牧草价值(0.10 元/千克计)和防治费(按 21.15 元/hm² 计)与牧草损失换算,估算出防治指标,为≥8 头/m²。即意大利蝗三龄期前平均虫口密度在 8 头/m² 以上时应进行防治。

青海草地蝗虫防治标准为≥25 头/m²。

冯光翰等(1995)对混合种进行了讨论,按密度、取食量、防治成本、效果、牧草单价等计算了甘肃夏河甘加草原防治指标为 21.7 头/m²;如果将防治费用折合成牧草价值,则防治指标为 26.2 头/m²;如果分别按大、中、小三种食量类型蝗虫分布造成危害讨论,则防治指标依次为 5.2 头/m²,17.6 头/m²,32.3 头/m²。

7.2.2　最佳防治时间

草原蝗虫的最佳防治期一般有两个时段:3 龄期和成虫期(产卵前)。

3 龄期是防治的第一最佳时段,主要原因是:(1)多数蝗虫处于 3 龄期时,绝大部分蝗虫已经孵化出土,防治会比较彻底,效果会比较好;(2)此时的蝗虫抗药能力较差,耐药性差,可以用较少的药量会有相对较大的防治效果,既能有效防治,又对环境和天敌产生的危害小,防治经济效益也较高;(3)幼龄期的蝗虫取食量小,危害性还不是很强;(4)幼龄蝗虫处于扩散前期,扩散能力也不是很强,危害范围还不大。

另外,第二个防治最佳时段是成虫期,在成虫期防治,不仅能够减轻本世代蝗虫的危害,更重要的是可以减少进入孕育期的雌蝗,减少产卵量,减少下年的蝗虫基数,做到本世代治理下世代减少、本年度治理下年度减少,具有源头治理、持续治理的效果。

各地具体防治时间应该根据进入 3 龄期和成虫期(产卵前)的时间来定。比如,内蒙古乌兰察布市亚洲小车蝗最佳防治期为 5 月中、下旬至 6 月中旬,最迟不过产卵期(许富祯等,2006)。内蒙古赤峰阿旗、右旗、克旗、左旗等北部旗县防治时间为 5 月下旬至 6 月中、下旬。包头市最佳防治期为 6 月中旬至 6 月下旬;青海黄南州最佳防治期为 6 月下至 7 月中、下旬;新疆北部 6 月上至 6 月中旬。也可以根据蝗虫发生的实际监测情况,跟踪防治。

参考文献

Anderson N L. 1964. Some relationships between grasshoppers and vegetation[J]. *Anm Ent Soc Am* , **57**:733-742.

Baker F L. 1983. Parasites of locusts and grasshoppers. Agfact A. E. 2, M. S. W. Dept. of Agriculture, Sydney: **16**.

Baret F, Guyot G. 1991. Potentiais and limits of vegetation indices for LAI and Aparassessment[J]. *Remote Sens. of Environ.* , **35**:161-173.

Beckerman A P, 2000. Counterintuitive outcomes of interspecific competition between two grasshopper species along a resource gradient [J]. *Ecology*, **81**:948-957.

Belovsky G E, Slade J B. 1995. Dynamics of two Montana grasshopper population: Relationships among weather, and intraspecific competition [J]. *Oecologia*, **101**:383-396.

Belovsky G E. 1997. Optimal foraging and community structure: The allometry of herbivore food selection and competition [J]. *Evol. Ecol.* , **11**:641-672.

Bingxiang Li, Yonglin Chen, Huiluo Cai. 1998. Effects of photoperiod on embryonic diapause and reproduction in the Migratory Locust in three geographical populations[J]. *Entomologia Sinica* ,**5**(4):342-349.

Bodenbheimer F S, Shulov A. 1951. Egg-development and diapause in the Moroccan Locust (Do-ciostaurus marocca ciostaurus maroccanus Thunb.)[J]. *Bull. Res. Coun.* lsrael L:59-75.

Bullen F T. 1972. A review of the assessment of crop losses by locusts and grasshoppers. In:D. F. Hemming & Taylor (eds.). *Proceedings of the International Study Conference on the Current and Future Problem of Acridology* [M]. London. COPR, 163-169.

Burger A. 1960. Time and Size an factors in Ecology [J]. *L. Animal. Ecol*,**29**(1):1-7.

Chapman R F. 1961. The egg pods of some tropical African grasshoppers (Orthoptera: Acridoidea)II. Egg pods from grasshoppers collected in southern China [J]. *J. Ent. Soc. sth.Afr.* , **24**: 259-284.

Chase J M. 1996. Differential competitive interactions and the included niche: An experimental analysis with grasshoppers [J]. *Oikos*, **76**:103-112.

Chen Y L, Long Q C. 1989. Present Status of Oriental Migratory Locust in China [C]. *The First Asia-Pacific Conference of Entomology*, Nov. 8-13.

Chen Y L. 1991. The Migratory Locust, Locusta migratoria, and Its Asiatic Subspecies. In:*The Field Guides of The Most Serious Locust and Grasshopper Pests of the World* ,The Orthopterists ʼSociety Series of Fild Guides [M]. 1-34.

Chen Y L. 1999. *The Locust and Grasshopper Pests of China* [M]. Beijing: China Forestry Publishing House,1-80.

Colombo R, Bellingeri D, Fasolini D, Marino C M. 2003. Retrival of leaf area index in different vegetation types using high resolution satellite data [J]. *Remote Sensing of Environment* , **86**(1):120-131.

Deveson T, Hunter D. 2002. The operation of a GIS-based decision support system for Australian locust management [J]. *Entomo logia Sinica* ,**9**(4): 1-12.

Farrow R A,Collese D H. 1980. Analysis of the interrelationships of geographical race of Locusta migratoria (Linnaeus) (Orthoptyera, Acrididae) by numerical taxonomy, with special references to subspeciation in the tropics and affinities of the Australian race [J]. *Acrida*, **9**: 77-99.

Farrow R A. 1984. The Locust and Grasshopper Problem in China today [J]. *Jour Austral Institu Agri Sci* ,

161-166.

Farrow R A. 1972. The African migratory locust in its main outbreak area on the Middle Nigert: Quantitative studies of solitary populations in relation to environmental factors-Ph. D. Thesis [M]. University of Reading.

Farrow R A. 1974. Comparative plague dynamics of tropical Locusta (Orthoptera, Acri-didae)[J]. *Bull. Ent Res.*, **64**(3):401-411.

Gangwere S K. 1961. A monograph on food selection in Orthoptera [J]. *Trans. Am. Ent Soc.*, **87**:67-230.

Greathead D J. 1972. A review of the insect enemies of Acridoidea (Orthoptera)[J]. *Trans. R. Ent. Soc. Lond.*, **114**:437-517.

Haskell P T. 1957. Stridulation and associated behaviour in certain Orthoptera. l. Analysis of the stridulation and behaviour between males. Bris [J]. *J. Anim. BehaV.*, **5**: 139-148.

Heike C F. 2002. The habitat functions of vegetation in relation to the behaviour of the desert locust Schistocerca gregaria (ForskaK1) (Acrididae: Orthoptera): A study in Mauritania (West Africa)[J]. *Phytocoenologia*, **32**(4): 645-664.

Hemming C F. 1974. *The Locust Menace*. COPRL: 1-28.

Hewitt G B. 1979. Hatching and development of rangeland grasshoppers in relation to forage growth, temperature and precipitation [J]. *Environmental Entomology*, **8**: 24-29.

Holt R D. 1985. Population dynamics in two patch environments some anomalous consequences of an optimal habitat distribution [J]. *Theor. Pop. Biol.*, **28**: 181-208.

J. U. 哈克曼,李芝喜. 1985. 陆地卫星对非洲、近东和南亚荒漠蝗虫繁殖范围的监测[J]. 林业调查规划,(4): 37-38.

Jepson Inne K, Bock C E. 1989. Response of grasshoppers (Orthopte rthoptera Acrididae) to lives tock grazing in southeastern Arizona: Differences between sewonal and aubfamily [J]. *Oecologia*. **78**:430-431.

Ji Rong, Xie Baoyu, Li Dianmo, *et al*. 2004. Use of MODIS data to monitor the Oriental migratory locust [J]. *Agriculture, Ecosystem & Environment*, **104** (3): 615-620.

Jing X H, Kang L. 2003. Geographical variation in egg cold hardiness: A study on the adaptation strategies of the migratory locust Locusta migratoria L [J]. *Ecolo. Entomol.*, **28**: 151-158.

Katiyar K N. 1960. Ecology of oviposition and the structure of egg-pods and eggs in some Indian Acrididae [J]. *Res. Indian Kus.*, **55** (1957):29-68.

Li B X, Chen Y L, Cai HuiIuo. 1998. Effects of photoperiod on embryoic diapause and reproduction in the migratory locust in three geographical populations [J]. *Entomologia Sinica*, **5** (4):342-349.

Lockwood J A, Schell S P. 1993. Outbreak dynamics of rangeland grasshoppers:eruptive, gradient, both or neither? Proceedings of the 6th International Orthopterists Society Meeting [C], Hilo, Hawaii. In press.

Michel L S. 1999. Drought and an exceptional outbreak of the oriental migratory locust, Locusta migratoria manilensis (Meyen) in indoesia [J]. *Joumal of Orthoptera Research*, **8**:153-161.

Mukerji M K, Braun M P. 1988. Effect of low temperatures on mortality of grasshopper eggs (Orthoptera: Acrididae)[J]. *Canadian Entomologist*, **120**(12): 1147-1148.

Mukerji M K, Gage S H. 1978. A model for estimating hatch and mortality of grasshopper egg populations based on soil moisture and heat [J]. *Annals of the Entomological Society of America*, **71**(2): 183-190.

Mulkern, G B. 1967. Food selection by grasshoppers [J]. *A Rev. Ent.*, **12**:59-78.

Mulkern G B. 1969. Behavioral influences on food selection in grasshoppers (Orhoptera: Acndidae), Entomal [J]. *Experient and Appl.* **12**: 509-523.

Myneni R B, Ramakrishna R N, Running S W. 1997. Esti ma-tion of global leaf area index and absorbed par using radi-ative transfer models[J]. IEEE. transactions on Geosci-ence and Remote Sensing, **35**(66): 1380-1393.

Nolte D J. 1974. The gregarization of locusts[J]. *Biology Review*, **49**: 1-14.

Onsager J A, 1982. Hewitt G B. Rangeland grasshoppers: average longevity and daily rate of mortality among six species in nature[J]. *Environmental Entomology*, **11**:127-133.

Price J C. 1993. Estimating leaf area index from satellite data[J]. IEEE. Transactions on Grosuence and Remote Sensing, **31**(3):727-734.

Rainey R C. 1989. *Migration and Meteorology: Flight Behaviour and the Atmospheric Environment of Locust and other Migrant Pests* [M]. Oxford: Clarendon Press: 88-131.

Riley J R, Smith A D, Reynolds D R. 2003. The feasibility of using vertical-looking radar to monitor the migration of brown planthopper and other insect pests of rice in china[J]. *Entomologia Sinica*, **10**(1): 1-19.

Riley J R. 1974. Radar observations of individual desert locusts (Schistocerca grega ria (Forsk,) (Orthoptera: Locustidae)[J]. *Bulletin of Entomological Research*, **64**:19-32.

Schell S P, Lockwood J A. 1995. Spatial analysis optimizes grasshopper management[J]. *GLS World*, **8**(11): 68-73.

Skaf R. 1986. Current Problems of Locust and Grasshopper control in Developing Countries[C]. *Proceeding 4th Triennial Meeting*. Pan Amer. Acridol. Soc., 221-228.

Stebaev I V, Pshenitana L B. 1978. Food selection of dominant grasshopper species of the Irtish steppe and water meadows as defined by the diagnostic method of composition of grasshopper faces. In: Stebaev, LV, ed. *On questions of ecology*[M]. Novosibiesk, Novosibirsk State University. 18-29.

Tucker C J, Hielkema J U, Roffey J. 1985. The potential of satellite remote sensing of ecological conditions for survey and forecasting desert locust activity[J]. *International Journal of Remote Sensing*, **6**(1): 127-138.

Voss F, Dresier U. 1994. Mapping of desert locust and other migratory pests habitats using remote sensing techniques// K rall S, ed. *New Trends in Locust Control Rossdorf*. TZ Verlagsgese llschaft, 23-40.

Xu W H. 1999. Progress in insect diapause study[J]. *Acta Entomol. Sin.*, **42**: 100-107.

Yan Z C, Chen Y L. 1997. Habitat selection in grasshoppers in typical Steppe[J]. *Acta Zoo-logica Sinica*, **43**(1): 110-111.

Zhang Z B, Li D M. 1999. A possible relationship between outbreaks of the oriental migratory locust (Locusta migratoria manilensis Meyen) in China and the El Nino episodes[J]. *Ecological Research*, **14**:267-270.

Л. М. Копанева, И. В. Стебаев, 鲁挺. 1985. 蝗虫栖息地调查方法及其数量统计[J]. 草原与草坪,(1):42-43.

阿不都外力,阿依加马力,古丽曼,等. 2007. 0.3%印棟素生物制剂防治草原蝗虫药效试验[J]. 新疆畜牧业, (S1):57-58.

阿斯亚·瓦依提,阿不都·玉素甫. 2008. 新疆哈密地区北部草原蝗虫发生的气象条件[J]. 草食家畜,(3): 67-69.

艾悦秀,陈兴芳. 2000. 夏季副高与海温的相互关系及副高预测[J]. 热带气象学报,**16**(1):1-8.

安瑞军,梁怀宇,冯一凡. 2007. 轮纹异痂蝗生物学特性初步研究[J]. 植物保护,**33**(4):57-59.

傲英. 2008.模糊决策法求解生物治理蝗灾的最优策略[J]. 新疆畜牧业,(2):65-67.

巴合提亚尔,阿不都外力,阿依加马力,等. 2007. 几种杀虫剂农药防治草原害虫的效果[J]. 新疆畜牧业, (S1):23-26.

白月明,刘玲,高素华,等. 2008.我国北方草原蝗灾气象监测预警技术研究[J]. 中国植保导刊,**28**(9):9-11.

白月明,刘玲,高素华. 2008.我国北方草原蝗灾气象监测预警技术探讨[J]. 科技资讯,(28):204,206.

白月明,刘玲,乌兰巴特尔,等. 2007.内蒙古地区蝗虫发生与大气环流特征的关系[J]. 生态学杂志,**6**(7):

1054-1057.

宝柱.1999.呼伦贝尔草地蝗虫的发生与防治[J].内蒙古草业.(1):42-44.

蔡振声,史先鹏,徐培河.1994.青海经济昆虫志[M].西宁:青海人民出版社.

曹成全,张阳,张春学,等.2008.蝗虫综合治理及研究进展[J].山东农业大学学报(自然科学版),**39**(4):657-660.

常兆芝,孙源正,王增君.1996.鲁北东亚飞蝗蝗区区划及生态控制对策[J].山东农业大学学报(论文集),**27**:149-152.

常兆芝,源正.1998.山东省沿海蝗区东亚飞蝗可持续治理技术研究与实施[J].山东农业大学学报,**29**:63-67.

陈本建.1999.用马尔可夫链方法测报草原蝗虫[J].草业科学,**16**(2):37-40.

陈广平,郝树广,庞保平,等.2009.光周期对内蒙古三种草原蝗虫高龄若虫发育、存活、羽化、生殖的影响[J].昆虫知识,**46**(1):51-56.

陈国明.2001.青海省草地蝗虫为害等级划分、分布现状及其防治[J].青海草业,**10**(3):40-42.

陈景莲,徐利敏.2007.5%氟虫腈 SC 防治草原蝗虫药效试验[J].内蒙古农业科技,(6):67-68.

陈俐.2007.西藏飞蝗的发生规律及防治对策[J].西藏农业科技,**9**(3):9-11.

陈申宽,吴虎山,高海滨,等.2007.呼伦贝尔草地有害生物综合防治技术研究报告(Ⅱ)[J].内蒙古民族大学学报(自然科学版),(3):307-313.

陈素华,宫春宁.2005.内蒙古气候变化特征与草原生态环境效应[J].中国农业气象,**26**(4):246-249.

陈素华,李红宇.2007.影响内蒙古草原蝗虫生存与繁殖的关键气象因子[J].中国农业气象,**28**(4):463-466.

陈素华,李警民.2009.内蒙古草原蝗虫大暴发的气象条件及预警[J].气象科技,**37**(1):48-51.

陈素华,乌兰巴特尔,曹艳芳.2006.气候变化对内蒙古草原蝗虫消长的影响[J].草业科学,**23**(8):78-82.

陈永林,刘举鹏,黄春梅,等.1980.新疆的蝗虫及其防治[M].乌鲁木齐:新疆人民出版社.

陈永林,龙庆成,朱进勉,等.1981.洪泽湖蝗区东亚飞蝗发生动态的研究[J].生态学报,**1**(1):41-52.

陈永林.2005.改治结合,根除蝗害的关键因子是"水"[J].昆虫知识,**42**(5):506-509.

陈永林.1974.关于蝗虫学问题的国际研究会议简况[J].昆虫知识,**11**(1):47-48.

陈永林.2000.蝗虫灾害的特点、成因和生态学治理[J].生物学通报,**35**(7):1-5.

陈永林.1997.浅谈蚱、蜢、蝗[J].昆虫知识,**34**(4):237-238.

陈永林.1981.新疆维吾尔自治区蝗虫的研究:蝗虫的分布(续)[J].昆虫学报,**24**(2):166-173.

陈永林.2007.中国主要蝗虫及蝗灾的生态学治理[M].北京:科学出版社.

陈永林.1979.改治结合,根除东亚飞蝗蝗害[M].见:中国科学院动物研究所,中国主要害虫综合防治.北京:科学出版社.252-280.

陈永林.1991.蝗虫和蝗灾[J].生物学通报,(11):9-12.

陈永林.2001.蝗虫生态种及其指示意义的探讨[J].生态学报,**21**(1):156-158.

陈永林.2000.蝗虫再猖獗的控制与生态学治理[J].中国科学院院刊,**15**(5):341-345.

陈永林.1998.全球变化与蝗虫灾害的可持续控制[J].经济,社会,生态·持续发展信息,**2**:7-8.

陈永林.1982.我国西藏初次发现沙漠蝗[J].昆虫学报,**25**(1):67.

陈永林.1981.新疆维吾尔自治区的蝗虫研究:蝗虫的分布[J].昆虫学报,**24**(1):17-27.

陈永林.1981.新疆维吾尔自治区的蝗虫研究:蝗虫的分布(续)[J].昆虫学报,**24**(2):166-173.

陈永林.2000.中国草原的蝗害及其生态学治理,见:中国草地的经济效益[M].中国高等科学技术中心,**119**:95-122.

陈永林.2000.中国的飞蝗研究及其治理主要成就[J].昆虫知识,**37**(1):50-59.

陈永林.1990.中国蝗虫灾害.见:孙广忠等.中国自然灾害[M].北京:学术书刊出版社,235-252.

陈永尧,张生合.2008.杀灭灵灭治草原毛虫及蝗虫的效果[J].养殖与饲料,(9):56-59.

陈永尧.2007.2006 年湟中县草地鼠虫害调查[J].青海草业,(1):59-60.

陈永尧.2008. 湟中县草地鼠虫害危害现状及防治思路[J]. 草业与畜牧,(6):24-28.

成图雅,杜文亮.2009. 机械吸捕过程中蝗虫逃逸问题的探讨[J]. 安徽农业科学,(4):1678-1680.

程辉彩,张丽萍,张根伟,等.2008. 绿僵菌防治蝗虫的效果[J]. 江苏农业科学,(2):110-111.

程亚樵,曹雯梅,孙斌,等.2008.黄河滩区夏蝗发生量预测模型研制[J].河南农业,24(12):47-48.

程志文.2007. 草原蝗虫的防治措施[J]. 农村科技,(10):35-36.

崔蕊蕊.2007. 也门面临着最严重的蝗虫侵略[J]. 山东农药信息,(9):46.

崔越.1999. 利用 GIS 辅助分析草原放牧活动对蝗虫群落的影响[J].畜牧兽医学报,30(6):574-576.

邓聚龙.1997.灰色控制理论(第二版)[M].武汉:华中科技大学出版社.

邓聚龙.1990.灰色系统理论教程[M].武汉:华中理工大学出版社.

邓聚龙.1993.灰色控制系统[M].武汉:华中理工大学出版社.

邓自旺,周晓兰,倪绍祥,等.2005.环青海湖地区草地蝗虫发生测报的气候指标研究[J].植物保护,31(2):
　　29-33.

邓自旺,周晓兰,倪绍祥,等.2005.环青海湖地区草地蝗虫发生遥感监测方法研究[J].遥感技术与应用,20
　　(3):326-331.

邓自旺.2002. 遥感与 GIS 支持下环青海湖地区草地蝗虫发生的气候学测报模型研究[D].南京气象学院博士
　　论文.

邓自旺,等.2002.青海湖地区蝗虫发生的气候背景[J].自然灾害学报,11(2):91-95.

丁世飞,马文汇,陈健,等.1998.应用灰色系统模型对第二代棉铃虫灾变性预测的研究[J].昆虫知识,35(3):
　　136-139.

丁秀琼,陶科,刘世贵.2007. 一株蝗虫病原菌的分离鉴定及其毒力测定[J]. 农药,(7):496-499.

丁岩钦,李典谟,陈玉平.1980.东亚飞蝗蝗蝻抽样的研究[J].植物保护学报,7(2):37-48.

丁岩钦,李典谟,陈玉平.1978.东亚飞蝗分布型的研究及其应用[J].昆虫学报,21(3):243-259.

丁岩钦.1993. 关于个体群大小的定义及其模型特征分析[J].昆虫知识,30(5):304-306.

董维广.2008. 东北野生红胫小车蝗虫体内实用元素含量的测定与分析[J]. 安徽农业科学,(8):3244-3245.

董振远,刘寿山.1987.唐山地区的蝗虫种类及其分布[J].昆虫知识,24(5):266-268.

都瓦拉.2006.草原蝗灾遥感监测与评估方法研究[D].内蒙古师范大学硕士论文.

杜成远.1966.对内涝蝗区侦查方法的意见[J].植物保护,(3):67,120.

杜静梅,袁海滨,任炳忠.2007. 蝗虫触角感受器研究概述[J]. 安徽农学通报,(13):50-53.

杜卫华.1993.黑条小车蝗发生预测[J].新疆气象,(5):30-34.

范福来,王元信.1995.亚洲飞蝗在中国新疆维吾尔自治区的发生与防治[J].生态学报,15(2):134-141.

范伟民.1995. 中国典型草原放牧草场蝗虫为害损失及经济阈值的估算[J]. 中国昆虫科学,2(4): 353-364.

冯光翰,王国胜,鲁建中,等.1995. 夏河草原蝗虫防治指标的研究[J],植物保护学报,22(1): 33-37

冯光翰,李新文.1984.肃南县大河地区草原蝗虫调查[J].甘肃农业大学学报,(02):117-122.

冯光翰,李镇清,杜国桢,等.1994. 草地蝗虫种群数量消长数学模型研究[J].兰州大学学报(自然科学版),30
　　(1):100-103.

冯今.2004. 草地蝗虫发生动态的研究[D].硕士论文.

符鉴荣.2008. 海南省东方市 2008 年蝗虫发生趋势预报[J]. 农技服务,(8):59.

甘肃省蝗虫调查协作组.1985.甘肃蝗虫图志[M].兰州:甘肃人民出版社.

高丽,康义,吴晓燕,等.2007. 40%敌百虫·马拉硫磷乳油防治蝗虫田间药效试验[J]. 宁夏农林科技,(5):
　　62-68.

高灵旺,王丽英,谢克勉,等.1997.亚洲小车蝗痘病毒田间杀虫效果[J].中国生物防治,13(4):157-158.

高明文,张彩枝,鸟日吉木斯.2007.阿鲁科尔沁旗草地蝗虫发生动态的初步研究[J].内蒙古草业,19(3):
　　15-18.

高素华,刘玲,郭安红,等.2005.高温、干旱与蝗虫发生研究.见:内蒙古草原蝗虫与气候[M],北京:气象出版社.

高慰曾.1964.东亚飞蝗两型形态比较初步研究[J].昆虫学报,**14**(6):603-609.

高文韬,黄云峰,孟庆繁,等.2007.吉林地区蝗虫资源调查[J].安徽农业科学,(10):3043,3053.

高妍.2008.蝗虫的功能性营养成分与养殖技术[J].农技服务,(6):75-76.

宫鹏,史培军,浦瑞良,等.1996.对地观测技术与地球系统科学[M].北京:科学出版社.

宫锡鸿,姜海萍.1993.Fuzzy综合评判在三代棉铃虫长期预测中的应用[J].预测,(4):52-53.

龚玉新,吴丹丹.2008.蝗虫的减数分裂观察[J].生物学通报,(4):56-58.

巩爱歧,王薇娟,倪绍祥,等.1999.青海湖环湖区蝗虫与地貌类型关系的研究[J].南京师大学报(自然科学版),**22**(4):115-119.

勾贺明.2009.浅谈蝗虫的机械捕集与利用[J].农机科技推广,(1):52.

关敬群,魏增栓.1989.亚洲小车蝗食量测定[J].昆虫知识,**26**(1):8-11.

郭安红,王建林,王纯枝,宋迎波.2009.内蒙古草原蝗虫发生发展气象适宜度指数构建方法[J].气象科技,**37**(1):42-47.

郭安红,乌兰巴特尔,刘庚山,等.2005.内蒙古草原蝗虫大面积发生与区域气象条件[J].自然灾害学报,**14**(3):272-277.

郭安红,高素华,刘玲,等.2005.内蒙古草原蝗虫大面积发生与区域气象条件分析,见:内蒙古草原蝗虫与气候[M].北京:气象出版社.

郭尔溥,刘凤阳,田文会.1966.关于抽条普查、等距取样查蛹方法的试验[J].昆虫知识,(4):39-42.

郭尔溥.1958.提高警惕加强内涝蝗区的治蝗工作[J].农业科学通讯,**4**:219-220.

郭郛,陈永林,卢宝廉.1991.中国飞蝗生物学[M].济南:山东科学技术出版社.

郭铌.2003.植被指数及其研究进展[J].干旱气象,**21**(4):71-75.

郭娅琚,梁振英,王利武,等.2008.1%苦皮藤素乳油防治农牧交错区蝗虫药效试验[J].内蒙古科技与经济,(10):100.

郭志永,石旺鹏,张龙,等.2004.东亚飞蝗行为和形态型变的判定指标[J].应用生态学报,**15**(5):859-862.

郭中伟,李鸿昌.2002.关于蝗虫多样性与草原生态系统可持续发展的若干科学问题[J].昆虫知识,**39**(6):401-405.

哈斯巴特尔,高娃,斯琴,等.2007.内蒙古草原蝗虫成灾原因与防治对策[J].内蒙古草业,(4):52-55.

韩凤英.1999.短额负蝗卵发育起点温度和有效积温的研究[J].山西大学学报(自然科学版),(4):76-78.

韩秀珍,马建文,罗敬宁,等.2003.遥感与GIS在东亚飞蝗灾害研究中的应用[J].地理研究,**22**(2):253-260.

郝树广,秦启联,王正军,等.2002.国际蝗虫灾害的防治策略和技术:现状与展望[J].昆虫学报,**45**(4):531-537.

何开元,邓维安.2008.广西荔浦县蝗虫多样性调查[J].广西农业科学,(3):324-327.

何雪青,季荣,杨志江,等.2008.西伯利亚蝗和意大利蝗肠道结构比较[J].新疆师范大学学报(自然科学版),(1):100-102.

何正波,陈斌,曹月青,等.2009.东亚飞蝗hunchback基因在卵子形成和胚胎发育过程中的原位表达[J].中国科学C辑(生命科学),**39**(6):559-566.

何争流.1999.我国青藏高原特殊物种的调查与统计方法研究[J].西藏科技,(2):64-66.

河北省蝗虫调查协作组.1984.河北省蝗虫种类、优势种及其分布[J].河北农学报,**9**(3):55-63.

贺达汉,郑哲民.1996.环境因子对蝗虫群落生态效应的数值分析[J].草地学报,**4**(3):213-220.

贺达汉,郑哲民.1997.荒漠草原蝗虫营养生态位及种间食物竞争模型的研究[J].应用生态学报,**8**(6):605-611.

贺达汉.1996.宁夏草原蝗虫群落特征及教学模型的研究[D].陕西师范大学博士论文.

侯丰.1999.牧鸡防治草地蝗虫技术与效果研究[J].中国草地,4:40-42.

侯秀敏,拉毛,潘桂兰.2004.青海省草地虫害调查与预测[J].青海草业,13(1):49-51.

侯秀敏,刘晓建,拉毛.1995.天峻县草地土蝗种群结构调查与虫情预测[J].青海草业,(2):19-21.

胡奇,程鹏,姜媛.2008.几种草坪蝗虫若虫的识别[J].天津农业科学,14(6):70-72.

胡奇,张龙.2007.蝗虫天敌昆虫研究概述[J].中国植保导刊,27(4):13-16.

黄朝光.1985.越北露腹蝗发生成灾调查纪实[J].植保学报,11(6):45.

黄春梅.1995.新疆巴里坤草原优势种蝗虫食性与蝗科中亚科分类系统关系的研究[J].昆虫分类学报,17
　　(1):128-134.

黄登宇,马恩波.2001.东亚飞蝗预测预报研究进展[J].动物学报,47(专刊):37-41.

黄复生,黄春梅,刘举鹏.1981.西藏蝗虫区系及其演替的研究[J].昆虫分类学报,(3):5-18.

黄冠辉,马世骏.1964.东亚飞蝗飞翔过程中脂肪和水分的消耗及温度所起的影响[J].动物学报,16(3):
　　372-379.

黄冠辉.1964.飞翔对东亚飞蝗性成熟和生殖的影响[J].昆虫学报,13(5):765-767.

黄辉,朱恩林.2001.我国蝗虫发生防治动态[J].大自然,(5):29-30.

黄人鑫,何斌.1984.新疆天山西部果子沟山区蝗虫的垂直分布[J].昆虫知识,21(5):12-15.

黄人鑫,许设科.1980.新疆哈拉斯湖自然保护区蝗虫考察报告[J].新疆大学学报(自然科学版),(1):80-84.

黄心华,等.1965.高温低湿土壤对东亚飞蝗卵孵化的影响[J].植物保护学报,4(2):119.

季荣,谢宝瑜,李典谟,等.2007.南大港湿地飞蝗种群分布与芦苇空间格局的关系[J].应用昆虫学报(昆虫知
　　识),44(6):51-54.

季荣,谢宝瑜,李典谟,等.2007.土壤性质空间变异对飞蝗卵块分布格局的影响[J].土壤学报,44,(5):
　　913-918.

季荣,谢宝瑜,李哲,等.2002.河北省南大港农场2002年夏蝗特点及原因浅析[J].昆虫知识,39(6):430-432.

季荣,张霞,谢宝瑜,等.2003.用MODIS遥感数据监测东亚飞蝗灾害——以河北省南大港为例[J].昆虫学
　　报,46(6):713-719.

季荣.2004.东亚飞蝗灾害的遥感监测及早期预警研究[D].中科院动物所博士学位论文.

季荣.2004.东亚飞蝗灾害的遥感监测及早期预警研究[D].中国科学院研究生院博士学位论文,1-95.

加玛.2007.阿里地区蝗虫生活习性、种类、生物学特性方面的报告[J].西藏农业科技,(2):15-20.

姜衍春.1994.青海草原蝗虫与环境温度[J].青海草业,3(1):30-34.

蒋国芳,郑哲民.1994.斑腿蝗科五种蝗卵的形态记述[J].动物学研究,15(1):29-32.

蒋国芳.1999.广西蝗虫研究Ⅱ:蝗虫的地理区划[J].广西科学,6(1):60-63.

蒋湘,李淑君,潘桂兰,等.2001.锐劲特等四种农业防治草原蝗虫药效试验报告[J].10(4):5-7.

蒋湘.2001.我国应用蝗虫微孢子虫治理草原蝗虫的技术现状与展望[J].青海草业,10(2):20-24.

金瑞华.1994.遥感监测蝗虫灾害[J].世界农业,(2):32.

景晓红,康乐.2003.飞蝗(Locusta migratoria L.)卵的耐寒性研究[D].中国科学院动物研究所博士学位论文.

景晓红,康乐.2003.飞蝗越冬卵过冷却点的季节变化及生态学意义[J].昆虫知识,40(4):326-328.

景晓红,康乐.2003.光照与飞蝗卵耐寒性的关系[J].动物学研究,24(3):196-199.

景晓红,康乐.2004.昆虫耐寒性的测定与评价方法[J].昆虫知识,41(1):7-10.

康乐,陈永林.1992.关于蝗虫灾害减灾对策的探讨[J].中国减灾,2(1):50-52.

康乐,T.L.Hopkins.2004.黑蝗初孵蝗蝻对植物气味和植物挥发性化合物的行为和嗅觉反应[J].科学通报,
　　49(1):81-85.

康乐,陈永林.1994.草原蝗虫营养生态位的研究[J].昆虫学报,37(2):178-189.

康乐,陈永林.1992.典型草原蝗虫种群数量,生物量和能值的比较研究.见:草原生态系统研究(4)[M].北
　　京:科学出版社,141-149.

康乐,李鸿昌,陈永林.1989.内蒙古锡林河流域直翅目昆虫生态分布规律与植被类型关系的研究[J].植物生态学与地植物学学报,**13**(4):341-349.

康乐,李鸿昌,陈永林.1989.中国散居型飞蝗地理种群数量性状变异的分析[J].昆虫学报,**32**(4):418-426.

康乐,刘奎.1997.内蒙古草原上放牧对蝗虫种类的影响[J].草原与草坪,(4):40.

康乐,马耀,等.1990.内蒙古草地害虫的发生与防治[J].中国草地,**5**:49-57.

康乐.1990.草原放牧活动对蝗虫群落的影响[D].中国科学院动物所博士论文.

康乐.1995.放牧干扰下的蝗虫—植物相互作用关系[J].生态学报,**15**(1):1-10.

康乐.1195.植物对昆虫的化学防御[J].植物学通报,**12**(4):22-27.

康晓东,杜文亮,李克夫,等.2007.草地蝗虫吸捕机吸捕特性参数的试验研究[J].农机化研究,(6):74-77.

柯江娜.2008.今年蝗虫发生程度重于上年,农业部强调提早防控[J].农药市场信息,(10):40.

柯为.2008.微生物防治蝗虫的研究与应用[J].微生物学通报,**35**(4):564.

孔海江.2003.环境气象因子对河南省东亚飞蝗发生影响的初步研究[D].硕士论文.

拉玛才让.1997.都兰县草地蝗虫测报定位观察初报[J].青海草业,(2):17-18.

拉毛才让,王朝华,史小为.2008.1.2%烟碱和苦参碱防治草地虫害药效试验[J].养殖与饲料,(9):70-71.

赖井平.2007.黄脊竹蝗监测预警技术指标的初步研究[J].四川林业科技,(6):70-75.

雷仲仁,戴小枫,张泽华.2001.近几年我国蝗虫发生特点和持续治理对策商榷.见:面向21世纪的植物保护发展战略:中国植物保护学会第八届全国会员代表暨21世纪植物保护发展战略学术研讨论文集[C].成都.2001年9月,索取号:407452万方会议数据库.

雷仲仁,问锦曾,谭正华,等.2003.绿僵菌油剂防治东亚飞蝗田间试验[J].植物保护,**29**(1):17-19.

李白光,范福来.1986.新疆巴音布鲁克高山盆地宽须蚁蝗生物学特性的观察和防治适期的探讨[J].新疆畜牧业,(1):30-33,37.

李白光.1986.乌鲁木齐南郊红胫戟纹蝗、意大利蝗混生区防治适期的探讨[J].新疆畜牧业,(2):32-36.

李宝林.1981.陕西省三门峡库区东亚飞蝗的发生和根治[J].陕西农业科学,(1):38-40.

李保平,宋国庆,李国有.1999.绿僵菌油剂防治荒漠草原蝗虫的田间试验[J].中国草地,(5):53-56.

李冰祥,陈永林,蔡惠罗.1998.过冷却和昆虫的耐寒性[J].昆虫知识,**35**(6):361-364.

李冰祥,蔡惠罗,陈永林.1997.昆虫的热休克反应和热休克蛋白[J].昆虫学报,**40**(4):417-427.

李春选,马恩波.2003.飞蝗研究进展[J].昆虫知识,**40**(1):26-32.

李典谟,戈峰,王琛柱,等.1999.我国农业重要害虫成灾机理和控制研究的若干科学问题[J].昆虫知识,**36**(6):373-376.

李广,张泽华,张礼生.2007.科尔沁草原亚洲小车蝗防治指标研究[J].植物保护,(5):63-67.

李广.2007.亚洲小车蝗为害草场损失估计分析的研究[D].硕士论文.

李红,旷龙江,高山.2003.齐齐哈尔市小麦土蝗发生程度与气象条件的关系分析[J].黑龙江气象,(1):21-22.

李红宇.2007.内蒙古草原蝗虫发生气象预测初步研究[D],硕士论文.

李宏实.1991.吉林省西部草原蝗虫群落的集团结构[J].生态学报,**11**(1):73-79.

李洪波,夏玉先.2008.昆虫神经毒素LqhIT2的表达、抗血清制备及活性分析[J].生物工程学报,(10):1761-1767.

李鸿昌,陈永林.1985.内蒙古典型草原蝗虫食性的研究:优势蝗虫在自然植物群萝中的取食特性,见:草原生态系统研究(3)[C].北京:科学出版社,154-165.

李鸿昌,范伟民,邱星辉.1992.狭翅雏蝗 ChorthiPPus dubius (Zubovsky) 取食牧草掉落毁损的研究.见:草原生态系统研究(4)[C].北京:科学出版社,99-108.

李鸿昌,郝树广,康乐.2007.内蒙古地区不同景观植被地带蝗总科生态区系的区域性分异[J].昆虫学报,(4):361-375.

李鸿昌,邱星辉.1992.中国北方草地蝗虫学研究概况[J].昆虫知识,**29**(3):149-152.

李鸿昌,王征,陈永林.1987.典型草原三种蝗虫成虫期的食物消耗量及其利用的初步研究[J].生态学报,**7**(4):331-338.

李鸿昌,席瑞华,陈永林.1984.内蒙古典型草原蝗虫食量及其食物利用的研究,见:草原生态系统研究(2)[C].北京:科学出版社,166-173.

李鸿昌,席瑞华,陈永林.1983.内蒙古典型草原蝗虫食性的研究1:罩笼供食下的取食特性[J].生态学报,**3**(3):32-46.

李鸿昌,席瑞华.1981.内蒙古锡盟典型草原优势蝗虫的食性选择及其影响因素.见:中国科学院内蒙古草原生态系统定位站草原生态系统研究(1)[M].北京:科学出版社,93-102.

李鸿昌,阎承守.1977.内蒙古草原蝗害调查与防治问题[J].昆虫知识,**14**(4):111-113.

李金枝,田方文.1998.东亚飞蝗生育气象条件分析及发生度预报[J].山东气象,**18**(3):2-27.

李开丽.2005.东亚飞蝗生境的遥感分类研究[D].硕士论文.

李鹏.2009.贝叶斯神经网络在误差修改中的应用研究[J].今日科苑,(6):292.

李巧,陈又清,陈彦林,等.2009.紫胶林-农田复合生态系统蝗虫群落多样性[J].应用生态学报,(3):3872-3881.

李庆,王思忠,封传红,等.2008.西藏飞蝗(Locusta migratoria tibetensis chen)耐寒性理化指标[J],生态学报,**28**(3):1314-1320.

李瑞军.1999.东亚飞蝗滞育特性的研究[D].中国农业大学博士学位论文,1-78.

李润环.1991.昆虫雷达技术服务于农业生产[J].现代情报,(2):46.

李守成,殷春艳,张云强,等.2008.利津县蝗区演变规律及可持续治理对策[J].中国植保导刊,(1):34-36.

李顺举,王艳波,刘志杰,贵甫,陈晔.2008.大叶醉鱼草提取液杀蝗虫活性的研究[J].安徽农业科学,(4):1490-1491.

李韬.1992.青海省草地土蝗的种群结构及采食特性[J].青海草业,**1**(3):17-20.

李卫民,任程,朵华本,等.2008.印楝素、黑克、虫毙净防治草原蝗虫田间试验研究[J].草业与畜牧,(6):4-6.

李文.1997.中国蝗虫区系组成及演化的研究[D].东北林业大学博士学位论文.

李文利,阿不都外力,佟玉莲,等.2007.塔里木河下游蝗虫调查初报[J].新疆畜牧业,(S1):29.

李文利,杨明英,胡玉昆.2008.新疆天山南坡巴音布鲁克草原蝗虫垂直分布的研究[J].新疆农业科学,(S1):217-218.

李文利,杨明英.2007.焉耆盆地蝗虫区系构成及垂直分布[J].新疆畜牧业,(S1):43-44.

李新华,赵智刚,牛永绮.1998.草场蝗虫的种群密度与受害程度及经济阈值的探讨[J].干旱环境监测,**12**(3):158-160.

李亚妮,王文强,廉振民,等.2008.陕西延安北洛河流域蝗虫群落多样性研究[J].四川动物,(6):1027-1029,1034

李亚妮,徐文梅,廉振民,等.2009.延安北洛河流域蝗虫群落结构[J].西北林学院学报,(1):125-127.

李允东,黄九根,阎纪红,等.1982.用飞机喷洒有机磷超低容量制剂防治蝗虫[J].昆虫学报,**25**(3):275-283.

李占武,努尔兰,宋彦文,等.2007.高山蝗害区生物治理的目标和方法[J].新疆畜牧业,(S1):45-46.

梁国俊,崔玉龙.1998.山东红蚂蚁在飞蝗区的发生和利用[J].山东农业大学学报,(专集29):110-114.

梁锦丽,孟宇竹,雷昌贵.2008.黄胫小车蝗脂类的提取分离和组成研究[J].中国粮油学报,(2):102-105.

梁振英,赵伟,陶毅.2007.农牧交错区内蒙古多伦县土蝗的发生调查与防治指标的确立[J].内蒙古农业科技,(S1):79-80.

廖伟萍,谭春凤,徐文强,等.2008.贵港市近年蝗虫发生及治理对策初探[J].广西农学报,(4):42-44.

林小军,陈绍平,谢伟烈,等.2008.广州市蝗虫的发生与防控[J].广东农业科学,(9):73-74.

林秀芳,刘婷,吴伟坚.2008.蝗卵蜂生物学特性研究概述[J].中国植保导刊,(2):13-15.

刘爱青,段玉峰,王应强.2007.蝗虫中黄酮含量的测定及最佳提取工艺[J].广西农业生物科学,(1):63-66.

刘长仲,冯光翰.2000.高山草原主要蝗虫的生物学特性[J].植物保护学报,**27**(1):42-46.

刘长仲,冯光翰.1999.宽须蚁蝗生态学特性研究[J].植物保护学报,**26**(2):153-154.

刘长仲,王俊梅.1998.雏膝蝗发生规律及预测预报的研究[J].草业学报,**7**(3):46-50.

刘长仲,吴栋国.1997.狭翅雏蝗发育起点温度和有效积温的研究[J].四川草原,(4):49-51.

刘长仲,杨延彪.1999.甘加高山草原蝗虫预测模型的研制[J].四川草原,(3):36-39.

刘长仲,周淑荣,王刚,等.2002.模糊聚类法在小翅雏蝗种群动态分析中的应用[J].应用生态学报,**13**(8):1054-1056.

刘长仲.2004.狭翅雏蝗的种群数量消长模型[J].四川草原,**104**(7):9-10.

刘殿锋,赵俊杰,陶令霞,等.2007.RAPD技术和DNA序列在蝗虫分子系统学研究中的应用[J].四川动物,(1):227-229.

刘刚,郑安莹.2010.湖滩环境变化对秋蝗活动和夏蝗发生的影响[J].山东农业科学,4:69-70.

刘刚.2007.山东今年治蝗用上飞机精准施药[J].山东农药信息,(7):37.

刘庚山,庄立伟,郭安红.2006.内蒙古草原亚洲小车蝗龄期气候预测初步研究[J].草业科学,**23**(1):71-75.

刘海,康淑红,郭正财.2007.生物治蝗的一种有效途径——大雁鹅治蝗[J].新疆畜牧业,(S1):16-18.

刘汉舒,董保信.2008.济宁滨湖区东亚飞蝗夏蝗发生趋势的长期预测研究[J].中国植保导刊,**28**(11):38-40.

刘慧,廉振民,常罡,等.2007.陕西洛河流域不同生境蝗虫的群落结构[J].昆虫知识,(2):214-218.

刘建民.2007.草地蝗虫悬浮速度的研究[J].安徽农业科学,(14):4236-4237.

刘金良,张书敏,刘俊祥,等.1992.东亚飞蝗蝗蝻种群密度与型变的关系[J].华北农学报,**7**(4):142-143.

刘举鹏,席瑞华,陈永林.1984.蝗虫产卵选择的初步研究[J].昆虫知识,**21**(5):204-207.

刘举鹏,席瑞华,李炳文,等.1990.中国蝗卵图鉴[M].杨凌:天则出版社.

刘举鹏,席瑞华.1986.中国蝗卵的研究:十二种有危害性蝗虫卵形态记述[J].昆虫学报,**29**(4):409-414.

刘军.2007.印楝素防治蝗虫试验效果[J].农村科技,(9):33.

刘奎,鲁挺.2000.高山草原不同生境蝗虫生态分布规律研究[J].甘肃农业大学学报,**35**(2):132-141.

刘玲,郭安红.2004.2004年内蒙古草原蝗虫大发生的气象生态条件分析[J].气象,**30**,(11):55-57.

刘梅.2008.防止蝗虫死亡 提高养殖效益[J].科学种养,(8):50.

刘世建,钱丰,任丽,等.2008.咸阳市渭河沿岸蝗虫发生危害与防治对策[J].陕西农业科学,(4):129-131.

刘铁,胡军华,潘国庆,等.2008.家蚕微孢子虫几丁质酶基因的比较基因组学分析[J].蚕学通讯,(1):9-11,18.

刘婷,吴伟坚.2008.中国黑卵蜂属一新记录种——东方蝗卵蜂[J].昆虫分类学报,(1):69-71.

刘万霞,廉振民,孙亚勋.2008.陕西省蝗虫资源的开发利用[J].延安大学学报(自然科学版),(3):86-89.

刘文波.2007.灵丘县常见蝗虫的生活习性及防治[J].山西农业(致富科技),(11):41.

刘延光,刘艳丰.2008.富裕县蝗虫的发生规律与治理对策[J].现代农业科技,(22):142-143.

刘彦奇.2004.草原蝗灾成因及机械防治[J].内蒙古草业,**16**(1):30-32.

刘迎春,赵华,夏玉先.2008.金龟子绿僵菌酸性海藻糖酶基因的克隆及其序列特征分析[J].福建师范大学学报(自然科学版),(5):71-74.

刘永,张克东,牛俊平,等.2009.微山湖蝗区东亚飞蝗发生规律与当地环境条件的关系[J].中国农村小康科技,(3):48-49.

刘志斌,郑哲民,王青川.1997.东亚飞蝗与亚洲飞蝗的主成分及判别式分析[J].生物多样性,**5**(12):67-71.

柳小妮,蒋文兰,刘晓静,等.2007.夏河甘加草原草地蝗虫优势种的确定及混合种群密度高峰值模型研究[J].草地与草坪,(4):30-35.

柳小妮,蒋文兰,刘晓静.2004.甘肃省草地蝗虫预测预报专家系统的设计[J].草业学报,**13**(6):26-33.

柳小妮,蒋文兰.2004.甘肃省草地蝗虫测报系统研究现状[J].甘肃农业大学学报,(5):562-566.

卢芙萍,徐志艺,赵冬香,等.2007.儋州蝗虫生态分布与危害调查[J].热带农业科学,(5):31-35.

卢辉，余鸣，张礼生，等.2005.不同龄期及密度亚洲小车蝗取食对牧草产量的影响[J].植物保护，31(4)：
　　55-58.

卢辉，韩建国，张录达.2009.高光谱遥感模型对亚洲小车蝗危害程度研究[J].光谱学与光谱分析，(3)：
　　745-748.

卢辉，韩建国，张录达.2008a.光谱分析技术在蝗虫监测中的应用[J].光谱学与光谱分析，(12)：2808-2811.

卢辉，韩建国，张泽华.2008b.典型草原亚洲小车蝗危害对植物补偿生长的作用[J].草业科学，(5)：112-116.

卢辉，韩建国，张泽华.2008c.锡林郭勒典型草原植物多样性和蝗虫种群的关系[J].草原与草坪，(3)：21-28.

卢辉，韩建国.2008d.典型草原三种蝗虫种群死亡率和竞争的研究[J].草地学报，16(5)：481-484.

卢辉.2005.内蒙古典型草原亚洲小车蝗防治经济阈值和生态阈值研究[D].甘肃农业大学硕士学位论文.

鲁挺，才老，常明.1987.甘南高山草场蝗虫群落的初步研究[J].中国草地学报，(01)：45-50.

鲁挺.2001.高山草地蝗虫群落组成研究(简报)[J].草业学报，10(3)：60-64.

陆庆光，邓春生，张爱文，等.1993.四种不同绿僵菌菌株对东亚飞蝗毒力的初步观察[J].生物防治通报，9
　　(4)：187.

陆温，蒋正晖.1993.广西东亚飞蝗蝗区的蝗虫种类及其识别[J].广西植保，(4)：14-17.

陆温，蒋正晖.1994.广西东亚飞蝗蝗区蝗虫群落结构初步研究[J].广西农业科学，(1)：17-20

吕国强，王建敏，朱恩林，等.2008.黄河滩蝗区东亚飞蝗综合防治技术[J].河南农业科学，(11)：99-101,125.

吕琪，李凯，胡德夫，陈金良，王振彪.2007.粉红椋鸟聚群觅食行为[J].生物学通报，(12)：26-27.

马建文，韩秀珍，哈斯巴干，等.2003.东亚飞蝗灾害的遥感监测实验[J].国土资源遥感，(1)：51-55.

马兰.2007.线粒体基因在我国蝗虫分子系统学中的研究进展[J].陕西农业科学，(4)：91-92,137.

马兰.2007.中国斑腿蝗科昆虫系统学研究进展[J].陕西农业科学，(1)：86-87,118.

马世俊.1958.东亚飞蝗 Locusta migratoria manilensis(Meyen)在中国的发生动态[J].昆虫学报，8(1)：1-40.

马世俊，丁岩钦，李典谟.1965.东亚飞蝗中长期数量预测的研究[J].昆虫学报，14(4)：319-338.

马世俊，丁岩钦.1965.东亚飞蝗种群数量中的调节机制[J].动物学报，17(3)：261-275.

马世俊.1957.东亚飞蝗猖獗周期特性的研究[J].科学通报，(8)：19-20.

马世俊.1958.东亚飞蝗发生与气候条件的关系[J].昆虫学报，8(1)：31-40.

马世俊.1960.几个有关害虫发生预测的生态学问题[J].昆虫知识，2：42-46.

马世俊.1955.论害虫大量发生及其预测[J].昆虫学报，5(4)：351-371.

马喜平，李翠兰，郭亚平，等.2007.蝗总科6种蝗虫6个种群的遗传分化[J].山西大学学报(自然科学版)，
　　(1)：90-94.

马耀，李鸿昌，康乐.1991.内蒙古草地昆虫[M].杨凌：天则出版社.

马忠业.2008.肃南县草地蝗虫发生现状及防治对策[J].草业与畜牧，(8)：35-37.

毛文华，郑永军，苑严伟，等.2008.基于色度和形态特征的蝗虫信息提取技术[J].农业机械学报，(9)：
　　104-107.

毛文华，郑永军，张银桥，等.2008.基于机器视觉的草地蝗虫识别方法[J].农业工程学报，(11)：155-158.

蒙进军，邓景丽，王建国.2007.5%高效氯氰菊酯油剂防治蝗虫药效试验[J].宁夏农林科技，(5)：63,85.

牟吉元.1993.昆虫学研究论文集[M]，北京：中国科技出版社，117-121.

慕巧珍，王绍武，朱锦红，龚道溢.2001.近百年夏季西太平洋副热带高压的变化[J].大气科学，25(6)：
　　787-797.

南京农学院.1982.昆虫生态及预测预报[M].北京：农业出版社，23-27.

倪绍祥，蒋建军，王杰臣，等.2000.青海湖地区草地蝗虫发生的生态环境条件浅析[J].草业学报，9(1)：43-47.

倪绍祥，蒋建军，王杰臣.2000.遥感与GIS在蝗虫灾害防治研究中的应用进展[J].地球科学进展，15(1)：
　　97-100.

倪绍祥.2002.环青海湖地区草地蝗虫遥感监测与预测[M].上海：上海科学技术出版社，48-54.

倪绍祥,巩爱岐,王薇娟.2000.环青海湖地区草地蝗虫发生的生态环境条件分析[J].农村生态环境,**16**(1):5-8.

倪绍祥,蒋建军,巩爱岐,等.2002.环青海湖地区草地蝗虫生境的蝗虫潜在发生可能性评价[J].生态学报,**22**(3):285-290.

聂传朋,李永民,朱茂英,等.2007.阜阳市蝗总科昆虫种类调查及区系分析[J].中国农学通报,(9):419-422.

宁淑红,胡文清,白光玉,等.2008.鄂托克旗草地牧养火鸡灭蝗试验[J].内蒙古农业科技,(3):69-70.

宁淑红.2008.草地牧养火鸡灭蝗试验[J].中国牧业通讯,(18):39-40.

欧晓红,伍晓蔷,陈方,等.1999.云南高原牧区草场主要危害性蝗虫[J].中国草地,(5):58-60.

帕尔哈提·努尔.2008.气候条件对蝗害形成中的影响[J].新疆畜牧业,(2):51-52.

浦瑞良,宫鹏,约翰 R.米勒.1993.用 CASI 遥感数据估计横跨美国俄勒冈州针叶林叶面积指数[J].南京林业大学学报,**17**(1):41-48.

浦瑞良,宫鹏.2000.高光谱遥感及其应用[M].北京:高等教育出版社.

潘承湘.1985.我国东亚飞蝗的研究与防治简史[J].自然科学史研究,**4**(1):80-89.

潘承湘.1990.我国害虫综合防治的发展[J].自然科学史研究,**9**(4):366-375.

潘建梅.2002.内蒙古草原蝗虫发生原因及防治对策[J].中国草地,(6):66-69.

彭德钊,祝柳波,危萍.2009.竹蝗的物候测报法[J].江西林业科技,**4**:43-44.

祁先江.2007.飞机防治蝗虫注意事项[J].农村科技,(7):19-20.

乔永民,廉振民,胡玉琴.2001.新疆巴里坤南山蝗虫垂直格局研究[J].陕西师范大学学报(自然科学版)**29**(1):71-74.

乔璋,乌麻尔别克,熊玲,等.1996.西伯利亚蝗对草原的危害及其防治指标的研究[J],草地学报,**4**(1):40-48.

钦俊德,郭郛,翟启慧,等.1954.蝗卵的研究:Ⅱ.蝗卵在孵化时的变化及其意义[J].昆虫学报,**4**(1):37-60.

钦俊德,郭郛,翟启慧,等.1959.蝗卵的研究:Ⅳ.浸水对于蝗卵胚胎发育和死亡的影响[J].昆虫学报,**9**(4):287-306.

钦俊德,郭郛,翟启慧,等.1959.蝗卵的研究Ⅳ:浸水对于蝗卵胚胎发育和死亡的影响[J].昆虫学报,**9**(4):3-21.

钦俊德,郭郛,郑竺英.1957.东亚飞蝗的食性和食物利用以及不同食料植物对其生长和生殖的影响[J].昆虫学报,**7**(2):3-26.

钦俊德,翟启慧,沙槎云,等.1954.蝗卵的研究Ⅰ:亚洲飞蝗蝗卵孵育期中胚胎形态变化的观察及野外蝗卵胚胎发育期的调查[J].昆虫学报,**4**(4):383-389.

钦俊德.1958.蝗卵的研究:Ⅲ.蝗卵的失水及其耐干能力[J].昆虫学报,**8**(3):207-225.

邱式邦,李光博.1956.飞蝗及其预测预报[M].北京:农业出版社.

邱式邦,李光博.1954.几种主要蝗虫的识别[J].农业科学通讯,(4):204.

邱式邦,林汉连,蒋元辉.1962.蝗虫的分布消长和活动与植被关系的研究[J].植物保护学报,(2):17-22.

邱式邦.1994.1993年非洲利用绿僵菌油剂防治蝗虫和蚱蜢的实验结果[J].生物防治通报,**9**(4):187.

邱式邦.1961.华北地区的土蝗及其防治.见:中国植物保护科学[M].北京:科学出版社,437-445.

邱星辉,李鸿昌,范伟民.1994.内蒙古三种植物群落中狭翅雏蝗造成的牧草损失[J].昆虫科学,**1**(2):183-190.

邱星辉,康乐,李鸿昌.2004.内蒙古主要蝗虫的防治经济阈值[J].昆虫学报,**47**(5):595-598.

邱子彦,倪绍祥,朱莹,等.2006.蝗虫生境评价信息系统的设计与实现[J].昆虫学报,**49**(1):113-117.

邱子彦.2006.东亚飞蝗生境评价信息系统研究[D].南京师范大学硕士学位论文.

全仁哲,范喜顺,古伟,邱东.2009.新疆天山北麓蝗虫群落结构特征[J].西北农业学报,(1):151-154,158.

全仁哲,邱东,古伟.2008.石河子地区蝗虫种类调查及区系分析[J].石河子大学学报(自然科学版),(5):575-578.

任宝珍,王同伟,曲仁国,等.2002.东亚飞蝗连年大发生的原因分析及治理对策[J].莱阳农学院学报,**19**(3): 221-223.

任炳忠,姜兆文,高毅.1993.辽宁省蝗虫的地理分布及区系特点[J].国土与自然资源研究,(3):60-63.

任炳忠.2000.松嫩草原蝗虫群落生态学的研究[D].博士论文.

任炳忠,杨凤清.1993.吉林省蝗虫的区域分布特征[J].东北师大学报:自然科学版,(4):59-63.

任炳忠,赵卓,郝锡联.2000.松嫩草原蝗虫群落动态变化的初步研究[J].吉林农业大学学报,**22**(S1): 123-128.

任炳忠.2001.东北蝗虫志[M],长春:吉林科学技术出版社.

任春光,陈福强,张书敏,等.2007.白洋淀鸟类蝗虫天敌及控制能力的研究[J].植物保护,(3):113-117.

任春光,陈福强.1997.1995年白洋淀东亚飞蝗大发生原因及防治策略[J].昆虫知识,**34**(3):133-134.

任春光,王振庄,李炳文,等.1990.河北省蝗虫分布状况[J].生态学报,(3):85-89.

任春光,唐铁朝.2003.河北省东亚飞蝗发生动态及未来灾变趋势分析.昆虫知识,**40**(1):80-82.

任春光.2001.白洋淀东亚飞蝗持续大发生浅析[J].昆虫知识,**38**(2):128-130.

萨仁高娃.2008.青海省海北州四十年来草原鼠虫害毒草防治工作回顾[J].养殖与饲料,(8):83-86.

邵路,张冰,刘兴义,等.2007.天然草地牧鸡治蝗应注意的问题[J].新疆畜牧业,(S1):36-37.

沈彩云,卢兆成,沈北芳,等.1988.中华稻蝗发生规律和防治研究[J].昆虫知识,**25**(3):134-137.

沈维山.1987.阿勒泰沙吾尔山蝗虫的调查及观察研究[J].新疆畜牧业,(2):49-52,54.

石瑞香,刘闯,李典谟,等.2003.MODIS_NDVI在白洋淀蝗虫害监测中的应用[J].自然灾害学报,**12**(3): 155-160.

石瑞香,刘闯,李典谟,等.2004.白洋淀蝗区东亚飞蝗的分布与土壤的关系研究[J].昆虫知识,**4**(11):29-33.

石瑞香,刘闯,李典谟,等.2003.蝗虫生境监测方法研究进展[J].生态学报,**23**(11):2475-2483.

石旺鹏,张龙,闫跃英,等.2003.蝗虫微孢子虫病对东亚飞蝗聚集行为的影响[J].生态学报,**23**(9): 1924-1928.

石岩生,李福生,包祥,等.2006.典型草原蝗虫预测预报与综合防治技术规程探讨-以锡林郭勒草原为例[J]. 内蒙古草业,**18**(4):50-55.

宋树人,张泽华,高松,等.2008.绿僵菌药后草原蝗虫种群空间分布型研究[J].昆虫学报,**50**(8):883-888.

苏红田,单丽燕,姚勇.2007.草地蝗虫的遥感监测[J].中国牧业通讯,(21):30-31.

苏晓红,王世贵.2008.祁连山草地蝗虫群落结构及对草地危害的研究[J].西北大学学报(自然科学版),(5): 771-774.

孙立邦.1965.牧区蝗虫的勘查和防治[J].新疆农业科学,(11):42.

孙汝川,杜瑞云,彭勇,等.1992.唐山地区蝗虫发生种类与生态环境条件关系的初步研究[J].河北农业大学学报,**15**(1):57-61.

孙涛,龙瑞军.2008.我国草原蝗虫生物防治技术及研究进展[J].中国草地学报,(3):88-93.

孙祥木.2007.黄脊竹蝗生物学特性、预测预报及防治[J].现代农业科技,(13):99-100.

孙晓玲.2003.长白山地区蝗虫群落结构及生态适应特性的研究[D].硕士论文.

索南加,贾存花.2008.贵南县牧鸡灭蝗技术及效果评价[J].现代农业科技,(21):129-130.

唐川江,周俗,谢红旗,张绪校,牛培莉,刘勇,严林.2007.川西北草原鼠虫发生、危害趋势分析[J].草业与畜牧,(6):44-49.

唐复润,黄俊生.2007.金龟子绿僵菌MA4菌株蛋白酶Pr2基因的克隆及其表达分析[J].华南热带农业大学学报,(1):1-4.

童雪松,潜祖琪.1987.浙江西南山区蝗虫的生态地理研究[J].昆虫知识,**24**(2):82-85.

王爱,刘传艳,潘静,等.2008.东亚飞蝗人工养殖技术[J].河北林业科技,(6):85-86.

王朝华,程洪杰.2008.微孢子虫对草原蝗虫的持续控制作用[J].养殖与饲料,(8):40-42.

王朝华.2007. 三种新型药品对青海省草地蝗虫防治的效果[J]. 青海草业,16(2):11-13.

王殿臣.2004. 苏尼特左旗草原蝗虫发生及危害状况的研究[J]. 内蒙古草业,16(2):31-33.

王贵强.1998.IGRs 对蝗虫作用机制及在治蝗配套新技术中的协调[D]. 博士论文.

王建华,黄立军,郑炯,等.1998.人工招引粉红鸟控制蝗害技术推广[J].新疆农业科技,(5):234-236.

王杰臣.2000. 遥感与 GIS 支持下环青海湖地区草地蝗虫测报方法与模型研究[D]. 东南大学博士学位论文.

王杰臣,倪绍祥.2001. 国内外蝗虫研究发展动向初探[J]. 干旱区研究,18(3):36-40.

王杰臣,倪绍祥.2001. 环青海湖地区草地蝗虫成灾状况与气候条件的关系[J]. 干旱区研究,18(4):8-12.

王俊杰.1986.天然草场的害虫—蝗[J].灾害学,(1):132.

王磊,徐光青,刘大锋,等.2006.迁入性亚洲飞蝗与气象因子的关系研究.2006 年农业气象与生态环境年会,
    492-496.

王立新,周强.2008. 蝗虫灾害物理防治发展及应用前景探讨[J]. 安徽农业科学,(21):288-290,308.

王丽英 余晓光.1994.蝗虫微孢子虫大量增殖与治蝗应用研究[J].草地学报,2(2):49-54.

王如松,马世骏.1985.边缘效应及其在经济生态学中的应用[J].生态学杂志,(2):40-44.

王润黎.1989.我国飞蝗发生动态及防治对策[J].中国植保导刊,(1):30.

王生财,刁治民,吴保峰.2004.蝗虫生物防治技术概况与蝗虫微孢子虫的应用[J].青海草业,13(3):29-32.

王世贵,廉振民.1998.祁连山山地草原四种蝗虫成虫期的食物消耗量及其利用的初步研究[J].昆虫学报,41
    (2):218-221.

王世贵,苏晓红.1997. 白边痂蝗在不同发育历期中对食物的消耗量及其利用能力的研究[J]. 杭州师范学院
    学报(自然科学版),(3):69-72.

王世贵,王翔.1998.红褐斑腿蝗耐温性的初步研究[J].杭州师范学院学报(自然科学版),(6):77-80.

王世贵,周莹,冯利苹.2008. 温度和食物种类对红褐斑腿蝗取食、生长及肠道消化酶活性的影响[J]. 植物保
    护学报,35(1):1-6.

王同伟,万雪梅,徐建祥,等.2008. 山东省蝗灾管理系统的研究与开发[J]. 山东农业科学,(2):31-34.

王薇娟,孔繁荣,马明继.1994.祁连县蝗虫、毛虫性比及生殖力、发育进度调查[J].青海草业,(2):37-40.

王薇娟,谢秉君.2002.TM 图像在草地蝗虫分布中的应用[J].青海草业,11(3):50-53.

王薇娟.1994.青海省草地鼠虫害发生趋势预测[J].青海畜牧兽医杂志,(3):29-30.

王玮明.1999.高山草原蝗虫种群空间格局研究[J].草业学报,8(2):51-56.

王晓丹,孔海江,王蕊.2003.封丘县夏蝗发生与气候条件的关系[J].河南气象,(4):27-28.

王欣璞,姚树然.2007. 不同生态类型蝗区东亚飞蝗发生期气象预报[J]. 华北农学报,22(增刊):204-208.

王欣璞.2007. 河北省东亚飞蝗气象监测预测技术应用研究[D]. 硕士论文.

王正军,秦启联,郝树广,等.2002.我国蝗虫暴发成灾的现状及其持续控制对策[J].昆虫知识,39(2):
    172-175.

王正军,张爱兵,李典谟,等.2003.遥感技术在昆虫生态学中的应用途径与进展[J].昆虫知识,40(2):91-100.

王智翔,陈永林,马世骏.1988. 温湿度对狭翅雏蝗 Ch rthippus dubius（Zubovsky）实验种群影响的研究[J].
    生态学报,31(2):125-132.

王智翔,陈永林,马世骏.1987.内蒙古锡林河流域典型草原狭翅雏蝗种群动态与气象关系的研究[J].生态学
    报,7(3):246-255.

王智翔,陈永林.1989.变温促进昆虫发育的酶学解释[J].生态学报,32(2):106-114.

王智翔,陈永林.1989.环境温湿度对狭翅雏蝗体温与含水量的影响[J].昆虫学报,32(3):278-285.

王忠,周香菊.1989.东亚飞蝗密度调查方法的实践经验[J].河南农业科学,(1):11-12.

韦玉春,倪绍祥.2005. 草地蝗虫密度的克立格插值分析-以青海湖西侧铁卜加样区为例[J]. 数学的实践与认
    识,35(2):59-64.

魏凯,印象初.1986.湖南省蝗虫的初步调查[J].昆虫学报,29(3):259-301.

魏文娟 任炳忠.2002.我国蝗虫的生物防治技术及研究进展[J].华北大学学报:自然科学版,3(6):481-484.

乌兰,王燕,王美芬,等.2004.苏尼特右旗草原蝗虫危害状况及防治对策[J].内蒙古草业,16(2):31-33.

乌麻尔别克,熊玲.2007.黑条小车蝗、意大利蝗和西伯利亚蝗发育起点温度及有效积温测定[J].新疆畜牧业,(S1):30-31.

乌秋力,赵可新,张崇辉.2006.呼伦贝尔草原蝗虫发生的气象条件及预测[J].内蒙古气象,(增刊):40-41.

吴瑞芬.2005.我国蝗虫发生的气候背景及长期预测研究[D].硕士论文.

吴世仁,马玉秀.2008.甘南州高寒草甸草原昆虫区系调查简报[J].甘肃农业,(2):54.

吴彤,倪绍祥,李云梅,等.2007.基于地面高光谱数据的东亚飞蝗危害程度监测[J].遥感学报,(1):103-108.

吴彤,倪绍祥,李云梅.2006.基于LAI的东亚飞蝗发生面积的预测模型[J].生态学报,26(3):862-869.

吴彤.2006.植被特征参数遥感反演及在东亚飞蝗监测中的应用[D].南京师范大学硕士学位论文.

吴亚.1964.高温低湿对东亚飞蝗一龄蝻生长的影响及其试验方法[J].昆虫知识,8(1):30-32.

奚耕思.1991.蝗虫精子超微形态结构及其在分类进化上的意义[D].博士论文.

奚小明,张洪波,王泽龙,等.2008.超声波照射蝗虫卵的生物效应的研究[J].激光生物学报,8(2):220-223.

席瑞华,刘举鹏,张权,等.1991.蝗虫产卵与气候因子关系的研究[J].昆虫知识,28(2):76-78.

席瑞华,刘举鹏.1984.不同食料植物对亚洲小车蝗生长和生殖力的影响[J].昆虫知识,21(4):12-14.

夏邦颖,郭郛.1965.东亚飞蝗生殖的研究:成虫发育过程中几种主要成分的变化[J].昆虫学报,8(2):148-160.

夏邦颖,郭郛.1974.东亚飞蝗生殖的研究:雌蝗成虫卵巢发育过程中核酸和蛋白质的代谢与激素调节[J].昆虫学报,17(2):148-160.

夏凯龄.1958.中国蝗科分类概要[M].北京:科学出版社.

谢志庚.2005.我国蝗灾防治的社会、经济、科技影响因素及对策探讨[D].硕士论文.

新疆蝗虫灾害测报防治中心生防组.1989.蝗虫微孢子虫防治草原蝗害的研究初报[J].草业科学,6(2):18-23.

新疆维吾尔自治区巴里坤哈萨克自治县治蝗站中国科学院北京动物研究所昆虫生态室三组.1977.新疆维吾尔自治区蝗虫的研究:草原优势种蝗虫的生物学特性[J].昆虫学报,20(3):259-268.

信志红,张西健,仲光嵬,等.2009.黄河三角洲沿海蝗区东亚飞蝗发生量预报研究[J].湖南农业科学,10:85-86,89.

邢飞,高文才,于艳萍,等.2005.东北地区蝗虫物种多样性调查研究[J].吉林师范大学学报,(1):20-22.

邢飞.2005.东北地区蝗虫多样性研究[D].硕士论文.

熊玲,徐光清.2002.新疆越冬的意大利蝗卵形态发生变化[J].新疆畜牧业,(2):21.

熊雪梅,王一鸣,张小超,等.2007.基于脉冲耦合神经网络的蝗虫图像分割[J].农机化研究,(1):180-183.

熊雪梅,王一鸣.2007.基于近红外光谱和系统聚类法的蝗虫识别模型研究[J].激光与红外,(3):237-239.

徐光青.2007.阿勒泰地区治蝗灭鼠指挥部办公室(阿勒泰地区蝗虫鼠害预测预报防治站)[J].新疆畜牧业,(S1):6.

徐秀霞,张生合.2005.北方草原应用印楝素生物制剂防治蝗虫试验[J].四川草原,(12):58-60.

徐张芹.2001.蝗虫发生量、发生面积的预报方法[J].安徽科技,(9):20.

许富祯,孟正平,郭永华,申集平.2006.乌兰察布市农牧交错区亚洲小车蝗生物学特性观察及猖獗因素分析[J].中国植保导刊,26(5):35-38.

许明宇.1966.南蝗北迁的新情况[J].植物保护,(1):10.

严林.1996.青海三种土蝗的食性研究[J].青海草业,(1):36-39.

严应存,李凤霞,颜亮东,等.2009.青海省草地蝗虫发生面积预测模型研究[J].草业科学,26(4):94-98.

严毓骅,张龙.1994.我国蝗虫微孢子虫治蝗的进展[J].植保技术与推广,14(1):43-43.

颜生林,韩启龙,苏庆义,吉汉忠,张国民.2004.高寒牧区牧鸭治蝗试验报告[J].青海草业,13(3):17-19.

颜忠诚,陈永林.1997. 内蒙古锡林河流域三种草原蝗虫对植物高度选择的观察[J]. 昆虫知识,**34**(4):228-230.

颜忠诚.1995.草原蝗虫的栖境选择[D].博士论文.

颜忠诚,陈永林.1998.草原蝗虫形态特征与扩散能力之间关系的探讨[J].生态学报,**18**(2):171-175.

颜忠诚,陈永林.1998.放牧对蝗虫栖境结构的改变及其对蝗虫栖境选择的影响[J].生态学报,**18**(3):278-282.

颜忠诚,陈永林.1997.内蒙古草原蝗虫生活型划分的探讨[J].生态学报,**17**(6):668-670.

颜忠诚,陈永林.1996.内蒙古典型草原蝗虫个体大小与体重之间关系的探讨[J].昆虫知识,**33**(4):209-210.

颜忠诚,陈永林.1997.内蒙古锡林河流域不同生境中蝗虫种类组成的分析[J].昆虫知识,**34**(3):271-275.

颜忠诚,陈永林.1997.内蒙古锡林河流域三种草原蝗虫对植物高度选择的观察[J].昆虫知识,**34**(4):228-230.

颜忠诚.2001.生态型与生活型[J].生物学通报,**36**(5):4-5.

颜忠诚.1996.草原蝗虫的栖境选择[D].中国科学院动物研究所博士学位论文.

杨宝东,王进忠,等.2002.我国蝗虫生物防治的研究进展[J].北京农学院学报,(2):60-63.

杨国辉,毛本勇,欧晓红.2008.苍山地区两种短翅型蝗虫染色体研究[J].楚雄师范学院学报,**23**(9):85-89.

杨洪升,季荣,王婷.2008.新疆蝗虫发生的大气环流背景及长期预测[J].生态学杂志,**27**(2):218-222.

杨洪升,季荣,熊玲,等.2007.气象因子对北疆地区蝗虫发生的影响[J].昆虫知识,**44**(4):517-520.

杨洪升.2007.基于 MODIS-NDVI 的新疆典型蝗区植被动态及蝗虫发生的气候背景研究[D],新疆师范大学,硕士论文.

杨莲梅,王建中.2004.影响哈密地区蝗虫大发生的气象因子研究[J].生态学杂志,**23**(6):42-46.

杨延彪,吴晓果,万玛吉,等.2006.草原蝗虫生物学和生态学的研究[J].草业与畜牧,(5):40-43,50.

杨延彪.2007.高山草原不同密度的蝗虫造成牧草经济损失的研究[J].草业与畜牧,(11):45-49.

杨延彪.2007.夏河县草原蝗虫区系的调查[J].草业与畜牧,(8):33-36.

杨永生,蒋国华,宋艳华,等.2010.越北腹露蝗虫害发生程度分阶段动态预报[J].广东农业科学,(8):126-127,148.

姚明印,周强,牛虎力,等.2008.激光辐照蝗虫不同身体部位致死效果研究[J].应用激光,**28**(6):447-449.

姚明印,周强,牛虎力.2008.大功率近红外半导体激光辐照蝗蝻致死作用研究[J].激光杂志,**29**(4):65-66.

姚树然,关福来,李春强.2010.环渤海夏蝗发生程度气象集成预报方法[J].应用气象学报,**21**(5):621-626.

姚树然.2006.气候变化与蝗虫发生期的关系分析[C].农业气象与生态环境年会论文集.

殷桂涛,梁卫国,哈玛尔.2007.塔城沙孜区域养鸭治蝗试验效果初报[J].新疆畜牧业,(S1):50-51.

印象初.1975.白边痂蝗在青藏高原上的地理变异[J].昆虫学报,(3):86-93.

印象初.1984.青藏高原的蝗虫[M].北京:科学出版社,1-287.

尤端淑,马世骏.1964.东亚飞蝗产卵及蝗卵孵化与土壤含盐量的关系[J].植物保护学报,**3**(4):333-344.

尤端淑,尤其儆.1958.野外东亚飞蝗的饲养、观察和调查方法[J].昆虫知识,**4**(3):144-148.

尤其杰.1958.飞蝗的物候预测初步观察[J].农业科学通讯,(5):258-259.

尤其杰.1965.野外检查飞蝗产卵量的方法[J].植物保护,**3**(4):152.

尤其儆,陈永林,马世骏.1954.散栖型东亚飞蝗迁移习性初步观察[J].昆虫学报,**4**(1):1-10.

尤其儆,陈永林,马世骏.1954.散栖型亚洲飞蝗 Locusta migratoria manilensis Meyen 迁移习性初步观察[J].昆虫学报,**4**(1):9-18.

尤其儆,林日钊,计鸿贤,等.1986.广西南部地区蝗虫的生态地理[J].广西科学院学报,**2**(1):5-11.

尤其伟,张景欧.1925.飞蝗之研究.江苏昆虫局研究报告第一号.

尤其伟.1926.飞蝗.南京:农学杂志.

于非,季荣.2007.人工招引粉红椋鸟控制新疆草原蝗虫灾害的作用及其存在问题分析[J].中国生物防治,

(S1):95-98.

余罗根,周生涛.2004.竹蝗的监测预报及防治[J].湖南林业,(10):26-27.

余鸣.2006.蝗虫生态阈值初探[D].中国农业科学院,硕士论文.

虞佩玉,陆近仁.1953.飞蝗(Locusta migratoria manilensis Meyen)蛹期各龄外部形态上的区别[J].昆虫学报,(5):57-67.

虞佩玉,陆近仁.1956.稻蝗蛹期各龄外部构造上的变化[J].北京农业大学学报,2(1):87-95.

曾新平.2007.巴里坤县草地蝗虫的防治对策[J].新疆畜牧业,(S1):60-61.

曾永君.2007.草原蝗虫的防治方法[J].新疆农业科技,(3):40-41.

曾永君.2008.草原蝗虫的生物防治[J].农村科技,(7):45-46.

曾永君.2007.新疆草原蝗灾治理中存在的问题及防治对策[J].农村科技,(11):68.

张爱国,李鸿昌.1992.自然环境温度和食物含水量对狭翅雏蝗 Chorthippus dubius (Zubovsky)食物消耗量的影响,见:草原生态系统研究[C].北京:科学出版社,77-88.

张长荣.1991.河北的蝗虫[M].石家庄:河北科学技术出版社.

张大治,安玉英,张志高,等.2007.宁夏黄河湿地蝗虫区系组成分析[J].昆虫知识,(6):111-116.

张凤景,李永刚,汤新凯.2008.冀州市近年来东亚飞蝗大发生原因与治理对策[J].植物医生,(2):6-7.

张凤岭,金杏宝.1985.大兴安岭蝗虫区系的初步调查[J].昆虫学研究集刊,5:207-219.

张凤岭.1980.长白山蝗虫的初步调查[J].东北师范大学学报(自然科学版),(2):69-75.

张付旭,白音,王利民,等.2007.内蒙古农牧交错区草地蝗虫防治对策与技术的研究初报[J].华东昆虫学报,(2):35-40.

张宏杰.2003.陕西汉中蝗总科生物多样性研究[D].硕士论文.

张洪波.2008.红外和紫外照射对蝗虫卵孵化影响的研究[J].黑龙江农业科学,(2):76-78.

张洪亮,倪绍祥,张红玉,等.2002.GIS支持下青海湖地区草地蝗虫发生的气候因子分析[J].地理学与国土研究,18(1):63-66.

张洪亮,邓自旺,倪绍祥.2002.气候异常对环青海湖草地蝗虫发生的影响研究[J].植物保护,28(2):5-8.

张洪亮,刘增忠.1987.黄河滩蝗区东亚飞蝗发生规律及防治对策[J].植保学报,13(5):48.

张洪亮,倪绍祥,邓自旺,等.2002.GIS支持下青海湖地区草地蝗虫发生与月均温的相关性[J].应用生态学报,13(7):837-840.

张洪亮,倪绍祥.2003.草地蝗虫发生遥感监测的一种新算法[J].遥感学报,7(6):504-508.

张建华,阮庆友,于延丽,等.2009.滨湖蝗区各生态因子对东亚飞蝗发生密度的影响[J].现代农业科技,(2):86-87.

张经元.1995.山西蝗虫[M].太原:山西科学技术出版社.

张开朗,李志强,袁玉涛,等.2007.东亚飞蝗综合防控技术试验示范效果[J].安徽农学通报,(7):172.

张开朗,杨荣明,袁玉涛,等.2006.杀蝗绿僵菌 蝗虫微孢子虫防治东亚飞蝗试验示范效果[J].甘肃农业,(6):356.

张龙,李洪海.2002.虫口密度和龄期对东亚飞蝗群居型向散居型转变的影响[J].植保技术与推广,22(4):3-5.

张龙,严毓骅,李光博,等.1995.蝗虫微孢子虫病对东亚飞蝗飞翔能力的影响[J].草地学报,3(4):324-327.

张龙,严毓骅.2008.以生物防治为主的蝗灾可持续治理新对策及其配套技术体系[J].中国农业大学学报,13(3):1-6.

张龙,周海鹰.1995.蝗虫微孢子虫对雌性东亚飞蝗生殖器官侵染的初步观察[J].中国生物防治,11(2):93-94.

张龙.1994.蝗虫微孢子虫病在蝗虫种群中的传播与流行[D].中国农业大学博士论文.

张龙.1999.蝗虫微孢子虫及其在蝗害治理中的作用[J].生物学通报,34(2):11-12.

张明伟,王桂清,刘振陆,等.1998.辽宁地区蝗虫种类和分布的初步研究[J].辽宁林业科技,(3):14-18.

张庆之.1993.大垫尖翅蝗在农田发生猖獗原因及防治对策的探讨.见牟吉元主编.昆虫学研究论文集[C].北京:中国农业科技出版社,122-124.

张泉,乌麻尔别克,乔璋,等.2001.意大利蝗造成牧草损失研究及防治指标的评定[J].新疆农业科学,38(6):328-331.

张生合,王朝华,史小为,等.2008.阿维菌素与类产碱生物防治剂防治青海草原害虫试验报告[J].养殖与饲料,(5):57-60.

张书敏,任春光,王贵生,等.2006.东亚飞蝗的长期预测预报技术研究[J].中国植保导刊,(7):9-11.

张文华.2008.淮河流域汉唐时期蝗灾的时空分布特征——淮河流域历史农业灾害研究之二[J].安徽农业科学,(10):412-413,440.

张小民,李晓玲,郭亚平,等.2007.蝗虫消化道形态结构研究的一种新方法[J].昆虫知识,44(1):135-137.

张兴礼,王家纯,甘棠录.1978.兰州及其邻近地区蝗虫的研究附癞蝗科一新种[J].昆虫学报,21(3):90-94.

张兴礼.1964.天祝草原虫害的初步调查[J].甘肃师范大学学报(自然科学版),(1):1-18.

张泽华,高松,张刚应,等.2000.应用绿僵菌油剂防治内蒙草原蝗虫的效果[J].中国生物防治,16(2):49-52.

张泽华.1997.微孢子虫治蝗对草地生物多样性影响及其在持续治理中的作用评估[D].中国农业大学博士论文.

章丽娜.2007.东亚飞蝗的综合防治技术[J].北京农业,(19):45-46.

赵伟,杜文亮,石岩.2008.蝗虫的物理防治现状与展望[J].农机化研究,(4):212-214.

赵艳萍.2008.试论民国时期科技治蝗事业的开展[J].华南农业大学学报(社会科学版),(3):109-116.

赵卓,郝锡联,李娜,等.2008.四平地区6种蝗虫精巢和卵巢发育动态[J].吉林农业大学学报,30(5):677-681.

赵卓,张敏,奚耕思.2007.网翅蝗科三种蝗虫卵子发生时c-kit蛋白表达和比较[J].动物分类学报,(2):105-111.

郑一平,张凤岭,任炳忠.1992.五大连池地区蝗虫生态地理区划[J].东北师大学报:自然科学版,(3):76-81.

郑哲民,韩荣坤.1974.青海省海南藏族自治州蝗虫调查[J].昆虫学报,17(4):428-440.

郑哲民,梁铬球.1963.陕西省蝗虫的初步调查报告[J].动物学报,15(3):461-470.

郑哲民,万力生.1992.宁夏蝗虫[M].西安:陕西师范大学出版社.

郑哲民,谢令德.2008.湖南省莽山地区蝗虫的调查[J].商丘师范学院学报,(6):7-11.

郑哲民.1974.秦岭地区蝗虫的分布[J].陕西师范大学学报(自然科学版),(2):54-62.

郑哲民.1985.云贵川陕宁地区的蝗虫[M].北京:科学出版社.

郑哲民,等.1990.陕西蝗区[M].西安:陕西师范大学出版社.

郑哲民,谢令德.2001.青海省牧草蝗属二新种(直翅目:网翅蝗科)[J].动物分类学报,26(4):507-510.

周俪.2008.农业部:2008年全国蝗虫防控方案[J].农村实用技术,(5):39.

周青,范阳,徐淑霞,等.2005.棉铃虫发生趋势的灰色预测[J].中国棉花,32(4):12.

周俗,张新跃,张绪校,等.2008.四川省草原鼠虫害趋势分析与防治对策[J].四川畜牧兽医,(6):37-40.

周艳丽,王贵强,李广忠.2011.黑龙江省西部草地蝗虫主要种类及综合治理研究[J].中国农学通报,27(9):382-386.

周永兴.2008.蝗虫灾害的生物防治现状及发展趋势[J].林业建设,(6):12-15.

周勇.2009.45%马拉硫磷乳油防治蝗虫试验[J].农村科技,(2):39.

周元峰.1986.祁连县野牛沟乡草场蝗害调查报告[J].四川草原,(2):62-63.

钟文信,等.1992.智能理论与技术:人工智能与神经网络[M].北京:邮电出版社.

朱恩林.1999.中国东亚飞蝗发生与治理[M].北京:中国农业出版社.

朱刚利.2001.陕西关中平原蝗虫群落多样性及其边缘效应的研究[D].陕西师范大学硕士论文.

朱天征,李金枝.2002.黄河三角洲地区东亚飞蝗灾害及防御对策[J].灾害学,**17**(2):52-56,69.

朱文,杨志荣,葛绍荣,侯若彤,刘世贵,汪志刚.1995.苏云金杆菌防治草地蝗虫的研究[J].西南农业学报,**8**(2):61-64.

朱正华.2007.哈密地区蝗虫鼠害预测预报防治站[J].新疆畜牧业,(S1):3.

朱志伟,张晓辉,李晓贞.2008.基于 SolidWorks 的网棚养殖蝗虫吸捕机的设计[J].农机化研究,(1):89-91.